COLLEGE PHYSICS EXPERIMENT

大学物理实验

主　　编　　王文新
副主编　　符　伟　　郑　冕　　李　义　　邱忠媛
编写成员　　王文新　　符　伟　　郑　冕　　李　义　　邱忠媛
　　　　　　敬晓丹　　徐翠艳　　李　亮　　张　勇　　麻博远
　　　　　　张云竹　　沈　阳　　金玲玲　　赵力成　　韩冬雪
　　　　　　袁　泉　　刘　辉　　冯立强

復旦大學 出版社

本书是融合型、新形态教材，含有丰富的配套教学资源，包括21个阅读材料、42个实验视频、51个PPT课件，使用微信扫描书中二维码即可浏览。

阅读材料（21个）

文件编号	文件名	文件编号	文件名	文件编号	文件名
阅读材料 1	阅读材料 1 实验 5	阅读材料 8	阅读材料 8 实验 27	阅读材料 15	阅读材料 15 实验 37
阅读材料 2	阅读材料 2 实验 7	阅读材料 9	阅读材料 9 实验 28	阅读材料 16	阅读材料 16 实验 38
阅读材料 3	阅读材料 3 实验 11	阅读材料 10	阅读材料 10 实验 29	阅读材料 17	阅读材料 17 实验 40
阅读材料 4	阅读材料 4 实验 12	阅读材料 11	阅读材料 11 实验 30	阅读材料 18	阅读材料 18 实验 42
阅读材料 5	阅读材料 5 实验 13	阅读材料 12	阅读材料 12 实验 32	阅读材料 19	阅读材料 19 实验 43
阅读材料 6	阅读材料 6 实验 21	阅读材料 13	阅读材料 13 实验 33	阅读材料 20	阅读材料 20 实验 44
阅读材料 7	阅读材料 7 实验 26	阅读材料 14	阅读材料 14 实验 36	阅读材料 21	阅读材料 21 实验 45

实验视频（42个）

文件编号	文件名	文件编号	文件名
实验视频 1	实验视频 1 实验 1-1 游标卡尺的使用及读数	实验视频 22	实验视频 22 实验 13-4 伏安法电阻箱
实验视频 2	实验视频 2 实验 1-2 螺旋测微器的使用	实验视频 23	实验视频 23 实验 14 惠斯通电桥测电阻
实验视频 3	实验视频 3 实验 1-3 螺旋测微器的读数	实验视频 24	实验视频 24 实验 15 用双臂电桥测低电阻
实验视频 4	实验视频 4 实验 2-1 天平的使用	实验视频 25	实验视频 25 实验 17 电表的改装及校正
实验视频 5	实验视频 5 实验 2-2 比重瓶的使用	实验视频 26	实验视频 26 实验 18 电子束综合实验仪的使用
实验视频 6	实验视频 6 实验 3-1 弹模仪器	实验视频 27	实验视频 27 实验 19 数字示波器的使用
实验视频 7	实验视频 7 实验 3-2 尺读仪器	实验视频 28	实验视频 28 实验 21 电位差计的使用
实验视频 8	实验视频 8 实验 3-3 弹模操作	实验视频 29	实验视频 29 实验 25 交流电桥的应用
实验视频 9	实验视频 9 实验 4-1 刚体仪器	实验视频 30	实验视频 30 实验 26-1 热敏电阻操作
实验视频 10	实验视频 10 实验 4-2 刚体操作	实验视频 31	实验视频 31 实验 26-2 热敏电阻电桥的使用
实验视频 11	实验视频 11 实验 5-1 扭摆实验装置	实验视频 32	实验视频 32 实验 28 衍射法测量微小长度
实验视频 12	实验视频 12 实验 5-2 扭摆实验操作	实验视频 33	实验视频 33 实验 31-1 迈克尔逊干涉仪
实验视频 13	实验视频 13 实验 5-3 毫秒仪	实验视频 34	实验视频 34 实验 31-2 迈克尔逊干涉仪的调节
实验视频 14	实验视频 14 实验 7 用复摆测重力加速度	实验视频 35	实验视频 35 实验 31-3 用迈克尔逊干涉仪测气体折射率
实验视频 15	实验视频 15 实验 11-1 热电偶传感器	实验视频 36	实验视频 36 实验 32 分光计的调节
实验视频 16	实验视频 16 实验 11-2 热电偶万用表	实验视频 37	实验视频 37 实验 34 数字全息实验及应用
实验视频 17	实验视频 17 实验 11-3 热电偶其他仪器	实验视频 38	实验视频 38 实验 36 显微镜与望远镜的设计与组装
实验视频 18	实验视频 18 实验 12 稳态法测不良导体导热系数	实验视频 39	实验视频 39 实验 38-1 普朗克常量测定实验装置
实验视频 19	实验视频 19 实验 13-1 伏安法电源	实验视频 40	实验视频 40 实验 38-2 普朗克常量测定实验仪主机面板
实验视频 20	实验视频 20 实验 13-2 伏安法电流表	实验视频 41	实验视频 41 实验 38-3 普朗克常量测定实验仪自动测试伏安特性
实验视频 21	实验视频 21 实验 13-3 伏安法电压表	实验视频 42	实验视频 42 实验 40 用油滴仪测量电子电荷

本书是融合型、新形态教材，含有丰富的配套教学资源，包括21个阅读材料、42个实验视频、51个PPT课件，使用微信扫描书中二维码即可浏览。

PPT课件（51个）

文件编号	文件名	文件编号	文件名
PPT课件 1	PPT课件 1 绪论	PPT课件 27	PPT课件 27 实验 21
PPT课件 2	PPT课件 2 第 1 章 1	PPT课件 28	PPT课件 28 实验 22
PPT课件 3	PPT课件 3 第 1 章 2	PPT课件 29	PPT课件 29 实验 23
PPT课件 4	PPT课件 4 第 2 章 1	PPT课件 30	PPT课件 30 实验 24
PPT课件 5	PPT课件 5 第 2 章 2	PPT课件 31	PPT课件 31 实验 25
PPT课件 6	PPT课件 6 实验 1	PPT课件 32	PPT课件 32 实验 26
PPT课件 7	PPT课件 7 实验 2	PPT课件 33	PPT课件 33 实验 27
PPT课件 8	PPT课件 8 实验 3	PPT课件 34	PPT课件 34 实验 28
PPT课件 9	PPT课件 9 实验 4	PPT课件 35	PPT课件 35 实验 29
PPT课件 10	PPT课件 10 实验 5	PPT课件 36	PPT课件 36 实验 30
PPT课件 11	PPT课件 11 实验 6	PPT课件 37	PPT课件 37 实验 31
PPT课件 12	PPT课件 12 实验 7	PPT课件 38	PPT课件 38 实验 32
PPT课件 13	PPT课件 13 实验 8	PPT课件 39	PPT课件 39 实验 33
PPT课件 14	PPT课件 14 实验 9	PPT课件 40	PPT课件 40 实验 34
PPT课件 15	PPT课件 15 实验 10	PPT课件 41	PPT课件 41 实验 35
PPT课件 16	PPT课件 16 实验 11	PPT课件 42	PPT课件 42 实验 36
PPT课件 17	PPT课件 17 实验 12	PPT课件 43	PPT课件 43 实验 37
PPT课件 18	PPT课件 18 实验 13	PPT课件 44	PPT课件 44 实验 38
PPT课件 19	PPT课件 19 实验 14	PPT课件 45	PPT课件 45 实验 39
PPT课件 20	PPT课件 20 实验 15	PPT课件 46	PPT课件 46 实验 40
PPT课件 21	PPT课件 21 实验 16	PPT课件 47	PPT课件 47 实验 41
PPT课件 22	PPT课件 22 实验 17	PPT课件 48	PPT课件 48 实验 42
PPT课件 23	PPT课件 23 实验 18	PPT课件 49	PPT课件 49 实验 43
PPT课件 24	PPT课件 24 实验 19-1	PPT课件 50	PPT课件 50 实验 44
PPT课件 25	PPT课件 25 实验 19-2	PPT课件 51	PPT课件 51 实验 45
PPT课件 26	PPT课件 26 实验 20		

前　言

党的二十大报告明确指出:"实施科教兴国战略,强化现代化建设人才支撑."大学物理实验作为理工科高等院校一门动手实践课程,在提高人才培养质量过程中具有重要作用.本书根据教育部高等学校物理学与天文学指导委员会颁发的《理工科类大学物理实验课程教学基本要求》,以"加强对青年学生创新意识和创新能力的培养"为指导思想,结合辽宁工业大学物理实验教学改革成果和多年积累的教学经验,以及学校专业设置、物理实验中心仪器设备的实际情况,在原有大学物理实验教材的基础上,增加实验课外阅读、实验教学微课、含思政元素的多媒体课件等电子教学资源.

本书分上下篇:上篇包括绪论,测量、误差和数据处理的基本知识,常用的物理实验方法与基本操作技术;下篇包括力学和热学实验、电磁学实验、光学实验、综合与近代物理实验.全书共有45个实验项目.第3章、第4章、第5章的实验项目为基础测量性、验证研究性实验,目的是对学生进行系统的科学实验方法和基本实验技能的训练.第6章选择更多贴近生活、科技前沿的综合与近代物理实验,目的是提升学生参与实验的积极性,提高学生综合运用知识的能力,进而培养学生的创新思维.

结合近几年物理实验中心仪器设备的更新情况,本书对原来的实验项目进行了增减调整,对实验内容进行了优化和拓展,增添了设计思想元素.现代信息与通信技术的发展,为我们的实验教学提供了更多新技术、新方法.本书通过二维码融入了物理实验中心教师开发的实验教学微课、含思政元素的多媒体课件和实验阅读材料等电子教学资源,可以拓宽学生自主学习途径、提高物理实验教学质量、培养学生良好的科学实验素养、树立正确的辩证唯物主义世界观和方法论.

本书由王文新任主编,符伟、郑冕、李义、邱忠媛任副主编,辽宁工业大学物理实验中心集体编写而成.

王文新负责编写绪论、第2章、实验5、实验19、实验22、实验45、附录,并对全书进行统稿和校对.符伟负责编写第1章、实验32、实验33、实验42,参与部分实验项目的校对.郑冕负责编写实验1、实验2、实验17、实验43,参与部分实验项目的校对.李义负责编写实验23、实验24、实验41,并为微课视频的录制剪辑提供技术支持.邱忠媛负责编写实验27、实验31、实验38,参与部分实验项目的校对.敬晓丹负责编写实验3、实验4、实验6.徐翠艳负责编写实验11、实验13、实验26.李亮负责编写实验34、实验35、实验39.张勇负责编写实验29、实验30和实验37的内容(一).麻博远负责编写实验9、实验10、实验18.张云竹负责编写实验25、实验36和实验37的内容(二).沈阳负责编写实验12、实验21、实验40.金玲玲负责编写实验 8、实验 15、实验 16.赵力成负责编写实验 14、实验 20.韩冬雪负责编写实验 7、实验 28、实验 44.袁泉、刘辉、冯立强对教材的编写提供了支持和建设性建议.

　　本书是辽宁工业大学的立项教材,并由辽宁工业大学组织出版.它是集体劳动的结晶,是多年从事物理实验教学的实验教师和技术人员的经验总结.在编写过程中,参阅了大量的优秀实验教材,吸收了兄弟院校的宝贵经验,在此向辛勤编写教材的各位教师、有关参考书的各位作者、提供帮助支持的各个部门表示衷心的感谢.

　　李久会教授仔细审阅了全书,提出了宝贵修改意见,在此表示衷心的感谢.

　　由于我们水平有限,本书难免有不当和疏漏之处,恳请读者批评指正.

编　者

2023 年 1 月

目 录

上 篇

下 篇

第 1 章　测量、误差和数据处理的基本知识

第 2 章　常用的物理实验方法与基本操作技术

绪　　论

PPT 课件 1
绪论

0.1　大学物理实验的地位与作用

物理学是以实验为本的科学.无论是物理规律的发现,还是物理理论的验证,都离不开物理实验.例如,牛顿在伽利略、开普勒、胡克和惠斯通等人的实验及工作的基础上,总结归纳出万有引力定律,并完成了经典的力学体系;电磁学中的库仑定律、安培定律、毕奥-萨伐尔定律以及法拉第电磁感应定律等,都是以坚实的实验为基础,不断地经过实验的检验才建立起来.因此,在物理学的发展过程中,物理实验起到了极其重要的作用.

科学实验是人们按照一定的研究目的,借助特定仪器设备,在预先安排和严格控制的条件下,对自然事物和现象进行精密、反复地观察和测试,以探索其内部规律性的过程.这种对自然有目的、有控制、有组织的探索活动是现代科学技术发展的源泉.现代科学技术离不开物理理论及其实验研究,科学技术的每一项新进展基本上都来源于物理学的新发现.因此,理工科学生学好物理学和物理实验,对后续工程技术类课程的学习以及以后从事科学技术工作都有重要的作用.

物理实验具有基础性和普遍性的特点,使得大学物理实验被确立为高等学校理工科学生进行科学实验基本训练的一门必修基础课程,是学生进入大学后接受系统科学实验方法和实验技能训练的开端.大学物理实验为大学生今后的专业课程打下坚实的实验基础,在其应具备的知识、能力结构中占有非常重要的地位与作用.

0.2　大学物理实验的教学目的

大学物理实验将真、诚、严、实的理念贯穿每一个实验、每一个环节,目的是使学生得到系统的实验方法和实验技能的训练,初步了解、学习科学实验的主要过程和基本方法,养成良好的科学实验素养,树立正确的辩证唯物主义世界观和方法论,为今后的学习和工作奠定良好基础.

本课程的教学目标如下:

(1)通对物理现象的观察、分析和对物理量的测量,学习物理实验知识,加深对物理学原理、定律的理解.

(2)培养学生掌握基本实验方法和实验技能.具体包括:①掌握基本实验仪器的规范操作和使用方法.②掌握常用实验方法并能合理应用.③及时、准确采集数据,掌握数据处理理论知识.

（3）培养、提高学生从事科学实验的能力. 具体包括：①能够自行检索和阅读实验指导书及相关资料，并正确理解原理.②能够借助教材（或指导书）、仪器说明书，正确使用仪器，逐渐独立进行正确的测试.③能够运用理论知识对实验现象进行分析并作出正确的判断，独立解决实验中的实际问题.④能够及时、准确记录和处理实验数据，绘制曲线，归纳和分析实验结果，撰写实验报告.⑤能够确立并优化实验方案、合理选择实验仪器，完成简单的设计性实验.

（4）培养、提高学生的科学实验素养. 在实验教学过程中，通过对物理学发展史、科学家故事、物理在生活和工程上的应用以及中外科技发展现状的介绍，引导学生运用唯物主义世界观和方法论指导自己的科学实验活动，以科学的态度看待问题、评价问题，培养学生严肃认真、实事求是、开拓创新的科学精神和遵守纪律、爱护公物、团结协作的优良品德.

0.3　大学物理实验的基本程序

物理实验包括的内容很多，对同一内容，测量方法不尽相同，但实验程序大多相似. 一般可以分为 3 个环节：实验课前预习，课上实验操作，撰写实验报告.

一、实验课前预习

课堂上实验时间有限，每次实验从理解内容、熟悉仪器到准确测量，任务是很重的，需要一定的时间. 为了有效地利用课堂时间、高质量地完成实验课的任务，要求在课前对所要进行的实验内容进行预习，并将预习的实验内容写成简略的书面预习报告，以备教师在课前检查.

预习的主要要求如下：认真阅读实验教材中所做实验的章节；了解本实验的内容、目的、基本原理，以及实验仪器、实验方法和步骤.

书面预习报告的内容包括：

（1）实验名称.

（2）实验目的.

（3）实验依据的简要原理. 原理是预习实验的核心内容. 要写出推导公式的主要步骤，画出必要的线路图和光路图，并用语言叙述清楚.

（4）实验的主要步骤.

（5）记录数据需用的表格，表格中要标明已知物理量和待测物理量的文字符号及单位、测量次数等.

（6）预习中遇到的问题和实验中的注意事项.

总之，在课前对所要进行的实验要做到心中有数，以便在课堂上能够抓住实验的关键，及时、准确、迅速地获得待测量的数据.

二、课上实验操作

（1）学生进入实验室后必须遵守实验室的制度，在未了解仪器设备性能和使用方法之前不可擅自乱动. 经教师检查允许后方能进行调试、安装和操作.

（2）实验前要对照教材和仪器了解仪器的工作原理及方法.

（3）在实验中要仔细观察和测量,如实记录数据,把数据记录在教师规定的记录本和纸上,要根据仪器的最小刻度,决定实验数据的有效数字位数. 注意各个数据之间、数据图表之间不要太挤,要留有空地,以供必要时补充或更正. 但所测的数据不能随便涂改,更不允许按实验室的"标准数据"修改自己的数据,要培养实事求是的学风. 数据确实有错,可将其划掉,说明理由后将正确的数据写在旁边. 经教师检查的数据有错或误差大,应耐心重测.

（4）做完实验,实验数据要经过教师检查,测量结果真实准确,教师签字有效. 以此数据处理结果,并作为依据与撰写的实验报告一起提交.

（5）实验结束后,教师检查仪器是否完好. 如有问题,按实验室规定制度进行处理.

（6）要整理仪器和实验台,打扫实验室卫生后离开实验室.

三、撰写实验报告

实验报告是实验工作的全面总结,要用简明的形式将实验结果完整而又真实地表达出来. 实验报告不但是给自己看的,也是给他人看的,要让他人看明白才是基本标准. 因此,对实验原理的阐述要简明扼要,对方法步骤的叙述要有条理,语言通顺,文字、符号无误,图表规范,结果正确.

物理实验报告的内容通常包括以下各项:

（1）实验的时间（年、月、日）、天气、温度、气压、共同实验者.

（2）实验题目.

（3）实验目的. 要写明在实验中解决什么问题.

（4）实验原理. 写明实验的基础理论,不是简单地抄写实验讲义或教科书,要经过认真阅读、研究、归纳、整理,简明易懂地写出实验所依据的科学道理.

（5）仪器设备. 写明本实验中所用的仪器、材料和工具的名称. 对于主要仪器设备还应详写类别、型号和性能指标.

（6）实验的主要步骤. 将实验内容、过程归纳得有条有理,要有次序.

（7）数据处理. 不同实验有不同的数据处理方法,根据要求处理数据. 首先将课堂上测量记录的数据整理好,填写在表格内. 在处理数据时,写清所用公式、计算过程. 对于绘制的图线,要用坐标纸画出实验曲线.

（8）实验结果. 处理数据的结果要进行误差分析,找出影响实验结果的主要因素,进行讨论,并给以修正. 误差分析包括算术平均值、绝对误差、相对误差,最后以规范的形式表达出计算结果.

（9）回答教师指定的思考题,可以提出改进实验方法的设想. 写出对实验课的建议. 对印象很深的实验,可以写出收获和体会.

0.4　大学物理实验的基本要求

（1）在整个实验过程中,始终牢记"安全第一",遇到任何问题,保护人身安全是第一位的. 每个实验室有一个总控开关,如有短路、冒烟、触电等情况可将其断开;每个实验室均有灭火器,在紧急情况下可取用;每个实验室有两个逃生门,遇到紧急情况可由此疏散.

(2) 每学期开学的第一周,学生在"学习通"平台或学校大学物理实验教学资源平台了解本学期的实验项目、实验地点和实验时间,并作好记录,避免预习错误、漏课旷课的发生.

(3) 学生进入实验室做实验时必须携带书面预习报告和实验数据记录表(在"学习通"实验教学资源平台里),以及有效证件("一卡通"或身份证).

(4) 要按时上课. 迟到 10 min 以内的,酌情扣 5～20 分;迟到 10 min 以上的,不许当堂做实验,可在一周之内预约补做,该实验成绩扣 20 分.

(5) 不带有效证件、不带书面预习报告或预习报告不合格的,均不许当堂做实验,可在一周之内预约补做,该实验成绩扣 20 分.

(6) 有正当理由不能按时做实验的,应事先请假(由本人或班长在"学习通"平台请假),并凭学院或医院证明在一周之内预约补做.

(7) 实验失败或超时,应重做实验.

(8) 做完实验,必须整理实验仪器(复原),打扫实验室卫生,经教师允许才能离开实验室.

(9) 实验完成之后一周内提交实验报告(提交到"学习通"平台),每延迟一周该实验成绩扣 5 分. 不交实验报告,该实验成绩为 0 分.

(10) 自觉遵守实验室各项规章制度和实验课纪律,爱护实验仪器,尊重教师和同学. 否则,实验指导教师有权要求该学生停止做实验. 严重违反实验课纪律、经教育无认错表现的,依据教务处管理规定,可直接评定该学生实验成绩为不合格.

第 1 章

测量、误差和数据处理的基本知识

在物理实验中,不仅要定性地观察各种物理现象,而且要定量地测量相关物理量以及确定它们之间的关系.通过对测量过程和实验数据的分析与处理,可以更有效地组织测量过程,更科学地评价测量结果.本章涵盖从测量数据到处理数据的全过程,力图以一个清晰的脉络介绍相关知识,使初学者能够较为完整地掌握相关知识和技能.

PPT 课件 2
第 1 章 1

1.1 测量

PPT 课件 3
第 1 章 2

一、测量与单位

测量,就是把待测物理量与同类的标准物理量进行比较,得出它们之间的倍数关系.所以,测量的结果应包括测量数值(即倍数关系)和单位(即同类的标准物理量).选择不同的单位,相应的测量数值会有所不同.单位越大,测量数值越小,反之亦然.

本书采用国际单位制(SI),有 7 个基本单位:长度单位为米(m),质量单位为千克(kg),时间单位为秒(s),电流单位为安培(A),热力学温度单位为开尔文(K),物质的量单位为摩尔(mol),发光强度单位为坎德拉(cd);还有两个辅助单位:平面角单位为弧度(rad),立体角单位为球面度(sr).其他单位均可由这些单位导出,称为导出单位.

二、测量的分类

测量可分为直接测量和间接测量.用测量仪器或仪表直接读出测量值的测量称为直接测量,相应的物理量称为直接测得量.例如,用秒表测量时间、用米尺测量长度等.而更多的物理量没有直接读数的量具或仪表,只能由一些直接测得量,通过一定的关系式计算得出,这样的测量就称为间接测量,相应的物理量称为间接测得量.例如,通过分别测量时间和位移来计算速度.

因此,直接测量是间接测量的基础.需要指出的是,对于同一个待测物理量,由于选用的测量方法不同,它可以是直接测得量,也可以是间接测得量.例如,通过分别测量时间和位移来计算速度,属于间接测量;通过速度表来测量速度,属于直接测量.

测量又可分为等精度测量和不等精度测量.在相同的测量条件下进行的多次重复测量是等精度测量(同一个人,同一台仪器,同一种方法,同样的环境,对同一待测量连续进行多次重复测量),所得的一组测量值构成等精度测量列.如果以上的测量条件有部分不同或者完全不同,则称为不等精度测量.本书中提到的多次重复测量均为等精度测量.

三、直接测量的读数规则

在记录直接测量值时,通常要根据测量仪器的分度值决定测量数据读到哪一位.

图 1-1　用毫米刻度尺测量物体的长度

如图 1-1 所示,用毫米刻度尺测量物体的长度,测量值可记为 23.5 mm. 其中,"23"是刻度尺上的完整分度,称为确切数字;"0.5"是估读的,称为存疑数字;确切数字和存疑数字的全体称为有效数字."23.5 mm"为 3 位有效数字.

必须指出,有时存疑数字是估读的,有时存疑数字不是估读的.

需要估读的常见仪器有刻度尺、螺旋测微器、分度均匀的指针式仪表. 此时,估读位是存疑数字. 估读时可以采用"1、2、5 原则":当分度为 1 乘 10 的 n 次幂时,估读到下一位;当分度为 2 或 5 乘 10 的 n 次幂时,在本位估读到 1.

如图 1-2 所示,用分度为 0.01 mm 的螺旋测微器测量时,主尺刻度不估读,读到半毫米;副尺刻度需要估读.

主尺读数(固定刻度):5.5 mm,
副尺读数(可动刻度):19.6 格,
整体读数 = 5.5 + 19.6 × 0.01 = 5.696(mm).

不需要估读的常见仪器有游标卡尺、步进式仪表(如电阻箱)、数字式仪表. 此时,读数的末位是存疑数字.

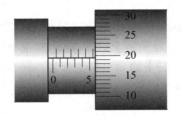

图 1-2　用螺旋测微器测量时需要估读

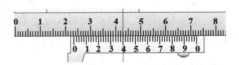

图 1-3　用游标卡尺测量时不需要估读

如图 1-3 所示,用精度为 0.02 mm 的游标卡尺测量时,先根据游标的"0"刻度线的位置,对主尺读数(不估读). 再观察游标与主尺的哪条刻度线对得最齐(不估读). 例如,游标的"4"刻度线正好与主尺的刻度线对齐,则读数为 23.40 mm. 末位的"0"是存疑数字.

主尺读数:23 mm,
游标读数:20 格,
整体读数 = 23 + 20 × 0.02 = 23.40(mm).

需要强调的是,有效数字的位数体现了测量的精度,不能随意增减. 使用不同的单位,会改变测量数值,但不会改变有效数字的位数. 例如,在上例中的 23.40 mm,如果以米为单位,可写成 0.023 40 m;如果以微米为单位,可写成 2.340×10^4 μm.

1.2　测量的误差

每一个实验者都希望获得准确的测量结果. 然而, 仪器不可能完美无缺, 人的操作和读数也不可能完全准确, 环境条件的变化也不可能完全避免. 因此, 任何测量都不可能做到绝对准确.

一、误差及其分类

为了衡量测量的准确程度, 可以用 X 表示被测量的客观真值, 以 x 表示测量值, 其差值称为误差, 用 Δx 表示,

$$\Delta x = x - X. \tag{1-1}$$

使用任何一种仪器, 进行任何一次测量, 都必然存在误差. 或者说误差存在于一切测量之中. 根据误差产生的原因和性质, 可以分为系统误差和随机误差(偶然误差).

系统误差的特征是: 在同一条件下多次重复测量时, 测量值出现固定的偏差, 即: 误差的大小和符号始终保持恒定, 或者按照某种特定的规律变化.

随机误差的特征是: 在同一条件下多次重复测量时, 测量值之间不会完全相同, 总有差异, 这种差异的大小和符号是变化不定、不可预知的.

在任何测量中, 系统误差和随机误差一定是同时存在的.

测量值＝真值＋系统误差＋随机误差.

如图 1-4 所示, 虚线圆内为随机误差的分布范围.

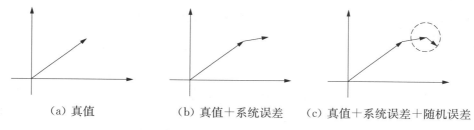

（a）真值　　　　　（b）真值＋系统误差　　　（c）真值＋系统误差＋随机误差

图 1-4　测量值、真值、系统误差、随机误差的关系

如果以射击打靶类比测量过程, 靶心相当于真值, 弹着点为测量值, 如图 1-5 所示.

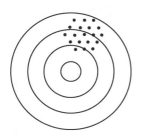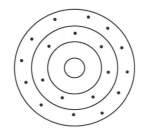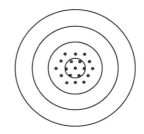

（a）精密（弹着点集中）　　（b）准确（平均位置近靶心）　　（c）精确（既集中又近靶心）

图 1-5　以射击打靶类比测量数据

在图(a)中,测量列系统误差大,随机误差小,测量精密但不准确;

在图(b)中,测量列系统误差小,随机误差大,测量准确但不精密;

在图(c)中,测量列系统误差和随机误差均较小,测量精密而又准确,又称精确.

二、系统误差

系统误差具有确定的大小和方向,它主要来源于以下 4 个方面:

(1) 仪器误差. 由测量仪器本身的缺陷造成的误差. 例如,螺旋测微器和游标卡尺的零点未对准,天平砝码的缺陷,天平左右臂长不相等.

(2) 方法误差. 由于实验原理和实验方法不完善带来的误差. 例如,单摆和复摆做简谐运动的条件是摆角趋近于零,但实验中的摆角不可能为零. 又如,用半偏法测电流表内阻时,滑线变阻器的阻值不可能无穷大,因此测量值一定会偏小.

(3) 环境误差. 由于外界环境因素发生变化所引起的误差. 例如,温度、湿度、气压偏离理想环境条件对测量仪器和测量对象带来的影响.

(4) 个人误差. 由观测者的个人习惯所造成的误差. 例如,有人估计读数时总是偏小或偏大,按秒表总是提前或总是落后等,这种误差往往因人而异,并与测量者当时的心理、生理状况有关.

对于系统误差应当加以充分的分析和估计,以此修正测量结果.

根据掌握的程度,系统误差分为可定系统误差和未定系统误差.

可定系统误差具有确定的大小和方向,并可以确定地掌握和完全地消除. 例如,天平左右臂长不相等造成的误差是可定系统误差. 通过左物右码、右物左码各测量一次、取两次测量的几何平均值的方法,即可完全消除此误差.

在直接测量中,最常见的可定系统误差是仪器的零点误差. 此类误差可在计算平均值后加以消除.

$$\overline{x} = \overline{x_零} - \Delta_零, \tag{1-2}$$

其中,$\Delta_零$ 是仪器的零点读数,$\overline{x_零}$ 是含有零点误差的平均值,$\overline{x}$ 是修正后的平均值.

未定系统误差同样具有确定的大小和方向,但是很难确定地掌握和完全地消除,只能评估其存在范围. 在直接测量中,未定系统误差主要体现为仪器的准确度对测量的影响,它难以确定地掌握,通常以仪器的允许误差(允差)$\Delta_仪$ 给出其极限范围. 允差具体值可查阅相关仪器的说明书或者相关的国家标准.

表 1-1 给出了常见仪器的允许误差. 如果与该仪器的说明书不同,以仪器说明书为准.

表 1-1　常见仪器的允许误差

仪器名称	量程	分度值	允许误差
钢板尺	1 000 mm	1 mm	0.2 mm
钢卷尺	2 000 mm	1 mm	1.2 mm
游标卡尺	150 mm	0.02 mm	0.02 mm
螺旋测微器	25 mm	0.01 mm	0.004 mm

续表

仪器名称	量程	分度值	允许误差
精密温度计		0.1℃	0.2℃
电阻箱	等级为 a，示值为 R	$a\% \times R$	
电流表、电压表	等级为 a，量程为 K	$a\% \times K$	

三、随机误差(无限次测量)

随机误差来源于测量过程中一系列不稳定因素的随机波动. 例如,气压、温度、湿度等环境条件的不稳定,仪器内部状态的波动,实验者动作的微小差异,实验者感觉器官的微小变化,等等. 这些不稳定因素造成的影响是无法预知、难以控制的,它们使误差呈现忽大忽小、或正或负的变化. 初看似乎毫无规律,但是当测量次数足够多时,可以发现随机误差的出现服从某种统计规律.

理论分析和测量实践均表明,测量次数越多,随机误差的出现越趋近于如图 1-6 所示的正态分布(高斯分布). $f(\Delta x)$ 是概率密度函数;横坐标 $\Delta x = x - X$,是测量的随机误差;纵坐标 $f(\Delta x)$ 是误差值 Δx 附近单位误差间隔内,误差值 Δx 出现的概率.

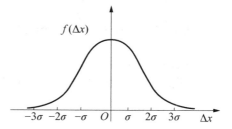

图 1-6　随机误差的正态分布

随机误差的正态分布具有以下性质:

(1) 单峰性. 误差的绝对值越小,出现的概率越大;误差的绝对值越大,出现的概率越小.

(2) 有界性. 绝对值特别大的误差,出现的概率趋近于零.

(3) 对称性. 大小相等、符号相反的误差出现的概率相等.

(4) 抵偿性. 大小相等、符号相反的误差可以互相抵消,因此,对于无限次测量,随机误差的代数和等于零.

如果不考虑系统误差,无限次测量的算术平均值等于物理量的客观真值,

$$\overline{x} = \lim_{n \to \infty} \left(\frac{1}{n} \sum_{i=1}^{n} x_i \right) = X. \tag{1-3}$$

正态分布的概率密度函数为

$$f(\Delta x) = \frac{1}{\sqrt{2\pi}\,\sigma} e^{-\frac{(\Delta x)^2}{2\sigma^2}}, \tag{1-4}$$

其中,σ 是函数的唯一参量,它是无限次测量的方均根误差,也被称为标准误差,其数学表达式为

$$\sigma = \lim_{n \to \infty} \sqrt{\frac{1}{n} \sum_{i=1}^{n} (x_i - X)^2}. \tag{1-5}$$

标准误差 σ 的大小取决于具体的测量条件,如图 1-7 所示. σ 的取值决定了正态分布曲线的形状,因此它可以作为衡量测量数据离散程度的标准. σ 越大,顶点越低,曲线越平缓,数据越分散; σ 越小,顶点越高,曲线越陡峭,数据越集中.

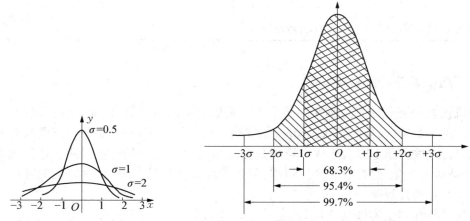

图 1-7 σ 和正态分布曲线的关系   图 1-8   置信概率和置信区间

曲线下的总面积表示各种大小、正负误差出现的总概率(当然它是 100%). 如果对函数作不同的区间积分,即可给出各种误差情况出现的概率,如图 1-8 所示.

$$\int_{-\sigma}^{+\sigma} f(\Delta x)\,\mathrm{d}(\Delta x) = 68.3\%,$$

$$\int_{-2\sigma}^{+2\sigma} f(\Delta x)\,\mathrm{d}(\Delta x) = 95.4\%,$$

$$\int_{-3\sigma}^{+3\sigma} f(\Delta x)\,\mathrm{d}(\Delta x) = 99.7\%.$$

这说明有 68.3% 的测量数据随机误差在区间 $[-\sigma,\sigma]$,或者说任一个测量数据的随机误差,有 68.3% 的概率落在区间 $[-\sigma,\sigma]$.

区间 $[-\sigma,\sigma]$ 常被称为标准置信区间,对应的 68.3% 称为标准置信概率.

$[-2\sigma,2\sigma]$ 和 $[-3\sigma,3\sigma]$ 称为扩展置信区间,对应的 95.4% 和 99.7% 称为扩展置信概率.

置信区间一般用 $[-k\sigma,k\sigma]$ 表示, k 称为包含因子.

四、随机误差(有限次测量)

实验中不可能进行无限多次测量,只能进行有限次测量. 如果把无限次测量看作总体,有限次测量是从总体中抽出的样本. 根据已知样本估算未知的总体,可以使用 t 分布. t 分布和正态分布的关系如图 1-9 所示.

t 分布函数的形状和测量次数 n 有关. 当测量次数 n 为无穷大时,样本即为总体, t 分布即为正态分布.

在有限次测量时, t 分布比正态分布顶点更低、曲线更为平缓、数据更为分散.

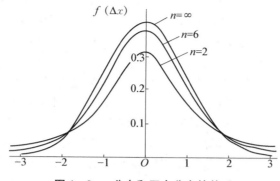

图 1-9　t 分布和正态分布的关系

类似正态分布，t 分布同样具有单峰性、有界性、对称性、抵偿性.

t 分布的计算相对较为复杂. 为了降低计算难度，考虑到实验中重复测量的次数一般大于等于 10，可以对有限次测量仍用正态分布代替 t 分布. 如对测量结果精度要求较高，则应以 t 分布处理数据. 需要时可查阅相关书籍（本书略）.

可以证明，有限次测量的算术平均值虽不是真值，仍是该测量列的最佳估计值，

$$\overline{x} = \frac{1}{n} \sum_{i=1}^{n} x_i. \tag{1-6}$$

因此，仍可用算术平均值表达测量结果. 当测量次数趋近于无限时，算术平均值将趋近于真值.

无限次测量的平均值是真值，测量值和平均值的差值是误差. 有限次测量的平均值不是真值，测量值与平均值的差值不能称为误差，只可称为偏差.

测量值的标准偏差 S_x 可以反映测量值相对于平均值的离散程度，

$$S_x = \sqrt{\frac{\sum_{i=1}^{n} (x_i - \overline{x})^2}{n-1}}. \tag{1-7}$$

平均值 $\overline{x}$ 的标准偏差 $S_{\overline{x}}$ 可以反映平均值对于总体平均值（真值）的离散程度，

$$S_{\overline{x}} = \frac{S_x}{\sqrt{n}} = \sqrt{\frac{\sum_{i=1}^{n} (x_i - \overline{x})^2}{n(n-1)}}. \tag{1-8}$$

由(1-7)和(1-8)式计算的标准偏差为标准置信概率（即 68.3%）. 同样可以通过扩大置信区间的方法来扩大置信概率.

五、随机误差（单次测量）

根据(1-8)式，提高测量次数可以减少平均值的偏差. 因此，在精度要求较高的场合，通常都要进行多次重复测量，以提高测量结果的可靠程度.

尽管多次测量具有无可辩驳的优越性,但也经常出现单次测量,其原因有 3 种:

(1) 仪器的精度较低,导致多次重复测量的数据相同,使重复测量失去意义.

(2) 对测量结果准确程度要求不高,没必要进行多次重复测量,此时可以进行单次测量以节省实验时间和实验资源.

(3) 实验条件的变化,使多次重复测量无法实现,只能进行单次测量.

对于单次测量,$n-1=0$,无法应用(1-7)和(1-8)式来评价测量值和平均值.对于具体的测量情况进行具体分析又过于复杂,因此,在物理实验中,可以根据仪器的精密度确定单次测量的随机误差范围,符号为 $\Delta_单$.

对于可以估读的仪器,单次测量的随机误差取仪器的分度值;对于不可以估读的仪器,单次测量的随机误差取最后一位可靠数字.表1-2给出常见仪器单次测量的随机误差范围.

表1-2   常见仪器单次测量的随机误差范围

仪器名称		分度值	$\Delta_单$
可以估读	毫米刻度尺	1 mm	1 mm
	螺旋测微器	0.01 mm	0.01 mm
	指针式电压表	0.02 V	0.02 V
	精密温度计	0.1℃	0.1℃
不可以估读	步进式电阻箱	1 Ω	10 Ω
	数字式毫伏表	0.1 mV	1 mV
	秒表	0.01 s	0.1 s
	游标卡尺	0.02 mm	0.1 mm

六、粗大误差与异常值的剔除

有时会遇到过大或过小的测量值,即所谓测量值的异常波动.异常值出现有两种可能:

(1) 实验中各种随机因素的波动.

(2) 实验者的操作错误或读数错误.

由实验者的错误引入的误差,叫做过失误差或者粗大误差,对应的测量值应当从测量列中剔除.那么如何判断一个测量数据是否应该剔除呢?

随机误差服从正态分布,意味着 99.7% 的误差位于 $[-3\sigma,3\sigma]$ 区间.也就是说,在 1000 个测量数据中,只有 3 个数据的随机误差处于区间之外.因此,在测量次数较少时,可以认为这种数据的出现是不正常的.

拉依达准则以测量值的标准偏差的 3 倍作为剔除异常数据的标准.

当测量次数少于 10 次时,无法使用拉依达准则.可以使用更为精细、复杂的肖维涅准则或者格拉布斯准则.如需要可查阅相关书籍(本书略).

需要指出的是,如果判定有两个以上的测量数据为异常值,那么每次只能先剔除偏差最大的测量数据,然后重新计算平均值、标准偏差,再去甄别余下的数据.

1.3 测量的不确定度(直接测量)

误差存在于一切测量之中. 可定系统误差可以在评定之后消除, 未定系统误差和随机误差无法完全消除, 只能评估其分布范围. 因此, 由于未定系统误差和随机误差的存在, 测量结果必然带有不确定性.

由于测量误差的存在而对测量结果不能确定的程度, 称为不确定度, 符号是 U. 其实质是以一定置信概率下的置信区间, 给出随机误差和未定系统误差的联合分布.

国际标准化组织认为, 评定不确定度时, 应分为 A、B 两类分别评定: 凡对测量列用统计分析方法计算的分量, 称为 A 类不确定度, 符号是 U_A; 凡用其他方法计算的分量, 称为 B 类不确定度, 符号是 U_B, 最后再将所有的分量合成.

置信概率为 68.3% 时, 合成不确定度称为标准不确定度. 所有不确定度的处理流程, 如不特别说明, 均为标准不确定度.

一、单次测量的不确定度

单次测量无法进行 A 类评定, B 类评定包括两个分量:

随机误差可认为是正态分布, 如果取 $\Delta_{\text{单}}$, 置信概率接近 100%. 因此, 取 $\Delta_{\text{单}}$ 的 1/3, 此时置信概率降低到 68.3%.

未定系统误差可认为是均匀分布, 取 $\Delta_{\text{仪}}$ 除以 $\sqrt{3}$, 置信概率同样降低到 68.3%.

合成不确定度的置信概率同样是 68.3%, 即标准不确定度.

$$U_{x\text{B1}} = \frac{\Delta_{\text{单}}}{3}, \quad P = 68.3\%,$$

$$U_{x\text{B2}} = \frac{\Delta_{\text{仪}}}{\sqrt{3}}, \quad P = 68.3\%,$$

$$U_x = \sqrt{U_{x\text{B1}}^2 + U_{x\text{B2}}^2}, \quad P = 68.3\%. \tag{1-9}$$

例 1 用精度为 0.02 mm 的游标卡尺测量圆柱体的高度 H, 零点读数为 0.04 mm, 测量值为 12.34 mm. 试计算高度 H 及其标准不确定度.

解 高度 H 为单次测量, 修正零点读数后,

$$\overline{H} = H_1 - \Delta_{\text{卡零}} = 12.34 - 0.04 = 12.30 (\text{mm}).$$

计算 H 的标准不确定度. 由于 $\Delta_{\text{卡单}} = 0.1$ mm, $\Delta_{\text{卡仪}} = 0.02$ mm, 有

$$U_{H\text{B1}} = \frac{\Delta H_{\max}}{3} = \frac{0.1}{3} = 0.033\,3 (\text{mm}),$$

$$U_{H\text{B2}} = \frac{\Delta H_{\text{仪}}}{\sqrt{3}} = \frac{0.02}{1.732} = 0.011\,5 (\text{mm}),$$

$$U_H = \sqrt{U_{H\text{B1}}^2 + U_{H\text{B2}}^2} = \sqrt{0.033\,3^2 + 0.011\,5^2} = 0.035\,2 (\text{mm}).$$

二、多次测量的不确定度

多次测量需要分别进行 A 类评定和 B 类评定:

A 类评定为统计分析方法评定的随机误差项,可以取平均值的标准偏差 $S_{\bar{x}}$,此时置信概率是 68.3%.

B 类评定为未定系统误差项,取 $\Delta_{仪}$ 除以 $\sqrt{3}$,置信概率是 68.3%.

合成不确定度的置信概率是 68.3%,为标准不确定度.

$$U_{x\mathrm{A}} = S_{\bar{x}} = \sqrt{\frac{\sum\limits_{i=1}^{n}(x_i - \bar{x})^2}{n(n-1)}}, \quad P = 68.3\%,$$

$$U_{x\mathrm{B}} = \frac{\Delta_{仪}}{\sqrt{3}}, \quad P = 68.3\%,$$

$$U_x = \sqrt{U_{x\mathrm{A}}^2 + U_{x\mathrm{B}}^2}, \quad P = 68.3\%. \tag{1-10}$$

例 2 用分度为 0.01 mm 的螺旋测微器测量圆柱体直径 D,零点读数为 -0.005 mm,记录测量列如下:1.111,1.118,1.119,1.112,1.110,1.115,1.112,1.119,1.1115,1.119.试计算直径 D 及其标准不确定度.

解 直径 D 为多次测量,其平均值为

$$\overline{D_{零}} = \frac{\sum\limits_{i=1}^{10}D_i}{10} = \frac{1.111 + 1.118 + 1.119 + \cdots + 1.119}{10} = 1.115(\mathrm{mm}).$$

修正零点读数,

$$\overline{D} = \overline{D_{零}} - \Delta_{螺零} = 1.115 - (-0.005) = 1.120(\mathrm{mm}).$$

计算 D 的标准不确定度. 由于 $\Delta D_{仪} = 0.004$ mm,有

$$U_{D\mathrm{A}} = \sqrt{\frac{\sum(D_i - \overline{D_{零}})^2}{n(n-1)}} = \sqrt{\frac{(1.111 - 1.115)^2 + \cdots + (1.119 - 1.115)^2}{10 \times 9}} = 0.00114(\mathrm{mm}),$$

$$U_{D\mathrm{B}} = \frac{\Delta D_{仪}}{\sqrt{3}} = \frac{0.004}{1.732} = 0.00231(\mathrm{mm}),$$

$$U_D = \sqrt{U_{D\mathrm{A}}^2 + U_{D\mathrm{B}}^2} = \sqrt{0.00114^2 + 0.00231^2} = 0.00258(\mathrm{mm}).$$

1.4 测量的不确定度(间接测量)

测量分为直接测量和间接测量. 不管是单次测量或多次测量,直接测得量的结果都必然具有不确定度;间接测得量由直接测得量通过一定的函数关系计算得到,因而直接测得

量的不确定度必然以某种方式影响到间接测得量.

根据直接测得量评定间接测得量的不确定度,这就是不确定度的传递.下面分别讨论函数具有单自变量和多自变量时,自变量和函数的不确定度传递关系.

一、函数只有一个自变量(间接测得量由一个直接测得量计算得到)

设直接测得量为 x,不确定度为 U_x;间接测得量为 y,不确定度为 U_y;函数关系为 $y = f(x)$.

相对于物理量本身,物理量的不确定度通常均为微小量.不确定度的传递是指自变量 x 的微小变化量 U_x 引起函数 y 的微小变化量 U_y,而导数的定义是指自变量 x 的无穷小变化量 $\mathrm{d}x$ 引起函数 y 的无穷小变化量 $\mathrm{d}y$,很容易将两者联系起来,即

$$\frac{U_y}{U_x} \approx \frac{\mathrm{d}y}{\mathrm{d}x},$$

由此可以得到单自变量的函数的不确定度传递公式,

$$U_y = \frac{\mathrm{d}y}{\mathrm{d}x} \times U_x. \tag{1-11}$$

用此公式计算的 U_y 和 U_x 具有相同的置信概率.如果 U_x 是标准不确定度,则 U_y 同样是标准不确定度.

例3　用千分尺测量圆柱体的直径 D,测量数据如例2所示.试计算圆柱体的底面积 S 及其标准不确定度.

解　按照例2的计算过程,可以得到 $\overline{D} = 1.120\,\mathrm{mm}$,$U_D = 0.002\,58\,\mathrm{mm}$. 然后计算底面积 S,

$$S = \frac{\pi \overline{D}^2}{4} = \frac{3.141\,6 \times 1.120^2}{4} = 0.985\,2\,(\mathrm{mm}^2).$$

再计算底面积 S 的标准不确定度,

$$U_S = \frac{\mathrm{d}S}{\mathrm{d}D} \times U_D = \frac{\pi \overline{D}}{2} U_D = \frac{3.141\,6 \times 1.120}{2} \times 0.002\,58 = 0.004\,54\,(\mathrm{mm}^2).$$

二、函数具有多个自变量(间接测得量由多个直接测得量计算得到)

设间接测得量函数 N 与直接测得量 x,y,z 的关系为 $N = f(x, y, z, \cdots)$.

每个自变量的不确定度都会引起函数的不确定度.如果自变量彼此是正交独立的,则函数的不确定度的分量彼此也是正交独立的.

函数 N 的不确定度在自变量 x 方向的分量为

$$U_{Nx} = \frac{\partial N}{\partial x} U_x,$$

$\dfrac{\partial N}{\partial x}$ 是函数 N 对 x 的偏导数(相当于把其他自变量作为常数,再对 x 求导).

类似地,可以得到函数 N 的不确定度在其他方向的分量,

$$U_{Ny} = \frac{\partial N}{\partial y} U_y, \quad U_{Nz} = \frac{\partial N}{\partial z} U_z.$$

最后将各个分量合成在一起,

$$U_N = \sqrt{U_{Nx}^2 + U_{Ny}^2 + U_{Nz}^2 + \cdots}. \tag{1-12}$$

如果所有的自变量均为标准不确定度,函数也为标准不确定度.

例 4　用螺旋测微器和游标卡尺测量圆柱体的直径 D 和高度 H. 测量数据分别如例 1 和例 2 所示. 试计算圆柱体的体积 V 及其标准不确定度.

解　先计算 H 和 D.

$$\overline{H} = 12.30 \text{ mm}, \quad U_H = 0.035\,2 \text{ mm};$$

$$\overline{D} = 1.120 \text{ mm}, \quad U_D = 0.002\,58 \text{ mm}.$$

然后计算体积 V.

$$\overline{V} = \frac{\pi \overline{D}^2 \overline{H}}{4} = \frac{3.141\,6 \times 1.120^2 \times 12.30}{4} = 12.118 \, (\text{mm}^3).$$

最后计算体积 V 的标准不确定度,分别求 D 和 H 方向的分量再合成.

$$U_{VD} = \frac{\partial V}{\partial D} U_D = \frac{\pi \overline{D}\,\overline{H}}{2} U_D = \frac{3.141\,6 \times 1.120 \times 12.30}{2} \times 0.002\,58 = 0.055\,8 \,(\text{mm}^3),$$

$$U_{VH} = \frac{\partial V}{\partial H} U_H = \frac{\pi \overline{D}^2}{4} U_H = \frac{3.141\,6 \times 1.120^2}{4} \times 0.035\,2 = 0.034\,7 \,(\text{mm}^3),$$

$$U_V = \sqrt{U_{VD}^2 + U_{VH}^2} = \sqrt{0.055\,8^2 + 0.034\,7^2} = 0.065\,7 \,(\text{mm}^3).$$

1.5　测量的结果表示

为了清晰地表达测量结果,需要将测量结果写为如下形式:

$$\begin{cases} x = \overline{x} \pm U_x, \\ U_{Rx} = \dfrac{U_x}{\overline{x}} \times 100\%, \end{cases} \tag{1-13}$$

其中,U_{Rx} 是相对不确定度. 为了正确地表达结果,有以下 7 个问题需要说明.

(1) 不确定度的有效数字.

在结果表示之前,不确定度及其分量均保留 3 位有效数字.

在结果表示中,将不确定度截取为 1 位有效数字.

不确定度截取的原则是"只进不舍". 也就是说,只要尾数不为零,则一律进位.

例如,0.123 4 如果保留 3 位有效数字,则为 0.123;如果保留 1 位有效数字,则为 0.2.

(2) 平均值的有效数字.

在结果表示之前,平均值的有效数字一般取 5 位就足够了.

在结果表示中,截取平均值的有效数字,使其最后一位与不确定度所在位相同.

平均值截取的原则是"四舍六入,遇五凑偶". 例如,如果保留 4 位有效数字,则 12.345 ＝ 12.34,但是 12.355 ＝ 12.36. 注意当"5"后边的数字不为零时,仍要进位,即 12.3451 ＝ 12.35.

(3) 相对不确定度的有效数字.

相对不确定度保留 2 位有效数字,如 12％、6.5％、0.34％等.

(4) 常数的有效数字.

在本书的计算中,常数一般取 5 位有效数字. 例如,

$$元电荷\ e = 1.6022 \times 10^{-19}\ \mathrm{C},$$
$$普朗克常数\ h = 6.6261 \times 10^{-34}\ \mathrm{J \cdot s},$$
$$重力加速度\ g(锦州) = 9.8027\ \mathrm{m \cdot s^{-2}},$$
$$圆周率\ \pi = 3.1416.$$

(5) 置信概率.

本书对测量结果均计算标准不确定度,对应置信概率为 68.3％,不需要特意标注.

(6) 科学计数法.

当平均值超过 1000 时,应当使用科学计数法,使结果表示更为清晰.

(7) 结果表示举例.

例 5 如例 4 所示的测量,在计算出 V 和 U_V 后,请正确表示测量结果.

解 不确定度保留 1 位,$U_V = 0.0657 = 0.07 (\mathrm{mm^3})$.

平均值保留到与不确定度末位相同,$V = 12.118 = 12.12 (\mathrm{mm^3})$.

相对不确定度保留 2 位有效数字,

$$\begin{cases} V = \overline{V} \pm U_V = 12.118 \pm 0.0657 = (12.12 \pm 0.07)(\mathrm{mm^3}), \\ U_{RV} = \dfrac{U_V}{\overline{V}} \times 100\% = \dfrac{0.0657}{12.118} \times 100\% = 0.54\%. \end{cases}$$

1.6 测量结果的简明表示与有效数字的运算规则

测量结果的不确定度较为严密地给出了测量结果的可靠程度. 然而在有些实验中,不确定度的计算需要考虑的因素较为复杂,处理起来需要大量的时间,而我们更想在短时间内得到一个相对可靠的结果. 此时,按照有效数字的运算规则,将测量结果保留一定位数的有效数字,可以简明地表示测量结果.

一、有效数字运算的一般规则

有效数字运算的一般规则如下:

准确数字与准确数字相运算,结果为准确数字;

准确数字与存疑数字相运算,结果为存疑数字;

存疑数字与存疑数字相运算,结果为存疑数字;

存疑数字只保留 1 位.

由此原则出发,可以推导出各种具体情况的运算规则.

例如,两个有效数字加减运算时,应当保留到存疑数字最先出现的那一位.

$$22.2\overline{2} + 3.33\overline{3} = 25.55\overline{3} = 25.5\overline{5},\ 22.2\overline{2} - 3.33\overline{3} = 18.8\overline{87} = 18.8\overline{9}.$$

例如,两个有效数字相乘或相除时,结果的有效数字位数与位数较少的相同.

$$5\,55\overline{5} \times 66\overline{6} = 3\,699\,\overline{630} = 3.7\overline{0} \times 10^{6},\ 5\,55\overline{5} \div 66\overline{6} = 8.3\overline{40}\,84 = 8.3\overline{4}.$$

二、函数的有效数字运算规则

一些复杂函数难以用一般原则来确定其有效数字,此时,可以采用"变动 1"方法. 也就是说,将自变量的末位数字(存疑数字)"+1"或者"−1",观察函数值的变动出现在哪一位.

例如,$x = 12.30$,$y = \sqrt{x} = 3.507\,14$. 当 $x' = 12.31$ 时,$y' = \sqrt{x'} = 3.508\,56$. 因此,$x = 12.30$,$y = \sqrt{x} = 3.507$.

例如,$x = 9°30'$,$y = \sin x = 0.165\,047\,6$. 当 $x' = 9°31'$ 时,$y' = 0.165\,334\,5$. 因此,$x = 9°30'$,$y = \sin x = 0.165\,0$.

三、测量结果的简明表示

按照有效数字的运算规则,对测量结果的有效数字进行保留,以有效数字的最后一位作为不确定度所在位,可以简明表示测量结果.

必须认识到,与不确定度的评估相比,这只是一个简单的近似方法. 两者一旦发生矛盾,应当以不确定度为准.

1.7 处理数据的几种常用方法

一、列表法

1. 列表的作用

在记录和处理数据时将数据列成表,可以简单、明确地表示有关物理量之间的关系,便于随时检查测量数据是否合理、及时发现问题,有助于找出有关量之间规律性的联系,求出经验公式. 数据列表还可以提高处理数据的效率、减少和避免错误.

2. 列表的要求

(1) 简单明了,便于看出有关量之间的关系,便于处理数据.

(2) 必须清楚说明表中各符号所代表物理量的意义,并写明单位. 单位写在标题栏中,而不要重复地记在各数字后.

(3) 表中的数据要正确反映测量结果的有效数字.

（4）必要时可以加以文字说明.

3. 列表法应用举例

例 6 伏安法测电阻实验通过测量电压和电流的关系验证欧姆定律. 要求以电流 I 为自变量, 等间距变化, 设计表格.

解 设计表格如表 1-3 所示.

表 1-3　伏安法测电阻实验数据表

I/mA	1.00	2.00	3.00	4.00	5.00	6.00	7.00	8.00	9.00	10.00
U/V										

例 7 刚体转动定律研究实验需测量线绕半径 r 与砝码下落时间 t 的关系. 要求对 5 种不同的半径 r, 对 t 重复测量 3 次, 设计表格.

解 设计表格如表 1-4 所示.

表 1-4　刚体转动定律研究实验数据表

| t/s | r/cm | | | | |
	1.00	1.50	2.00	2.50	3.00
第一次					
第二次					
第三次					
平均值					
$1/t$					

例 8 电表改装及校正实验需用标准电压表校正改装电压表的读数. 改装时必须调零, 并使其满量程读数与标准表相同, 设计表格.

解 设计表格如表 1-5 所示.

表 1-5　电压表改装及校正实验数据表

改装表读数 U' /V	0						3.000
标准表读数 U/V	0						3.000
偏差 ΔU/V	0						0

二、作图法

使用图线可以直观地表达物理量的变化关系, 从图线上可以简便地求出实验的某些结果. 从图线上可以读出没有进行观测的对应点 (内插法), 或在一定条件下从图线的延伸部读到测量范围以外的对应点 (外插法).

按规范的方法作图,既可以反映物理量间的关系,又可以反映测量的精度.

1. 作图的方法与步骤

(1)选择坐标纸.根据需要选用直角坐标纸、(半、双)对数坐标纸或者极坐标纸.根据测量数据的精度以及对测量结果的精度需求,选择合适大小的坐标纸.

(2)选定坐标轴.用箭头标出坐标轴的正方向,箭头旁注明物理量的名称和单位.

(3)确定坐标分度.为了方便读数,一般用一大格(10 小格)代表 1,2,5 个单位,而不代表 3,6,7,9 个单位.横纵坐标轴的交点可以不是零,可以取比数据最小值小一点的整数作为起点,取比数据最大值大一点的整数作为终点,这样可以充分利用坐标纸的面积,提高作图的精度.

(4)描点和连线.用铅笔在坐标纸上描点和连线,观测点可用"＋"、"×"等符号表示.一张图有多条曲线时,各条曲线的观测点应当用不同的符号.连直线应当用直尺;连曲线应当用曲线板平滑连接,要考虑观测点变化的趋势,使观测点均匀分布于图线的两侧.

(5)图注.在图的空白位置,标注学号、姓名、图名.

2. 作图法举例

例 9 伏安法测电阻实验的测量数据如表 1-6 所示.请用直角坐标纸作 U-I 直线图.

表 1-6　伏安表测电阻实验数据表

I/mA	1.00	2.00	3.00	4.00	5.00	6.00	7.00	8.00	9.00	10.00
U/V	2.00	4.01	6.05	7.85	9.90	11.93	13.95	16.02	17.86	19.94

分析　(1)坐标纸:直角坐标纸.

(2)坐标轴:作 U-I 直线图,纵轴为 U,横轴为 I.

(3)坐标分度:横坐标分度(一大格)为 2 mA,起点为 0 mA,终点为 10 mA;纵坐标分度(一大格)为 5 V,起点为 0 V,终点为 20 V.

(4)描点和连线:共 10 个观测点,符号用"＋",用直尺连出一条直线,如图 1-10 所示.

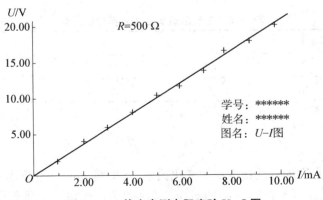

图 1-10　伏安表测电阻实验 U-I 图

3. 作图法求直线的斜率和截距

对于直线图,通常要计算直线的斜率和截距.

设函数为 $y = kx + b$,其斜率可用两点法计算,

$$k = \frac{y_2 - y_1}{x_2 - x_1}. \tag{1-14}$$

截距 b 为 $x = 0$ 时的 y 值,可以从图上直接读出,或者用下式计算:

$$b = y_1 - \frac{y_2 - y_1}{x_2 - x_1}x_1. \tag{1-15}$$

注意所选的两个点要相距远一些,尽量不要用观测点. 通常使用不同于观测点的两个点,并标明其横纵坐标. 为了计算简便,两个点的横坐标之差最好为整数.

例 10 在伏安法测电阻实验中,已作直线如图 1-11 所示. 试用两点法计算其斜率和截距.

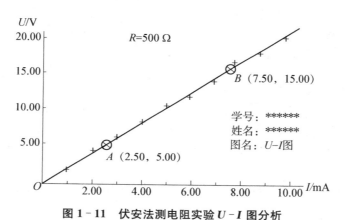

图 1-11 伏安法测电阻实验 U-I 图分析

分析 实验的目的是验证欧姆定律 $R = \dfrac{U}{I}$,电阻 R 是直线的斜率.

截距应当为零. 如果不是零,很可能有较大的系统误差存在.

首先在直线上选取两个点,其符号与测量点区分,如可用"⊗",并注明其横纵坐标.

代入公式求斜率,即电阻为

$$R = \frac{U_2 - U_1}{I_2 - I_1} = \frac{(15.00 - 5.00)(\text{V})}{(7.50 - 2.50)(\text{mA})} = \frac{10.00(\text{V})}{5.00(\text{mA})} = 2(\text{k}\Omega).$$

截距可以直接从图 1-11 读出,等于"0 V",也可以计算得出,

$$b = U_1 - RI_1 = (5.00 - 2 \times 2.50)(\text{V}) = 0(\text{V}).$$

由截距为零且 10 个测量点均贴近直线,说明本次实验的误差控制得较好.

4. 曲线改直

在实际测量中,很多物理量之间的关系并不是线性的,作出的图通常为曲线图. 通过适

当的数学变换将非线性函数变换成线性函数,即可把曲线变换成直线,这种方法叫做曲线改直. 曲线改直后,函数关系变得简单,使核对数据和处理数据更为方便迅捷.

同一个非线性函数,存在着无数种将其变换为线性函数的方法. 常用的变换方法如下:

对形如 $y=ax^b$ 的函数,两边取对数,$\ln y=b\ln x+\ln a$. 令 $Y=\ln y$, $X=\ln x$,即可变换为 $Y=bX+\ln a$.

对形如 $y=ab^x$ 的函数,两边取对数,$\ln y=x\ln b+\ln a$. 令 $Y=\ln y$,即可变换为 $Y=x\ln b+\ln a$.

对形如 $xy=C$ 的函数,令 $X=\dfrac{1}{x}$,即可变换为 $y=CX$.

例 11 刚体转动定律实验为验证塔轮半径 r 与下落时间 t 的关系,测得数据如表 1 - 7 所示. 试用作图法验证 r 与 t 的关系.

表 1-7   刚体转动定律实验数据表

t/s	r/cm				
	1.00	1.50	2.00	2.50	3.00
第一次	13.36	8.80	6.70	5.65	4.60
第二次	13.50	8.90	6.80	5.60	4.50
第三次	13.40	8.85	6.70	5.70	4.60
平均值	13.42	8.85	6.73	5.65	4.57
$1/t$	0.075	0.113	0.148	0.177	0.219

分析 塔轮半径 r 与下落时间 t 的关系为反比例函数 $r=\dfrac{C}{t}$. 如果直接作 r-t 图,得到反比例图像;如果作 r-$\dfrac{1}{t}$ 图,则为正比例图像.

两个图像似乎都能验证 r 与 t 的关系,但反比例函数与很多函数在第一象限的图形比较接近. 例如,$x^a y=C$ 与 $xy=C$,只要幂指数 a 在 1 附近,两者的图像很难区分. 因此,作正比例图像更容易验证 r 和 t 的关系.

因此,在设计实验数据表时在下方增加了 $\dfrac{1}{t}$,目的就是为了处理数据方便.

具体的作图过程与例 9 类似(略).

5. 校正曲线和定标曲线

某些实验需要制作仪器或改装仪器,这些仪器的性能是未知的,无法直接用于测量. 通常要用高精度仪器对其进行校准,根据校准数据可作出校正曲线或者定标曲线.

如果高精度仪器的示数为实际值,被校准仪器的示数为仪器示值,仪器示值减去实际值为偏差值,那么定标曲线反映的是仪器示值与实际值的关系,而校正曲线反映的是仪器示值与偏差值的关系.

在物理实验中,校正曲线或者定标曲线均为折线段,也就是说,相邻的观测点之间用线段连接.

校准之后的仪器可以用于测量.当仪器示值不在观测点时,可以找两个临近的观测点用内插法计算,也可以在校正曲线上直接读出修正值,再用仪器示值减去修正值.

例 12　电压表的改装和校正实验用标准电压表校准改装电压表的数据如表 1-8 所示.请在直角坐标纸上绘制校正曲线,并计算当改装表的示值为 0.300 V 时,实际值是多少?

表 1-8　电压表的改装和校正实验数据表

改装表读数 U'/V	0	0.500	1.000	1.500	2.000	2.500	3.000
标准表读数 U/V	0	0.490	1.010	1.490	1.995	2.505	3.000
偏差 $\Delta U/V$	0	0.01	−0.01	0.01	0.005	−0.005	0

分析　以横轴为改装表读数 U'、纵轴为偏差 ΔU,绘制校正曲线如图 1-12 所示.

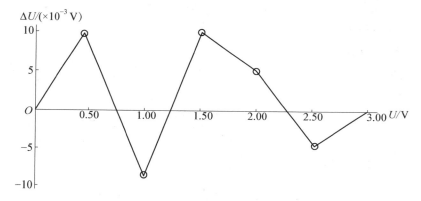

图 1-12　电压表的校正曲线

如用内插法计算实际值,根据斜率相等,可以列出方程如下:

$$\frac{U-U_1}{U'-U_1'}=\frac{U_2-U_1}{U_2'-U_1'},$$

再代入两个临近的观测点,

$$\frac{U-0}{0.300-0}=\frac{0.490-0}{0.500-0},$$

最后计算得到实际值 $U=0.294\,V$.

如果用校正曲线计算,可以先在校正曲线上读出偏差值:当 $U'=0.300$ V 时,$\Delta U=0.006$ V,故实际值为

$$U=U'-\Delta U=0.300-0.006=0.294(V).$$

三、逐差法

与列表法和作图法不同,逐差法并非通用的数据处理方法.它具有严格的适用范围,只

能处理自变量等间距变化、函数与自变量为线性关系的测量数据. 逐差法处理的结果是直线的斜率. 下面举例说明逐差法的使用.

例 13 伏安法测电阻实验中测得数据如表 1-9 所示. 请问可否用逐差法计算电阻? 如可以,计算电阻;如不可以,说明理由.

表 1-9 伏安法测电阻实验数据表

I/mA	1.00	2.00	3.00	4.00	5.00	6.00	7.00	8.00	9.00	10.00
U/V	2.00	4.01	6.05	7.85	9.90	11.93	13.95	16.02	17.86	19.94

分析 首先根据逐差法的使用条件,判断表 1-9 中的数据是否适用逐差法. 本例中的自变量为 I,每次变化的间隔均为 1mA,函数为 U,U 与 I 为线性关系,电阻 R 是斜率. 因此,表 1-9 中的数据可以使用逐差法处理.

先将测量数据分成数量相等的两组.

对 I 的分组:前一组是 I_1,I_2,I_3,I_4,I_5,后一组是 I_6,I_7,I_8,I_9,I_{10}.

对 U 的分组:前一组是 U_1,U_2,U_3,U_4,U_5,后一组是 U_6,U_7,U_8,U_9,U_{10}.

对应项逐项相减,再求平均,

$$\overline{\Delta I} = \frac{(I_{10}-I_5)+(I_9-I_4)+(I_8-I_3)+(I_7-I_2)+(I_6-I_1)}{5} = 5.00(\text{mA}),$$

$$\overline{\Delta U} = \frac{(U_{10}-U_5)+(U_9-U_4)+(U_8-U_3)+(U_7-U_2)+(U_6-U_1)}{5} = 9.978(\text{V}).$$

计算斜率即可得电阻如下:

$$R = \frac{U}{I} = \frac{\overline{\Delta U}}{\overline{\Delta I}} = \frac{9.978(\text{V})}{5.00(\text{mA})} = 2.00(\text{k}\Omega).$$

用逐差法求斜率,相当于利用等间隔的数据点连接多条直线,然后求多条直线的斜率的平均值. 这种方法比作图法准确,比最小二乘法简单,具有其独特的优势.

另外,由于逐差法的计算简便,因此,可以在设计表格时作出安排,使实验者在测量数据中随时检验测量数据,可以及时发现测量错误和数据变化规律.

如果测量数据总数为 $2n+1$ 时,无法平均分组,此时需要在首尾或中间剔除一个数据,即可使用逐差法.

四、用最小二乘法处理数据

通过对一组测量数据进行统计分析,找出其最佳拟合曲线的过程,叫做方程的回归分析. 在回归分析中,最常采用的方法是最小二乘法.

最小二乘法拟合曲线的原理是:若能找到最佳的拟合曲线,则此拟合曲线和各测量值之间偏差的平方和,在所有拟合曲线中是最小的.

下面以最简单的直线拟合来介绍最小二乘法.

设有一组 (x_i, y_i),$i=1,2,3,\cdots,n$,共 n 个测量点,求其最佳拟合方程 $y=kx+b$.

对应于每一个 x_i，测量值是 y_i，理论值是 $kx_i + b$，两者之间的偏差为

$$\delta_i = y_i - (kx_i + b).$$

根据最小二乘法原理，最佳拟合方程使偏差的平方和最小，

$$\sum_{i=1}^{n} \delta_i^2 = \sum_{i=1}^{n} \left[y_i - (kx_i + b) \right]^2 = 最小,$$

其中，y_i 和 x_i 是测量值，不是变量. 要使偏差平方和达到最小，变量是 k 和 b. 取最小值时，上式对 k 求偏导数为零，对 b 求偏导数为零. 于是得到如下两个方程：

$$\begin{cases} -2\sum_{i=1}^{n} x_i (y_i - kx_i - b) = 0, \\ -2\sum_{i=1}^{n} (y_i - kx_i - b) = 0, \end{cases}$$

整理后写成

$$\begin{cases} \overline{x^2}k + \overline{x}b = \overline{xy}, \\ \overline{x}k + b = \overline{y}. \end{cases}$$

式中，

$$\overline{x} = \frac{1}{n}\sum_{i=1}^{n} x_i, \quad \overline{y} = \frac{1}{n}\sum_{i=1}^{n} y_i,$$

$$\overline{x^2} = \frac{1}{n}\sum_{i=1}^{n} x_i^2, \quad \overline{xy} = \frac{1}{n}\sum_{i=1}^{n} x_i y_i,$$

所以，

$$\begin{cases} k = \dfrac{\overline{x} \cdot \overline{y} - \overline{xy}}{(\overline{x})^2 - \overline{x^2}}, \\ b = \overline{y} - k\overline{x}. \end{cases} \tag{1-16}$$

最小二乘法是实际研究工作中所采用的正规处理数据方法，既能拟合直线，也能拟合曲线；既能拟合一元函数，也能拟合多元函数. 由于计算起来较为繁琐，因此通常使用软件自动拟合.

需要指出的是，只有当 x 和 y 之间存在线性关系时，拟合的直线才有意义. 可以用线性相关系数 γ 来衡量拟合的质量，

$$\gamma = \frac{\sum \Delta x_i \Delta y_i}{\sqrt{\sum (\Delta x_i)^2}\sqrt{\sum (\Delta y_i)^2}}, \tag{1-17}$$

其中，$\Delta x = x_i - \overline{x}$，$\Delta y = y_i - \overline{y}$.

γ 是绝对值小于等于 1 的数. $|\gamma|$ 越大，说明两个变量的线性关系越明显. 若 $|\gamma| \approx 1$，说明 y_i 和 x_i 之间线性相关强烈，测量点越贴近直线；若 $|\gamma| \approx 0$，说明实验数据点分散，y_i

和 x_i 之间无线性关系. $\gamma > 0$(或 $\gamma < 0$)表示 y 随 x 增加而增大(或 y 随 x 增加而减小).

例 14 伏安法测电阻实验数据如表 1-6 所示. 请用最小二乘法进行线性拟合.

解 设最佳拟合直线为 $U = IR + b$,可以通过计算得到

$$\bar{I} = 5.50 \, \text{mA}, \quad \bar{U} = 10.951 \, \text{V};$$

$$\overline{I^2} = 38.5, \quad \overline{IU} = 76.66.$$

代入(1-16)式,可得 R 和 b,

$$\begin{cases} R = \dfrac{\bar{I} \cdot \bar{U} - \overline{IU}}{\overline{I^2} - \bar{I}^2} = \dfrac{5.5 \times 10.951 - 76.66}{5.5 \times 5.5 - 38.5} = 1.991(\text{k}\Omega), \\[2mm] b = \bar{U} - R\bar{I} = 10.951 - 1.191 \times 5.50 = -0.001(\text{V}). \end{cases}$$

所以,最佳拟合直线方程为

$$U = 1.991I - 0.001.$$

接下来评价拟合质量,可以通过计算得到

$$\sum \Delta I_i \Delta U_i = 164.295, \quad \sum (\Delta I_i)^2 = 82.5, \quad \sum (\Delta U_i)^2 = 327.222.$$

代入(1-17)式,可得线性相关系数

$$\gamma = \frac{\sum \Delta I_i \Delta U_i}{\sqrt{\sum (\Delta I_i)^2} \sqrt{\sum (\Delta U_i)^2}} = \frac{164.295}{\sqrt{82.5 \times 327.222}} = 0.999\,94.$$

本例中的 γ 值非常接近 1,且 b 值非常小,因此,本实验在客观上验证了欧姆定律.

本章练习

1. 用一螺旋测微器($\Delta_{仪} = 0.004$)测某物体长度 6 次,测量结果如下:

4.296,4.296,4.290,4.294,4.292,4.294(单位:mm). 试求测量结果的算术平均值、不确定度及测量结果的最后表示.

2. 用钢板尺测正方形的边长为 2.01,2.00,2.04,2.02,1.98(单位:mm). 试分别求正方形周长和面积,以及不确定度和测量结果.

3. 写出下列测量关系式的不确定度传递公式.

(1) $g = 4\pi \dfrac{L}{T^2}$;　　　　　　　　　　(2) $N = \dfrac{X - Y}{X + Y}$;

(3) $N = X + Y - Z$;　　　　　　　　　(4) $n = \dfrac{\sin i}{\sin r}$;

(5) $\dfrac{L^2 - d^2}{4L}$;　　　　　　　　　　(6) $I_2 = I_1 \cdot \dfrac{r_2^2}{r_1^2}$.

4. 把下列各数按四舍五入原则取 4 位有效数字写出结果:21.495,43.465,8.123 08,

1. 275 01, 3. 699 53, 0. 043 296, 3. 873 57.

5. 按照不确定度理论和有效数字原则,改正下列错误.

(1) $N = 10.800 \pm 0.2(\text{cm})$;　　　(2) $a = 83.54 \pm 4.5(\text{m} \cdot \text{s}^{-2})$;

(3) $L = 12 \text{ km} \pm 100 \text{ m}$;　　　(4) $g = (1.612 48 \pm 0.228 6) \times 10^{-19} \text{ C}$;

(5) $E = (1.93 \times 10^{11} \pm 6.73 \times 10^9)\text{N/m}^2$;　(6) $800 \text{ g} = 0.8 \text{ kg}$;

(7) $0.022 15 \times 0.002 215 = 0.004 884 1 \text{ s}^2$.

6. 某电阻的测量结果为

$$R = (35.78 \pm 0.05)\Omega, \quad E = 0.14\% \ (P = 68.3\%).$$

下列说法中哪种是正确的?

(1) 测量的电阻是 $35.73\ \Omega$ 或 $35.83\ \Omega$;

(2) 被测电阻在 $35.73\ \Omega$ 到 $35.83\ \Omega$;

(3) 被测电阻的真值包含在区间 $[35.73, 35.83]\ \Omega$ 内的概率是 0.683;

(4) 用 $35.78\ \Omega$ 近似地表示被测电阻值时,偶然误差的绝对值小于 $0.05\ \Omega$ 的概率为 0.683;

(5) 若对该电阻值在同样条件下测量 $1\ 000$ 次,大约有 683 次左右测量值落在 $35.73 \sim 35.83\ \Omega$ 范围内.

7. 已知直接测量结果求间接测量结果,并写出不确定度传递公式.

(1) 已知

$$A = 38.206 \pm 0.005, \quad B = 12.248 7 \pm 0.000 4,$$
$$C = 161.25 \pm 0.01, \quad D = 1.234 \pm 0.001.$$

求 $N = A + 2B - C + 5D$.

(2) 已知

$$M = 236.124 \pm 0.002(\text{g}), \quad D = 2.345 \pm 0.005(\text{cm}), \quad H = 8.21 \pm 0.01 \text{ cm}.$$

求 $N = \dfrac{4M}{\pi D^2 H}$.

(3) 若 $l = 98.23 \pm 0.04(\text{cm})$, $T = 1.989 \pm 0.004 \text{ s}$. 求 $N = 4\pi^2 \dfrac{2L}{T^2}$.

第 **2** 章
常用的物理实验方法与基本操作技术

2.1 常用的物理实验方法

随着人类对物质世界更深入的了解,待测物理量的内容越来越广泛;科学技术飞速发展,测量方法和手段越来越丰富、越来越先进.受篇幅限制,本书只对在物理实验中常用的 7 种基本实验方法作简单介绍.

一、比较法简介

比较法就是将待测量与标准量进行比较而得到测量值的方法,它是物理实验中最普遍、最基本、最常用的测量方法.比较法可分为直接比较法和间接比较法.

1. 直接比较法

直接比较法是将待测量与同类物理量的标准量直接进行比较,直接得到测量数据.这种比较通常要借用仪器或者标准量具.例如,用米尺测量长度,用秒表测量时间.显然直接比较法的测量精度受测量仪器或者标准量具自身精度的局限.

2. 间接比较法

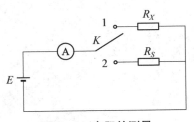

图 2-1 电阻的测量

当一些物理量的测量难以用对应的标准量具进行直接比较时,可以利用物理量之间的函数关系,将待测量与同类标准量进行间接比较测量.

如图 2-1 所示,将一个可调标准电阻与待测电阻相连接,保持稳压电源的输出电压 E 不变,调节标准电阻 R_S 的阻值,使开关 K 在"1"和"2"两个位置电流指示值不变,则有 $R_X = R_S$.

二、放大法简介

在实际测量中,有时待测量很小,甚至小到无法被实验者感觉或者仪器直接反应,此时可以通过某种途径将待测量放大,然后进行测量.放大待测量所用的原理和方法称为放大法.物理实验中常用的放大法有累计放大法、机械放大法、电学放大法、光学放大法.

1. 累计放大法

在待测量能够简单重叠的条件下,将其延展若干倍再进行测量的方法称为累计放大法.例如,测量一张打印纸的厚度,可以先测量 100 张纸的厚度 H,再计算一张纸的厚度,$h = H/100$.

2. 机械放大法

机械放大法是最直观的一种放大方法,它是利用机械部件之间的几何关系,使待测量在测量过程中得到放大的方法.常见的螺旋测微器和读数显微镜就是利用机械放大法的测量仪器.

3. 电学放大法

在电磁类实验中,微小的电流或电压常需要用电子仪器将待测信号加以放大后进行测量.例如,在用光电效应法测普朗克常量实验中,就是将十分微弱的光电流通过微电流测量放大器放大后进行测量的.随着电子技术和电子器件的发展,各种电信号的放大都很容易实现,目前把电信号放大几个至十几个数量级已不是难事.在实际测量过程中,还常把非电学量转换成电信号放大后进行测量,这已成为科学研究和工程实践中常用的测量方法之一.需要注意的是,在把电学量放大、提高物理量本身量值的同时,还要注意提高信噪比或测量的灵敏度.

4. 光学放大法

光学放大法有两种:一种是通过光学仪器把被测物放大,如放大镜、显微镜、望远镜等,这类仪器只是在观察中放大了视角,并不是改变了物体的实际尺寸,并不增加误差,因此,许多仪器都会在最后的读数装置加上一个视角放大装置,以提高仪器的测量精度;另一种是通过测量放大后的物理量,间接测得本身很小的物理量.光杠杆就是这种放大微小变化量的经典应用,它不仅可以测量长度的微小变化(如在用拉伸法测定金属丝弹性模量实验中光杠杆工作原理的应用),还可以测量角度的微小变化(如使用直流复射式检流计).

三、转换法简介

各物理量之间存在千丝万缕的联系,在一定条件下它们可以相互转换.当有些物理量由于属性关系无法用仪器直接测量,或者即使能够测量,但测量起来通常很不方便且准确性差时,常将这些物理量转换成其他便于准确测量的物理量进行测量,然后求待测量,这种方法叫做转换法.转换测量大致可分为参量转换测量和能量转换测量两大类.

1. 参量转换测量法

利用各种参量变换及其变化的相互关系来测量某一物理量的方法为参量转换测量法.例如,在用流体静力称衡法测量几何形状不规则物体的密度时,为了解决测量物体体积的困难,利用阿基米德原理,先测量该物体在空气中的质量 m,再将物体浸没在密度为 ρ_0 的某种液体中,称衡其质量为 m_1,则该物体的密度为 $\rho = m\rho_0/(m - m_1)$,将对物体体积的测量转化为对质量的测量.

2. 能量转换测量法

某种运动形式的物理量通过能量变换成为另一种运动形式的物理量的处理方法,称为能量转换测量法. 例如,光电转换是将光学量转换成电学量的测量,物理实验中常利用光敏元件将光信号转换成电信号;磁电转换是将磁学量转换成电学量的测量,物理实验中常利用磁敏元件(或电磁感应组件)将磁学参量转换成电学参量;压电转换是将压力转换成电学量的测量,物理实验中常利用压敏元件(或压敏材料)的压电效应,将压力转换成电学量;热电转换是将热学量转换成电学量的测量,物理实验中常利用热敏元件将温度转换成电学量的测量.

四、平衡法简介

平衡态是物理学中的一个重要概念,在平衡态下,许多复杂的物理现象可以比较简单地描述,一些复杂的物理函数关系也可以变得简单明了,实验会保持原始条件,观察会有较高的分辨率和灵敏度,从而容易实现定性和定量的物理分析.

利用平衡态测量待测物理量的方法称为平衡法. 例如,利用等臂天平进行称衡,当天平达到平衡时,此时物体的质量和砝码的质量相等. 用惠斯通电桥测电阻也是平衡法的一个典型应用.

五、补偿法简介

补偿法也是物理实验中常用的方法之一. 所谓补偿,指的是把标准值 S 选择或调整到与待测物理量 X 值相等,用于抵消(或补偿)待测物理量的作用,使系统处于平衡(或补偿)状态. 处于平衡状态的测量系统,待测物理量与标准值 S 具有确定的关系,这种测量方法称为补偿法.

补偿法的特点是测量系统中包含标准量具和平衡器(或示零器),在测量过程中,将待测物理量 X 与标准量 S 直接比较,调整标准量 S,使 S 与 X 之差为零(故也称为示零法). 这个测量过程就是调节平衡(或补偿)的过程,其优点是可以免去一些附加系统误差. 当系统具有高精度的标准量具和平衡指示器时,可以获得较高的分辨率、灵敏度和精确度. 补偿法常与平衡法、比较法结合使用. 例如,电位差计的补偿电路、迈克尔逊干涉实验仪中的补偿板都是补偿法的典型应用.

六、模拟法简介

模拟法是以相似理论为基础,仿造一种模型或物理状态,利用几何形状和物理规律在形式上相似的原理,把不便于直接测量的物理量或分布形式,转换成容易测量的模拟量,从而实现间接测量.

使用模拟法的条件如下:模拟与被模拟这两种状态或过程要有一一对应的物理量,并且这些物理量在两种状态或过程中都满足数学形式基本相同的方程和边界条件. 例如,在测绘静电场时,磁电式电表无法直接测定静电场的电势分布情况,而根据电磁场理论,稳恒电流场和静电场具有一一对应的物理量,且满足数学形式基本相同的方程和边界条件,因而可以用某种导电介质中分布的电流场来模拟具有相应的电介质分布的静电场.

七、干涉法、衍射法简介

应用相干波干涉时所遵循的物理规律,进行有关物理量测量的方法,称为干涉法. 利用干涉法可进行金属细丝直径、薄膜的厚度、微小的位移与角度、光波波长、透镜的曲率半径、气体或液体的折射率等物理量的精确测量,并可检验某些光学元件的质量等. 例如,在牛顿环实验中,可通过对等厚干涉图样牛顿环的测量,求出平凸透镜的曲率加工半径;在迈克尔逊干涉仪的使用实验中,应用等倾干涉图样,可准确地测定激光光束的波长.

光的衍射原理与方法可以广泛地应用于测量微小物体的尺寸,在近代物理实验方法中具有重要的地位. 光谱技术与方法、X 射线衍射技术与方法、电子显微技术与方法都与光的衍射原理与方法相关,它们已成为现代物理技术与方法的重要组成部分,在研究微观世界和宇宙空间中发挥了重要的作用.

2.2　物理实验的基本操作技术

物理实验中的调整和操作技术十分重要,合理的调整和正确的操作对提高实验结果的准确度有直接影响. 熟练的实验技术和能力需要通过一个个具体实验的训练逐渐积累. 本节只介绍一些基本的、具有普遍意义的调整和操作技术,对于某一实验具体使用的仪器的调整和操作将在相关实验中具体介绍.

一、零位调整

许多仪器由于装配不当或由于长期使用和环境变化,其零位往往已发生偏离. 因此,在使用前都需要校正零位.

零位校正有两类:一类仪器配有零位校准器,如电表等,可直接调整零位;另一类仪器不能或不易校正零位,如螺旋测微器等,可以在使用前记下零位读数,以便在测量值中加以修正.

二、水平、竖直调整

在实验中经常需要对仪器进行水平和竖直调整,如仪器工作台的水平、支柱需保持竖直等. 调整时可利用水平仪或悬锤进行.

一般需要调整水平或竖直的实验装置在底座都装有 3 个调节螺丝,3 个螺丝的连线成正三角形或等腰三角形,如图 2-2 所示. 调整时,首先将水平仪放在与 2,3 连线平行的 AB 方向上,调整螺丝 2(或 3),使水平仪气泡居中. 然后将水平仪置于与 AB 垂直的 CD 方向,调节螺丝 1,再次使水平仪气泡居中,则工

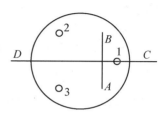

图 2-2　调整水平或竖直
实验装置的底座

作台大致在一个水平面上,仪器立柱大致处于竖直状态.由于调整时 3 个螺丝作用的相互影响,故这种调节需要反复进行,直至达到满意程度.

三、仪器的初态与安全保护设置

在正式实验操作前,许多仪器需要处于正确的"初态"和"安全位置",以便保证实验顺利进行和仪器使用安全.光学仪器中有许多调节螺丝,如迈克尔逊干涉仪动镜和定镜的调节螺丝,在调整这些仪器前,应先将这些调整螺丝处于适中状态,使其具有足够的调整量.移测显微镜在使用前也应使显微镜处于主尺的中间位置.

在电学实验中需要考虑安全保护问题.例如,在连好线路而未闭合开关、接通电源前,应使电源处于最小电压输出位置,使滑线变阻器组成的制流电路处于电路电流最小状态,以及组成的分压电路处于电压输出最小状态.在电路平衡调节前,要使接入指零仪器的保护电阻处于阻值最大位置.电路的安全保护不仅能够保护仪器的安全,还能使实验顺利进行.

四、消视差调节

在实验测量中,经常会遇到读数标线(指针、叉丝)和标尺平面不重合、像与叉丝(或分划板标尺)不在一个平面上的情况.此时,若眼睛在观察位置左右或上下移动,发现像和叉丝的相对位置也随之变动,读出的指示值会有差异,这就是视差现象.如同日常用尺量物,尺和物必须贴紧才能测量准确的道理一样,在光路中为了准确定位和测量,必须把像与叉丝(或分划板标尺)调至一个平面,做消视差调节.在比较像与叉丝二者离眼睛的远近时,可以根据下述实验规律作出判断:把自己左右手的食指伸直,一前一后立在视平线附近,眼睛左右移动时即可看出.离眼近者,其视位置变动与眼睛移动方向相反;离眼远者,其视位置变动与眼睛移动方向相同.

常用仪表的指针与标尺之间总会有一小段距离,应尽量在正面垂直观测.有些表盘上安装有平面镜,用以引导正确的视点位置,可以减小视差,使读数更加准确.

五、消除读数空程误差

许多仪器(如测微目镜、读数显微镜等)的读数装置是由丝杠螺母的螺旋机构组成.在刚开始测量或开始反向移测时,丝杠需要转动一定的角度才能与螺母啮合,由此引起的虚假读数称为空程误差(这种空程误差会由于空程的累积而加大,如迈克尔逊干涉仪的读数机构).

为了消除空程误差,使用时除了一开始就要注意排除空程外,还需要保持整个读数过程沿同一方向行进.

六、反向逐次逼近调节

任何调整几乎都不是一蹴而就的,都要经过仔细、反复地调节.一个简便而有效的技巧是"逐次逼近调整".特别是对于运用零示仪器的实验,采用"反向逐次逼近调节"技术,能较快地达到目的.

例如,当输入量为 x_1 时,零示仪器向左偏转 5 个分度;当输入量为 x_2 时,向右偏转 3 个分度. 此时,可判断出平衡位置应出现在输入量为 $x_1 < x < x_2$ 的范围内. 再输入 $x_3(x_1 < x_3 < x_2)$ 时,向左偏 2 个分度;输入 $x_4(x_3 < x_4 < x_2)$ 时,向右偏 1 个分度,则平衡位置应出现在输入量 $x_3 < x < x_4$ 的范围内. 如此逐次逼近,可迅速找到平衡点.

七、共轴调整

几乎所有的光学仪器都要求仪器内部的各个光学元件主光轴相互重合,为此要对各光学元件进行共轴调整. 共轴调整一般可分成粗调和细调两步.

粗调时用目测法判断,使各元件所在平面基本上相互平行,将各光学元件和光源的中心调到基本垂直于自己所在平面的同一直线上. 这样,各光学元件的光轴就大致接近重合.

细调时,利用光学系统本身或者借助其他光学仪器,依据光学的基本规律来调整. 例如,依据透镜成像规律,用自准直法和二次成像法调整时,移动光学元件,使像没有上下、左右移动.

下 篇

第 3 章

力学和热学实验

实验 1 物体长度的测量

　　测量长度的常用量具有米尺、游标卡尺、螺旋测微器等. 米尺的最小分度值为 $1\,\mathrm{mm}$,能估读到 $0.1\,\mathrm{mm}$;游标卡尺使用游标,50 分度的游标卡尺能准确读到 $0.02\,\mathrm{mm}$;螺旋测微器能准确读到 $0.01\,\mathrm{mm}$,估读到 $0.001\,\mathrm{mm}$. 游标原理和测微螺旋在技术上有着广泛的应用. 例如,读数显微镜中有螺旋测微装置,分光计和一些测角仪器都有游标装置.

PPT 课件 6
实验 1

实验目的

(1) 正确使用米尺测量物体的长度.
(2) 掌握游标和测微螺旋的原理.
(3) 学会正确使用游标卡尺和螺旋测微器的方法.
(4) 巩固不确定度的计算和有效数字的保留.

实验器材

钢板尺,游标卡尺,螺旋测微器,长方体或正方体金属块,圆柱体铜柱,球,金属丝.

实验原理

1. 米尺

米尺是最简单也是最常用的测长仪器,它的最小刻度是 $1\,\mathrm{mm}$(有些钢板尺的最小刻度是 $0.5\,\mathrm{mm}$). 米尺的仪器误差取 $0.1\,\mathrm{mm}$,测量时要注意以下两点:

(1) 应把米尺刻度线尽量贴紧被测物体,使米尺的零点刻线与被测物体一端对齐,与物体另一端对齐的刻线即为被测物体的长度. 为了减小误差,读数时视线应垂直刻线,并估读到毫米以下一位.

(2) 若米尺端面有磨损,测量时可以从零点刻线以后某一整数值刻线量起,此刻线即为"初读数",被测物体长度等于米尺读数减去初读数.

2. 游标卡尺

如图 3-1 所示,游标卡尺由主尺 D、钳口 A 和 B、卡口 A' 和 B' 及尾尺 C 组成. 主尺为钢制毫米分度尺. B 和 B' 与滑框固连,滑框上刻有游标 E. 当钳口 A 和 B 靠拢时,游标零线刚好与主尺零点刻线对齐,读数为"0". 测量物体外部尺寸时,把物体放在 A 和 B 之间,用拇指控制力度,轻轻将物体夹住,其长度可由主尺和游标的示数读出. 测内径时,用卡口 A' 和 B'. 测孔深时,用尾尺 C. 读数时,旋紧螺钉 F,把滑框固定在主尺上.

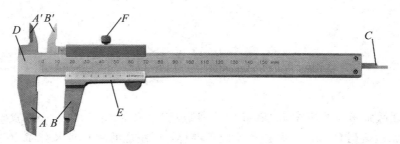

图 3-1 游标卡尺的结构

游标卡尺有 10 分度、20 分度和 50 分度之分,还有弯弧状游标(如分光计用的弯游标),它们的原理相同. 以 50 分度游标卡尺为例,游标上 50 格与主尺 49 格(即 49 mm)总长度相等,即游标上每格的长度为 $\frac{49}{50}=0.98(\text{mm})$. 如以 a 表示主尺每格长度,b 表示游标每格长度,n 表示游标分度数,则有

$$b=\frac{(n-1)a}{n}. \tag{3-1}$$

主尺最小分度与游标分度之差为

$$\delta=a-b=a-\frac{(n-1)a}{n}=\frac{a}{n}, \tag{3-2}$$

其中,δ 称为游标卡尺的精度. 10 分度游标卡尺的精度为 0.1 mm,20 分度游标卡尺的精度为 0.05 mm,50 分度游标卡尺的精度为 0.02 mm. 游标卡尺的精度一般刻在滑尺上.

测量时,游标第 K 条刻线与主尺的某条刻线对得最齐,那么,游标上小于主尺最小刻度的那部分长度就为

$$\Delta L=Ka-Kb=K(a-b)=K\delta=K\frac{a}{n}. \tag{3-3}$$

如图 3-2 所示,游标上第 22 条刻线与主尺上某条刻线对得最齐,游标卡尺的读数为

$$L=L_0+\Delta L=21.00+22\times0.02=21.44(\text{mm}).$$

使用游标卡尺时,左手拿物体,右手拿尺,如图 3-3 所示,用右手大拇指控制推把,使滑尺在主尺上滑动. 读数前将固定螺丝扭紧. 注意不要用游标卡尺来量粗糙物体,也不要把夹紧的物体强行从量爪中拉出,以免损坏卡尺. 卡口的光滑和平行是游标卡尺准确的关键.

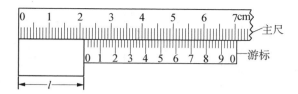

图 3 - 2　游标卡尺数示例

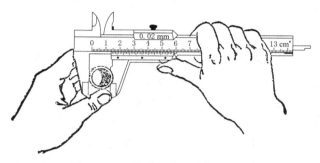

图 3 - 3　手持游标卡尺的正确姿势

3. 螺旋测微器

螺旋测微器的分度值比游标卡尺小,通常为 0.01 mm,测量时可估读到 0.001 mm. 其量程一般为 25 mm.

实验视频 2 实验 1 - 2 螺旋测微器的使用

螺旋测微器结构如图 3 - 4 所示,刀架呈弓形,一端装有测砧 E. 测微螺杆 A、转轮 G 与测力装置棘轮 B 相连. 当转轮相对于固定套筒 D 转过一周时,螺杆前进或后退一个螺距. 常用螺旋测微器的螺矩为 0.5 mm. 沿转轮前沿周界刻有 50 分格,固定套筒口上有一水平横线(转轮读数基准线),横线的一侧刻有毫米刻线,另一侧刻有 0.5 毫米刻线. 当转过 1 格时,螺杆就沿轴线前进或后退了 $\frac{0.50}{50}=0.01(\mathrm{mm})$,这个值也称为螺旋测微器的最小分度值. 螺旋测微器的仪器误差为 0.004 mm,如图 3 - 5(a)所示.

实验视频 3 实验 1 - 3 螺旋测微器的读数

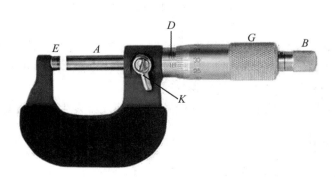

图 3 - 4　螺旋测微器结构图

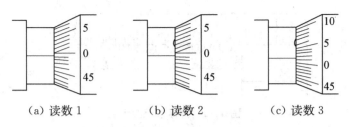

(a) 读数 1   (b) 读数 2   (c) 读数 3

图 3-5   螺旋测微器的零点读数

使用螺旋测微器时,需要注意以下 3 点:

(1) 检查零点. 轻轻转动转轮,当螺杆接近测砧时,转动棘轮 B,使螺杆缓进. 当螺杆刚好接触测砧时,可听到"咔咔"声,即停止转动棘轮,并检查转轮前沿上的零线是否对准固定套筒上的水平线. 如果对准,其零点读数为零;如果未对准,就应读出零点读数. 当转轮上的零线在固定套筒水平线之上时,如图 3-5(b)所示,零点读数为负,以后每测得一个测量值都要加上该零点读数,所得的数值才是真正的测量结果;反之,如图 3-5(c)所示,零点读数为正,以后每测一个测量值都要减去该零点读数,所得数值才是真正的测量结果.

(2) 读数. 读数时先以转轮前沿为准线,读出固定套筒的分度数(1 mm). 再以固定套筒水平线为准线,读出转轮上的分度数,并且要估读到最小刻度的 1/10(0.001 mm). 如果转轮前沿未超过 0.5 mm(即下刻线),则测量值等于刻线的毫米数加上转轮的读数,如图 3-6(a)所示;如果转轮前沿已超过 0.5 mm,则测量值等于刻线的毫米数加上 0.5 mm,再加上转轮的读数,如图 3-6(b)所示.

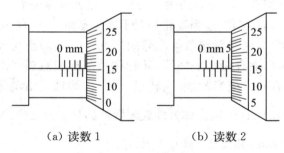

(a) 读数 1   (b) 读数 2

图 3-6   螺旋测微器的读数

(3) 测量物体时,不要压得太紧,不能直接转动转轮,要用右手转动转轮末端的棘轮旋柄,以免物体压坏卡口. 当发出"咔咔"声时,就要停止转动棘轮,以减小棘轮磨损. 仪器用毕,要让测砧与螺杆间留有空隙,以免热膨胀时损坏.

(4) 左手拿尺架时应握住绝热片,以免手的温度使尺架发生热膨胀而影响读数.

实验内容及步骤

1. 用钢板尺测量一个长方体或正方体金属块的体积.

(1) 在不同部位测量金属块的长、宽、高各 5 次,列表记录数据.

(2) 求出长、宽、高的平均值及结果的不确定度,正确表示测量结果.

（3）求出金属块的体积，计算体积的不确定度，正确表示结果．

2. 用游标卡尺测量金属圆柱体的体积．

（1）在不同部位测量金属圆柱体的外径 D、柱体高 h 各 5 次，计算其体积．

（2）计算各测量量的算术平均值、结果的不确定度，正确表示测量结果．

（3）计算体积的不确定度，正确表示结果．

3. 用螺旋测微器测球的直径并计算其体积．

（1）注意螺旋测微器的零点读数（零点读数为负或为正时，要加以修正）．在不同部位测球的直径 5 次，列表记录数据．

（2）计算球的直径的算术平均值及结果的不确定度．

（3）计算体积的不确定度，正确表示结果．

4. 用螺旋测微器对金属丝的直径在不同部位测量 5 次，进一步熟练螺旋测微器的使用方法．

实验 2 ▶ 物体密度的测定

PPT 课件 7
实验 2

物质的密度是其基本特征之一,与物质的纯度有关.因此,工业上常测定密度来作原料成分分析和纯度鉴定.本实验介绍 3 种常用的测量物体密度的原理和方法.

实验目的

(1) 了解物理天平的结构和性能,掌握其使用方法.
(2) 掌握 3 种测定物体密度的方法.

实验器材

物理天平及砝码,柱体,游标卡尺,温度计,柴油,比重瓶.

实验原理

1. 规则物体密度的测定

物质的密度是指单位体积中所含物质的量,可以表示为

$$\rho = m/V, \qquad (3-4)$$

其中,ρ 为物质的密度,m 为物体的质量,V 为物体的体积.只要测出物体的体积和质量,就可以求出构成此物体的物质密度.

对于规则物体,如一个直径为 d、高度为 h 的圆柱体,其体积可以通过测量直径和高计算,再用天平称出其质量 m,代入(3-4)式,即可求得密度

$$\rho = \frac{4m}{\pi h d^2}. \qquad (3-5)$$

实验视频 4
实验 2-1
天平的使用

2. 物理天平

本实验使用的物理天平如图 3-7 所示.天平实际为一个等臂的杠杆.天平的横梁上装有 3 个刀口,中间刀口置于支柱上,两侧刀口各悬持一个托盘.横梁下面固定一个指针,当横梁摆动时,指针尖端就在支柱下方的标尺前摆动.制动旋钮可以使横梁上升或下降,横梁下降时,制动架就会把它托住,以避免磨损刀口.横梁两端两个平衡螺母是天平空载时调节平衡所用.横梁上装有游码,使用前应确认游码移动每刻度所代表的质量.物理天平的性能由两个主要指标来决定:一是天平的称量,一是天平的感量.称量是天平允许称衡的最大质量.超过称量使用,天平就受到损伤.感量是天平能称出的最小质量,一般以横梁上游码移动最小一个分度来表

示,它反映天平的灵敏度.

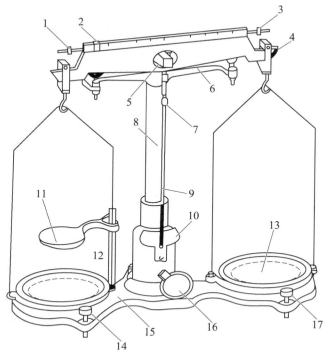

1-平衡螺母;2-游码;3-平衡螺母;4-吊架;5-中刀托;6-横梁;7-感量
砣;8-立柱;9-指针;10-度盘;11-杯托盘;12-水准器;13-砝码盘;
14-调平螺丝;15-金属底座;16-手轮;17-调平螺丝

图 3-7　物理天平

使用物理天平时应该注意以下 4 点:

(1) 使用前检查天平是否安装正确,尤其是左右两托盘吊环钩是否装反、刀口是否错位.

(2) 使用前先调天平底座水平,通过底座上的水平螺母(钉),使支柱上的铅垂线与尖端完全对齐,以保证支柱铅直.

(3) 调天平横梁平衡.先将游码移回横梁左端零线,通过制动旋钮支起横梁,观察指针是否停在标尺零点.如果不停在标尺零点,可以调节平衡螺母,使指针指向零点,表明天平横梁平衡.

(4) 称物体时,被称物体放在左盘,砝码放在右盘.加减砝码必须使用镊子,严禁用手.取放物体和砝码、移动砝码或调节天平时,都应将横梁制动,以免损坏刀口.

3. 用流体静力学方法测物体的密度

由阿基米德原理可知,物体浸没在液体里所受到的浮力等于排开与物体同体积液体的重量.设物体在空气中的重量为 $W = mg$,物体浸没在密度为 ρ_0 的液体中的重量为 W_1,则物体失去的重量为 $W - W_1$,即所受到的浮力大小为物体同体积液体的重量 $\rho_0 V g$,则有

$$W - W_1 = \rho_0 V g, \tag{3-6}$$

体积为

$$V = \frac{W - W_1}{\rho_0 g}. \tag{3-7}$$

将(3-7)式代入(3-4)式,考虑到 $W = mg$,可得

$$\rho = \frac{W}{W - W_1} \rho_0 \text{ 或 } \rho = \frac{m}{m - m_1} \rho_0, \tag{3-8}$$

其中,m 和 m_1 分别为固体在空气中和浸没在液体中由天平称得的相应质量.本实验使用蒸馏水,室温下水的密度可由表 3-1 查出.

表 3-1 水在不同温度下的密度

$t/℃$	$\rho_0/(\times 10^3 \text{ kg} \cdot \text{m}^{-3})$	$t/℃$	$\rho_0/(\times 10^3 \text{ kg} \cdot \text{m}^{-3})$
4	1.000 0	17	0.998 8
8	0.999 9	18	0.998 6
10	0.999 7	19	0.998 4
12	0.999 95	20	0.998 2
14	0.999 3	21	0.998 0
15	0.999 1	22	0.997 8
16	0.999 0	23	0.997 6

如果把物体再浸没在另外的液体中,用天平称得相应质量 m_2,则这种液体的密度为

$$\rho_2 = \frac{m - m_2}{m - m_1} \rho_0, \tag{3-9}$$

这种液体的密度即可测定. 表 3-2 为 20℃时常用固体和液体的密度.

表 3-2 20℃时常用固体和液体的密度

物质	密度/($\text{kg} \cdot \text{m}^{-3}$)	物质	密度/($\text{kg} \cdot \text{m}^{-3}$)
铝	2 698.9	水晶玻璃	2 900~3 000
铜	8 960	窗玻璃	2 400~2 700
铁	7 874	冰	800~920
银	19 320	甲醇	792
金	19 300	乙醇	789.4
钨	19 300	乙醚	714

续表

物质	密度/(kg · m⁻³)	物质	密度/(kg · m⁻³)
钼	21 450	汽车用汽油	710～720
铅	11 350	弗里昂-12（氟氯烷-12）	1 329
锡	7 298	变压器油	840～890
水银	13 546.2	甘油	1 060
钢	7 600～7 900	蜂蜜	1 435
石英	2 500～2 800		

4. 比重瓶法

实验所用的比重瓶如图 3-8 所示. 在比重瓶注满液体后,当用中间有毛细管的玻璃塞子塞住时,多余的液体就从毛细管溢出,这样瓶内盛有的液体体积是固定的.

实验视频 5
实验 2-2
比重瓶的使用

如果要测量液体的密度,可以先称出比重瓶的质量 M_0. 然后分两次将温度相同的(室温)待测液体和纯水注满比重瓶,称出纯水和比重瓶的总质量 M_1 以及待测液体和比重瓶的总质量 M_2. 于是,同体积的纯水和待测液体的质量分别为 M_1-M_0 和 M_2-M_0. 通过计算可得待测液体的密度为

$$\rho' = \frac{M_2-M_0}{M_1-M_0}\rho_0. \qquad (3-10)$$

实验内容

1. 测定规则物体中柱体的密度.

(1) 用游标卡尺测量圆柱体的直径 D 和高 h,选择不同的位置各测 10 次.

图 3-8 比重瓶

(2) 按照物理天平的调整方法调节好天平,称量圆柱体的质量,反复测 5 次,将测得的数据记录在表格内.

(3) 根据不确定度理论,计算并讨论密度的不确定度.

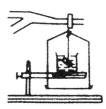

图 3-9 小烧杯的放置

2. 用流体静力学法测物体的密度.

(1) 按照天平的调整方法调好天平.

(2) 将被测物体用细线吊在左托盘上方的吊环钩上,称量物体在空气中的质量 m.

(3) 用小烧杯加 2/3 的水放在小托盘上,将物体浸没在水中,称量其质量为 m_1. 如图 3-9 所示放置小烧杯.

(4) 将物体擦干后,按步骤(3)称量物体在柴油中的质量 m_2.

（5）用温度计测量并记录室内温度.由表3-1查出该温度下水的密度,代入相应公式计算各待测物体的密度.表3-2给出20℃时常用固体和液体的密度.

（6）推导不确定度公式,正确表示测量结果.

思考题

1. 假如待测物体的密度比水的密度小,采用本实验方法测定此物体的密度时应该怎么做? 推导其测量公式.

2. 如何消除由于天平两臂长度不等而引起的称量误差? 推导测量公式.

实验 3 ▶ 拉伸法测定金属丝弹性模量

弹性模量是弹性材料一种最重要、最具特征的力学性质. 弹性模量是指材料在外力作用下产生单位弹性变形所需要的应力. 它是反映材料抵抗弹性变形能力的指标, 相当于普通弹簧中的刚度. 其值越大, 使材料发生一定弹性变形的应力也越大(即材料刚度越大), 在一定应力作用下, 发生弹性变形越小. 杨氏模量衡量的是一个各向同性弹性体的刚度, 定义为在胡克定律适用的范围内单轴应力和单轴形变之间的比.

PPT 课件 8
实验 3

实验目的

(1) 学会用拉伸法测量金属丝的弹性模量.
(2) 掌握用光杠杆法测量长度微小变化的原理和方法.
(3) 学会用作图法处理实验数据.

实验器材

弹性模量仪, 光杠杆, 尺读望远镜, 钢卷尺, 游标卡尺, 螺旋测微器.

实验原理

1. 弹性模量

固体在外力的作用下所发生的形变可分为弹性形变和范性形变. 在一定的限度内, 外力撤除后, 物体能完全恢复的形变称为弹性形变, 否则称为范性形变. 本实验研究金属丝的纵向弹性形变. 实验装置如图 3-10 所示.

当长为 L、横截面积为 A、粗细均匀的金属丝受到拉力 F 的作用时, 将伸长一定长度 ΔL. 金属丝的伸长量 ΔL 与原长 L 的比 $\Delta L/L$ 称为协变, $(F-F_0)/A$ 称为协强, 即单位横截面上的外力变化. 由胡克定律可知, 在弹性限度内, 协强与协变成正比, 即

$$\frac{F-F_0}{A} = E\frac{\Delta L}{L}, \tag{3-11}$$

其中, 比例系数 E 称为该种材料的弹性模量, 单位为牛顿/米^2(N/m^2). 弹性模量只由材料决定, 与外力 F、物体的长度 L 以及横截面积 A 的大小无关, 它是描述固体材料抵抗形变能力的重要物理量. 由(3-11)式可以看出, 只要将金属丝上施加的力 F 和 F_0、金属丝的横截面积 A 以及金属丝的原长 L 和伸长量 ΔL 测定, 即可计算得到金属丝的弹性模量. 金属丝的微小伸长量 ΔL 不易直接测量, 本实验利用光放大法间接测量金属丝的伸长量 ΔL.

实验视频 6
实验 3-1
弹模仪器

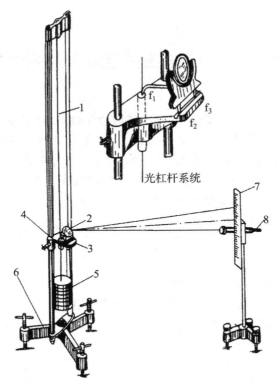

1-金属丝;2-光杠杆;3-平台;4-挂钩;5-砝码;6-三角底
座;7-标尺;8-望远镜

图 3-10   测弹性模量的实验装置

2. 光放大原理

测量长度微小变化可以用光杠杆法,其原理如图 3-11 所示.

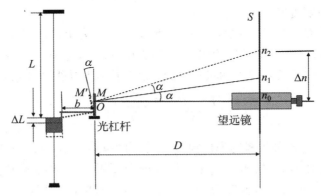

图 3-11   光杠杆工作原理

实验视频 7
实验 3-2
尺读仪器

假定开始时平面镜 M 的法线 On_0 处于水平位置,标尺 S 上的标度线 n_0
发出的光通过平面镜 M 反射,进入望远镜,在望远镜中形成 n_0 的像而被观察
到. 当金属丝伸长 ΔL 后,光杠杆的后足尖随之下落 ΔL,带动 M 转过角 α 后

移至 M',法线 On_0 也转过相同角度 α 后移至 On_1. 根据光的反射定律,从 n_0 发出的光将反射至 n_2,则 $\angle n_0 On_1 = \angle n_2 On_1 = \alpha$. 由光线的可逆性可知,从 n_2 发出的光线经过平面镜反射后进入望远镜而被观察到. 令光杠杆的后足尖到前足尖的连线的垂直距离(又称光杠杆常数)为 b,镜面到标尺的垂直距离为 D. 因为 ΔL 极小,α 和 2α 都是很小的角度,故有

$$\alpha \approx \tan \alpha = \frac{\Delta L}{b}, \qquad (3\text{-}12)$$

$$2\alpha \approx \tan 2\alpha = \frac{n_2 - n_0}{D} = \frac{\Delta n}{D}. \qquad (3\text{-}13)$$

两式联立可得

$$\Delta L = \frac{b}{2D} \Delta n. \qquad (3\text{-}14)$$

由上式可知,只需要测定光杠杆常数 b、镜面到标尺的垂直距离 D,以及望远镜中叉丝在标尺上所在的前后位置 n_0 和 n_2,即可计算得到金属丝的微小伸长量 ΔL. 将(3-14)式代入(3-11)式,整理可得

$$E = \frac{8LD(F - F_0)}{\pi d^2 b \Delta n}. \qquad (3\text{-}15)$$

实验内容及步骤

实验视频 8
实验 3 - 3
弹模操作

1. 将光杠杆的前足尖放置在不动的沟槽中,后足尖放置在固定金属丝的柱体上. 令光杠杆与镜面垂直平台,挂上砝码钩,并放上一个 1 kg 砝码作为本底砝码. 此时,金属丝上的拉力记为 F_0.

2. 将望远镜调节到与光杠杆的镜面同高,放置在距离镜面约 1.5 m 的位置. 调节望远镜时,首先调节目镜使叉丝清楚,再调节物镜,能在望远镜中清楚地看到标尺的像,如图 3 - 12 所示.

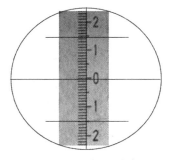

3. 记下水平叉丝的中丝对应标尺的刻度值 n_0,然后每加一次 1 kg 砝码后,记下相应的刻度值 n_1,n_2,n_3,n_4,n_5. 注意要等到金属丝稳定(即标尺的读数不再变化)之后,再记录读数. 测完 $F = 49.0$ N 后,再增加一个砝码,但不记录读数.

4. 依次减少砝码,每减少 1 kg 砝码后,读取相应的标尺刻度值 n_5',n_4',n_3',n_2',n_1',n_0'. 将实验数据记入表 3 - 3.

图 3 - 12 标尺的像

表 3 - 3 拉伸法测定金属丝弹性模量实验数据表 1

$\Delta F = F - F_0$/N	0	9.8	19.6	29.4	39.2	49.0
标尺刻度/mm	n_0	n_1	n_2	n_3	n_4	n_5
砝码增加						

续表

砝码减少					
平均值 n					
$\Delta n = n - n_0 /\mathrm{mm}$	0				

5. 从望远镜目镜中读出上、下叉丝所对应的标尺读数 $n_上$ 和 $n_下$，代入公式计算平面镜到标尺间的距离 D.

6. 用游标卡尺测量光杠杆常数 b、用钢卷尺测量金属丝长度 L、用螺旋测微器测量金属丝的直径 d 各1次. 将实验数据记入表3-4.

表3-4 拉伸法测定金属丝弹性模量实验数据表2 （单位：mm）

$n_上$	$n_下$	D	b	L	d

其中，$D = (n_下 - n_上) \times 50$.

实验数据处理可用作图法求出金属丝的弹性模量. 由(3-15)式可得

$$\Delta n = \frac{8LD}{\pi d^2 bE}\Delta F. \tag{3-16}$$

可见金属丝上力的变化量与相应的望远镜中水平叉丝在标尺上刻度值的变化量成正比例关系. 以 Δn 为纵坐标，以 ΔF 为横坐标，在坐标纸上作图. 通过"两点法"求出直线的斜率 k，即可求得金属丝的弹性模量 E，

$$E = \frac{8LD}{\pi d^2 bk}. \tag{3-17}$$

注意事项

（1）不允许用手接触反射镜的光学表面.
（2）加减砝码时要轻拿轻放，待其静止后再测量.
（3）若标尺读数在零点两侧，应区分正负.

思考题

1. 本实验用什么方法测量金属丝的伸长量（或缩短量）ΔL？
2. 在实验中，本底砝码有什么作用？
3. 填空：目镜视场中的刻度尺读数在"0"刻度以下为_____，"0"刻度以上为_____（填"正"或"负"）.
4. 在测量过程中，加减砝码时需要注意什么？
5. 对于材料相同但粗细和长度均不同的两根金属丝，其弹性模量是否相同？

实验 4 ▶ 转动法研究刚体转动定律

刚体定轴转动定律讨论的是刚体做定轴转动时的动力学关系,是刚体转动的基本定律.刚体所受的对某一固定转轴的合外力矩等于刚体对此转轴的转动惯量与其所获得的角加速度的乘积.转动惯量是刚体在转动过程中惯性大小的量度.根据转动定律,刚体所受合外力矩一定时,对某轴的转动惯量越大,则绕该轴转动时角速度就越难改变.

PPT 课件 9
实验 4

本实验利用转动实验仪,采用转动法观察研究刚体的转动惯量随其质量、质量分布及转动轴线的不同而改变的情况,进一步验证刚体转动定律及平行轴定理.

实验目的

(1) 用刚体转动实验仪验证刚体的转动定律.
(2) 观察、研究刚体的转动惯量随其质量、质量分布及转动轴线的不同而改变的情况.
(3) 学习用作图法处理实验数据.

实验器材

刚体转动实验仪,砝码及砝码托,电子秒表,小螺丝刀,钢卷尺或钢板尺,游标卡尺.

实验原理

根据转动定律,刚体绕某一定轴转动的角加速度 β 与所受的合外力矩 M 成正比,与刚体的转动惯量 J 成反比,即

$$M = J\beta. \tag{3-18}$$

要想通过实验求出某物体绕特定轴的转动惯量,由(3-18)式可知,需要测出施加在这个物体上的合外力矩 M,以及在此外力矩作用下产生的角加速度 β.下面介绍怎样通过刚体转动实验仪进行各项测量,从而验证刚体的转动定律.

刚体转动实验仪如图 3-13 所示. A 为装在支架 K 上的塔形轮,它有 5 个不同的半径 r,从上至下分别为 1.50 cm,2.50 cm,3.00 cm,2.00 cm,1.00 cm. B 和 B' 是固定在转动轴 OO' 上两根对称伸出的均匀细棒,上面有等分刻度,其上有两个可以移动的圆柱形重物 m_0 和 m_0'(重锤). A,B,B',m_0 和 m_0' 组成了一个绕固定轴 OO' 转动的刚体系统.塔轮上缠绕一根细线,使细线通过滑轮 C 与砝码相连,当砝码下落时,就对转动刚体系统施以外力矩. D 是滑轮支架,可以升降,以便使细线在应用塔轮的不同半径时能与转轴垂直.台架 E 下有一标记 F,用来判断砝码下降时的起始位置,H 是固定台架的螺旋扳手.实验时为了调节 OO' 轴铅直,先取下塔轮,换上铅直准钉,调节底脚螺丝 S_1,S_2,S_3 使 OO' 轴铅直.调铅直后取下铅直准钉,换上塔轮,使塔轮转动自如后,用螺丝 G 固定,即可进行各项测量.记时用电子秒表.

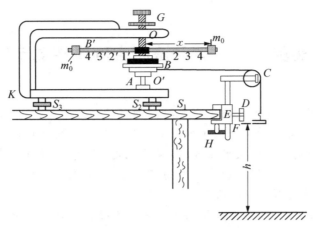

图 3-13　刚体转动实验仪结构示意图

在实验装置中,刚体所受到的外力矩为绳子给予的力矩 $\boldsymbol{T} \cdot \boldsymbol{r}$ 和摩擦力矩 $\boldsymbol{M}_f$,$\boldsymbol{T}$ 为绳子的张力,与 OO' 轴相垂直,r 为塔轮绕线的半径. $\boldsymbol{J}$ 是刚体系统对该轴的转动惯量,$\boldsymbol{\beta}$ 为转动的角加速度. 略去滑轮和绳子的质量及滑轮轴上的摩擦力,并视绳子为轻绳,由牛顿第二定律可知,当质量为 m 的物体以匀加速度 $\boldsymbol{a}$ 下落时,对本实验装置有

$$mg - T = ma, \tag{3-19}$$

即

$$T = m(g - a), \tag{3-20}$$

其中,g 为重力加速度. 砝码由静止开始下落至高度 h 时所用的时间为 t,有

$$h = \frac{1}{2}at^2. \tag{3-21}$$

又因为 $a = r\beta$,将以上各式代入(3-18)式中,即可得到

$$m(g - a)r - M_f = J\frac{2h}{rt^2}. \tag{3-22}$$

在实验过程中保持 $a \ll g$,则有

$$mgr - M_f \approx J\frac{2h}{rt^2}. \tag{3-23}$$

由于 $M_f \ll mgr$,故可略去 M_f,则

$$mgr \approx J\frac{2h}{rt^2}. \tag{3-24}$$

下面分 4 种情况进行讨论.

(1) 在(3-22)式中,若保持 r, h, J 不变(J 不变即为保持实验装置 m_0 和 m_0' 的位置

不变),改变 m,测出相应的下落时间 t,则(3-22)式变为

$$m=\frac{2Jh}{gr^2}\cdot\frac{1}{t^2}+\frac{M_f}{gr}=k_1\frac{1}{t^2}+C_1,\qquad(3-25)$$

其中,$k_1=\frac{2Jh}{gr^2}$,$C_1=\frac{M_f}{gr}$,可知 $m\propto\frac{1}{t^2}$.

　　在直角坐标纸上作 $m-\frac{1}{t^2}$ 图,如得到一条直线,则实验结果证明(3-18)式成立.并可由斜率 k_1 求得 J,由截距 C_1 求得 M_f.

　　(2) 当保持 m,h,J 不变时,改变 r 值测出相应的下落时间 t,则(3-22)式为

$$r=\frac{2Jh}{mg}\cdot\frac{1}{rt^2}+\frac{M_f}{mg}=k_2\frac{1}{rt^2}+C_2.\qquad(3-26)$$

如不考虑 M_f,则由(3-24)式可得

$$r=\sqrt{\frac{2Jh}{mg}}\cdot\frac{1}{t}=k_2'\frac{1}{t},\qquad(3-27)$$

其中,$k_2=\frac{2Jh}{mg}$,$C_2=\frac{M_f}{mg}$,$k_2'=\sqrt{\frac{2Jh}{mg}}$,可知 $r\propto\frac{1}{rt^2}$,$r\propto\frac{1}{t}$.

　　在直角坐标纸上作 $r-\frac{1}{t}$ 或 $r-\frac{1}{rt^2}$ 图.如得到一条直线,也验证了(3-18)式.可由 k_2 或 k_2' 求得 J,由 C_2 求得 M_f.

　　(3) 当 h,r,m 保持不变时,对称改变重锤 m_0 和 m_0' 的位置,其质心距 OO' 轴的距离为 x(x 可用游标卡尺测量).根据刚体转动惯量的平行轴定理,系统对轴的转动惯量为

$$J=J_0+2J_{0c}+2m_0x^2,\qquad(3-28)$$

其中,J_0 为塔轮及两根对称的金属棒对轴的转动惯量,J_{0c} 为 m_0 和 m_0' 的质心平行于轴的转动惯量,测出相对应的下落时间 t,将(3-28)式代入(3-23)式,可得

$$mgr-M_f=(J_0+2J_{0c}+2m_0x^2)\frac{2h}{rt^2}.\qquad(3-29)$$

忽略摩擦力矩时,可以整理为

$$t^2=\frac{4m_0h}{mgr^2}x^2+\frac{2h(J_0+2J_{0c})}{mgr^2}=k_3x^2+C_3,\qquad(3-30)$$

其中,$k_3=\frac{4m_0h}{mgr^2}$,$C_3=\frac{2h(J_0+2J_{0c})}{mgr^2}$,可知 $t^2\propto x^2$.

　　在直角坐标纸上作 t^2-x^2 图,可验证转动定律及平行轴定理.

　　(4) 将 m_0 和 m_0' 换成外形完全相同而密度不同的物体,可以观测转动惯量 J 与质量 m 的关系.例如,在其他条件完全不变的情况下,将 m_0 和 m_0' 由铝柱换成铁柱,测出下落时间 t_{Al} 和 t_{Fe}.如果有 $t_{Al}<t_{Fe}$,即有 $J_{Al}<J_{Fe}$,说明在相同轴线及质量分布的条件下,质量小的

物体转动惯量小,质量大的物体转动惯量大.

实验内容及步骤

实验视频10
实验4-2
刚体操作

1. 调节刚体转动实验仪水平. 取下塔轮,换上铅直准钉,调节底脚螺丝,使 OO' 轴与地面铅直. 装上塔轮,并使之转动自如后,用固定螺丝 G 固定. 实验过程中绕线要尽量密排.

2. 将金属细棒上的两个重锤 m_0 和 m_0' 分别置于 3 和 $3'$ 位置. 选取塔轮的半径为 $r = 2.50\,\text{cm}$,将细绳密绕,通过滑轮,下端挂好砝码(砝码及砝码托质量均为 $5\,\text{g}$),使其从标记 F 处自由落下到地面,记录下落时间 t. 改变砝码质量,砝码及砝码托从 $10\,\text{g}$ 开始,每次增加 $5\,\text{g}$,直到 $30\,\text{g}$ 为止,对每个质量的情况重复测量 3 次. 最后测出下落的高度 h(从标记 F 到地面).

在直角坐标纸上,以 m 为纵轴,以 $\dfrac{1}{t^2}$ 为横轴,作 m-$\dfrac{1}{t^2}$ 曲线. 如得到的图线为一条直线,即可验证刚体的转动定律. 计算斜率 k_1 与截矩 C_1,利用(3-25)式计算 J 和 M_f.

将测量数据记入表 3-5.

表 3-5　m-$\dfrac{1}{t^2}$ 关系数据记录表　　　　　　(单位:s)

砝码质量/g		10	15	20	25	30
3 次下落时间/s	1					
	2					
	3					
平均值						
$1/t^2$						

3. 选择砝码质量为 $25\,\text{g}$,将两个重锤 m_0 和 m_0' 放置于 3 和 $3'$ 位置,改变 r 值为 $1.00\,\text{cm}$,$1.50\,\text{cm}$,$2.00\,\text{cm}$,$2.50\,\text{cm}$,$3.00\,\text{cm}$. 记录砝码下落时间 t,每个 r 值重复测量 3 次.

在直角坐标纸上作出 r-$\dfrac{1}{t}$ 或 r-$\dfrac{1}{rt^2}$ 曲线,求得斜率 k_2 与截距 C_2. 利用(3-26)式计算 J 和 M_f. 如得到的图线为一条直线,即可验证刚体的转动定律.

将测量数据记入表 3-6.

表 3-6　r-$\dfrac{1}{rt^2}$ 关系数据记录表　　　　　　(单位:s)

塔轮半径/cm		1.00	1.50	2.00	2.50	3.00
3 次下落时间/s	1					
	2					
	3					

续表

塔轮半径/cm	1.00	1.50	2.00	2.50	3.00
平均值					
$1/rt^2/[1/(\mathrm{m} \cdot \mathrm{s}^2)]$					

4. 选择塔轮半径 $r = 2.50\,\mathrm{cm}$,砝码质量 $m = 25\,\mathrm{g}$,并保持不变. 对称改变两个重锤 m_0 和 m_0' 的位置,从 1 和 $1'$ 直至 5 和 $5'$,测量砝码下落时间 t,每个位置重复测量 3 次. 用游标卡尺测出 m_0 和 m_0' 的相应位置 x_1,x_2,x_3,x_4,x_5.

在直角坐标纸上作出 $t^2 - x^2$ 曲线,求得斜率 k_3 和截距 C_3,并验证平行轴定理. 将测量数据记入表 3 - 7.

表 3 - 7 $t^2 - x^2$ 关系数据记录表   （单位:s）

重锤位置		1 和 $1'$	2 和 $2'$	3 和 $3'$	4 和 $4'$	5 和 $5'$
3 次下落时间/s	1					
	2					
	3					
	平均值					
	t^2					
x/cm						
x^2/cm^2						

5. 定性观测转动惯量 J 与质量 m_0 之间的关系.

思考题

1. 通过实验,你对作图法的优点有何体会? 作图时需要注意哪些问题?

2. 如何在实验中保证 $a \ll g$? 由于作了这一近似,会对实验结果产生多大影响?

实验 5 ▶ 扭摆法测定刚体转动惯量

PPT 课件 10
实验 5

转动惯量是刚体转动时惯性大小的量度,是表明刚体特性的一个物理量.刚体转动惯量除了与物体质量有关外,还与转轴的位置和质量分布(即形状、大小和密度分布)有关.如果刚体形状简单且质量分布均匀,可以直接计算出它绕特定转轴的转动惯量.对于形状复杂、质量分布不均匀的刚体,理论计算极为复杂,通常采用实验方法测定,如机械部件、电动机转子和枪炮的弹丸等.

转动惯量的测量,一般都是使刚体以一定形式运动,通过表征这种运动特征的物理量与转动惯量的关系,进行转换测量.本实验通过使物体做扭摆摆动,由摆动周期及其他参数的测定计算出物体的转动惯量.

实验目的

(1) 用扭摆测定几种不同形状物体的转动惯量和弹簧的扭转常数,并与理论值进行比较.

(2) 验证转动惯量平行轴定理.

实验器材

扭摆装置,计时计数毫秒仪,实心塑料圆柱体,金属圆筒,塑料球体,细金属杆,金属滑块,电子天平,游标卡尺,钢板尺,小螺丝刀.

实验原理

1. 测刚体转动惯量

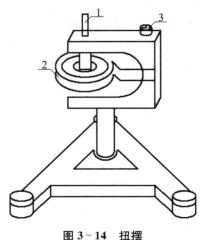

图 3 - 14　扭摆

扭摆的构造如图 3 - 14 所示,在垂直轴 1 上装有一根薄片状的螺旋弹簧 2,用以产生恢复力矩.在轴的上方可以装上各种待测物体.垂直轴与支座间装有轴承,以降低摩擦力矩.3 为水平仪,用来调整系统平衡.

将物体在水平面内转过角度 θ 后,在弹簧的恢复力矩作用下,物体开始绕垂直轴做往返扭转运动.根据胡克定律,弹簧受扭转而产生的恢复力矩 M 的大小与转过的角度 θ 成正比,即

$$M = -K\theta, \tag{3-31}$$

其中,K 为弹簧的扭转常数.根据转动定律,

$$M = J\beta, \tag{3-32}$$

其中,J 为物体绕转轴的转动惯量,β 为角加速度. 由上式可得

$$\beta = \frac{M}{J}. \qquad (3-33)$$

令 $\omega^2 = \dfrac{K}{L}$,忽略轴承的摩擦阻力矩,由(3-31)和(3-32)式可得

实验视频 11
实验 5-1 扭
摆实验装置

$$\beta = \frac{\mathrm{d}^2\theta}{\mathrm{d}t^2} = -\frac{K}{J}\theta = -\omega^2\theta. \qquad (3-34)$$

上述方程表示扭摆运动具有角简谐振动的特性,角加速度与角位移成正比,且方向相反. 此方程的解为

$$\theta = A\cos(\omega t + \phi),$$

其中,A 为谐振动的角振幅,ϕ 为初相位角,ω 为角速度,此谐振动的周期为

$$T = \frac{2\pi}{\omega} = 2\pi\sqrt{\frac{J}{K}}. \qquad (3-35)$$

由上式可知,只要实验测得物体扭转运动的摆动周期 T,其转动惯量为

$$J = \frac{KT^2}{4\pi^2}, \qquad (3-36)$$

其中,K 为弹簧扭转系数. 本实验是通过先测定一个几何形状规则且质量分布均匀的物体的摆动周期,它的转动惯量可以根据它的质量和几何尺寸用理论公式直接计算得到,从而得到本仪器弹簧的 K 值. 由于实验时需要把待测物体固定在转轴顶部的夹具上,因此,计算待测物体转动惯量时需要扣除夹具的转动惯量,即

$$J = \frac{KT^2}{4\pi^2} - J_{夹}, \qquad (3-37)$$

其中,$J_{夹}$ 为仪器顶部夹具的转动惯量. 例如,令顶部夹具为空载托盘时,转动惯量为 J_0,对应周期为 T_0,

$$J_0 = \frac{KT_0^2}{4\pi^2}. \qquad (3-38)$$

将一转动惯量为 J_1' 的标准几何体固定在托盘上,对应周期为 T_1,

$$J_1' = \frac{KT_1^2}{4\pi^2} - J_0 = \frac{KT_1^2}{4\pi^2} - \frac{KT_0^2}{4\pi^2}, \qquad (3-39)$$

进而得到

$$K = \frac{4\pi^2 J_1'}{T_1^2 - T_0^2}, \qquad (3-40)$$

$$J_0 = \frac{T_0^2 J_1'}{T_1^2 - T_0^2}. \qquad (3-41)$$

标准几何体转动惯量 J_1' 可以根据它的质量和几何尺寸用理论公式直接计算得到. 若将转动惯量为 J_x 的刚体固定在托盘上,测量其对应周期 T_x,利用(3-37)式即可求得.

2. 验证平行轴定理

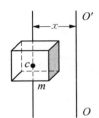

图 3-15　物体绕质心轴转动

理论分析证明,若质量为 m 的物体对质心轴的转动惯量为 J_c 时,如图 3-15 所示,当转轴平行移动距离 x 时,此物体对新轴线的转动惯量变为 $J_c + mx^2$. 这就是转动惯量的平行轴定理.

本实验将两个质量为 m 的相同柱体对称地固定在均匀细杆上,如图 3-16 所示.构成新的刚体系统的固定轴 O 过细杆质心,小柱体到转轴的距离为 x. 一个小柱体对固定轴的转动惯量可表示为 $J_5' = J_5 + mx^2$,其中,J_5 为小柱体对于自身质心轴的转动惯量,这是一个常量.令 J_4 为细杆对于固定轴的转动惯量,则系统绕固定轴的转动惯量为 $J = J_4 + 2J_5' = J_4 + 2J_5 + 2mx^2$,其中,$J_4$ 也是一个常量.若此时新系统摆动的周期为 T,显然有

图 3-16　两个质量相同柱体对称固定在均匀细杆上

$$J_4 + 2J_5 + 2mx^2 = \frac{KT^2}{4\pi^2},$$

所以,

$$T^2 = \frac{4\pi^2(J_4 + 2J_5)}{K} + \frac{8\pi^2 m}{K}x^2. \qquad (3-42)$$

显然,若平行轴定理成立,则 $T^2 \propto x^2$,即可以间接验证平行轴定理.

实验视频 12
实验 5-2 扭
摆实验操作

实验内容及步骤

1. 用游标卡尺测量各个待测物体的几何尺寸.

2. 用天平测量各个待测物体的质量.

3. 用转动惯量实验仪测量刚体转动惯量.

(1) 调整扭摆装置基座底脚螺丝,使水平仪的气泡位于中心.

(2) 装上金属载物盘,并调整光电探头的位置,使载物盘上的挡光杆处于其缺口中央,且能遮住发射、接收红外光线的小孔.测定其摆动周期 T_0.(合理选择扭摆角度,并在后续扭摆时保持不变.)

（3）将塑料圆柱体垂直放在载物盘上,测定摆动周期 T_1.

（4）利用圆柱体的几何尺寸表达其转动惯量理论值 J'_1,代入(3-40)和(3-41)式,求出弹簧的扭转系数 K 和载物盘的转动惯量 J_0.

（5）更换待测物体,分别测量其摆动周期,利用(3-37)式计算各刚体的转动惯量实验值,并与理论值比较.

4. 验证转动惯量平行轴定理.

（1）如图 3-17 所示,用金属细杆作为载体(金属细杆中心必须与摆轴重合).将滑块对称放置在细杆两边的凹槽内,此时滑块质心离转轴的距离分别为 5.00 cm,10.00 cm,15.00 cm,20.00 cm,25.00 cm,测量摆动周期.作 $T^2 - x^2$ 关系曲线,验证转动惯量平行轴定理,并用图解法求得弹簧扭转系数 K（与之前的计算值进行比较）.

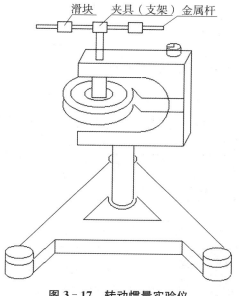

图 3-17   转动惯量实验仪

（2）用转动惯量实验仪测量金属细杆摆动周期(金属细杆中心必须与摆轴重合),利用(3-36)式计算细杆转动惯量 J_4. 将滑块对称放置在细杆两边的凹槽内,此时滑块质心离转轴的距离分别为 5.00 cm,10.00 cm,15.00 cm,20.00 cm,25.00 cm,测量摆动周期,并利用(3-37)式计算对应的转动惯量 J'_5.作 $J'_5 - x^2$ 曲线,并用图解法求得滑块相对质心轴的转动惯量 J_5 及滑块质量（与称衡值进行比较）,验证转动惯量平行轴定理.

注意事项

（1）弹簧的扭转常数 K 值不是固定常数,它与摆动角度有一定关系.摆角在 90°左右时 K 值基本相同,在小角度时 K 值变小. 为了降低实验时由于摆动角度变化过大带来的系统误差,在测定各种物体的摆动周期时,摆角不宜过小,摆幅也不宜变化过大.

（2）光电探头宜放置在挡光杆平衡位置处,挡光杆不能和它相接触,以免增大摩擦力矩.

（3）机座应保持水平状态.

（4）在安装待测物体时,其支架必须全部套入扭摆主轴,并将止动螺丝旋紧,否则扭摆不能正常工作.

（5）在称金属细杆与木球的质量时,必须将支架取下,否则会带来极大的误差.

（6）在计算物体的转动惯量时,应扣除支架的转动惯量.

思考题

1. 如何用转动惯量测试仪测定任意形状物体绕特定轴的转动惯量?
2. 如果释放物体时,遮光细杆相对于电门的位置不同或有不同的速度,对摆动周期有无影响?对转动惯量 J 有无影响?

3. 当两滑块不对称放置时,其转动惯量是否遵守平行轴定理?

实验说明

1. 部分刚体转动惯量理论值公式(表 3-8)

表 3-8　部分刚体转动惯量理论值公式

物体名称	塑料圆柱	金属圆筒	塑料球	金属细杆
转动惯量理论值 $(\times 10^{-4}\ \mathrm{kg \cdot m^2})$	$J'_1 = \dfrac{1}{8} m \overline{D}^2$	$J'_2 = \dfrac{1}{8} m(\overline{D}_{外}^2 + \overline{D}_{内}^2)$	$J'_3 = \dfrac{1}{10} m \overline{D}^2$	$J'_4 = \dfrac{1}{12} m L^2$

2. 仪器厂家提供的参考值(表 3-9)

表 3-9　仪器厂家提供的参考值

类别	支架转动惯量	细杆夹具转动惯量	夹具质量	滑块质量
数值	$0.179 \times 10^{-4}\ \mathrm{kg \cdot m^2}$	$0.232 \times 10^{-4}\ \mathrm{kg \cdot m^2}$	$0.036\ \mathrm{kg}$	$0.244\ \mathrm{kg}$

实验视频 13
实验 5-3
毫秒仪

3. FB213A 型数显计时计数毫秒仪使用说明书

(1) FB213A 型数显计时计数毫秒仪采用编程单片机,具有多功能计时、存储和查询功能.可用于单摆、气垫导轨、马达转速测量及车辆运动速度测量等诸多与计时相关的实验.

(2) 该毫秒仪通用性强,可以与多种传感器连接,用不同的传感器控制毫秒仪的启动和停止,从而适应不同实验条件下计时的需要.

(3) 毫秒仪"量程"按钮可根据实验需要切换为两挡:S(99.999 s　分辨率 1 ms)、mS(9.999 9 s　分辨率 0.1 ms),对应的指示灯点亮.

(4) 毫秒仪"功能"按钮可根据实验需要切换为 5 个功能.

① 计时(3 种):单 U 计时;双 U 计时;双计时.

② 周期(2 种):摆动(用于单摆、三线摆、扭摆等实验);转动(用于简谐运动、转动等实验).

转换至某个功能下,该功能对应的指示灯点亮;切换到 2 种"周期"功能,左窗口二位数码管点亮,可"预置"测量周期个数并显示,随着计数进程逐次递减至"1",计数停止,恢复显示预置数;切换到 3 种"计时"功能,左窗口二位数码管熄灭.

(5) 在 2 种"周期"方式下,按"执行"键,"执行"工作指示灯亮(等待测量状态),由传感器启动测量,灯光闪烁,表示毫秒仪进入测量状态.在每个周期结束时,显示并存储该周期对应的时间值,在预设周期数执行完后,显示并存储总时间值,然后退出执行状态.

(6) 在 3 种"计时"方式下的符号意义.

　　① 在单 U 计时方式下,按执行键,执行灯亮(等待测量状态),当 U 形挡光片从单个光电门通过,执行灯灭,存储第 1 个通过时间数据. 按相同步骤可存储第 2 个、第 3 个数据等. 一共可存储 20 个数据,存满后若继续操作,将从第 1 个数据起逐个被覆盖.

　　② 在双 U 计时方式下,按执行键,执行灯亮,当 U 形挡光片从第 1 光电门通过,显示其通过时间的第 1 个数据,执行灯开始闪烁. U 形挡光片移动到第 2 光电门,显示第 1 至第 2 光电门通过时间的第 2 个数据. 再从第 2 光电门通过,显示其通过时间的第 3 个数据,执行灯灭. 在查询时,"1"显示 t_1 时间,"2"显示 t_2 时间,"3"显示 t_3 时间,"4"显示 t_1 速度(5 cm/ms),"5"显示 t_3 速度(5 cm/ms).

　　③ 在双计时方式下,按执行键,执行灯亮,当 U 形挡光片从第 1 光电门移至第 2 光电门,显示第 1 至第 2 光电门通过时间.

　　注意:对双 U 计时和双计时方式,需要把毫秒仪背后第 1、第 2 传感器插头互换插座插. (小车先通过传感器 2,再通过传感器 1.)

　　(7) 毫秒仪"查询"按钮可查询 5 个功能工作方式下存储的数据.

　　① 在周期方式下,逐次按"查询"键,依次显示各周期对应的时间值,在最后周期显示总时间值. 在预设周期完成后,则停止查询.

　　② 在计时方式下,逐次按"查询"键,依次显示各对应的数据. 其中,双 U 计时方式可查询 4 组存储数据,每组 5 个.(如在按执行键后发现周期窗口有数值,按复位后再按执行键.)查询完毕后,一定要按下复位键退出查询. 在查询时可按量程键得到更高分辨率的数值.

　　(8) 同时按"复位"和"功能"键 5 s 以上,存储的数据全部清零,但仍然保留预设周期数(直至重新设置新的周期数值才会改变).

　　(9) 在执行周期方式或计时方式时,均可按"复位"键退出执行.

　　(10) 断电后保留上次执行功能.

阅读材料 1
实验 5 阅读
材料

实验 6 ▶ 用复摆研究刚体的转动惯量

PPT 课件 11
实验 6

　　转动惯量是刚体转动中惯性大小的量度,是研究和描述刚体转动规律的一个重要物理量,因此,转动惯量的测量一直是大学物理实验中必不可少的内容.转动惯量不仅取决于刚体的总质量,而且与刚体的形状、质量分布以及转轴位置有关.对于质量分布均匀、具有规则几何形状的刚体,可以通过数学方法计算它绕给定转动轴的转动惯量.对于质量分布不均匀、没有规则几何形状的刚体,用数学方法计算其转动惯量是相当困难的,通常要用实验的方法进行测量.因此,学会用实验的方法测定刚体的转动惯量具有重要的实际意义.

　　实验中测定刚体的转动惯量,一般都是使刚体以某一形式运动,通过描述这种运动的特定物理量与转动惯量的关系来间接地测定刚体的转动惯量.测定转动惯量的实验方法较多,如三线摆法、扭摆法或复摆法等.本实验所讨论的是应用复摆法测定刚体的转动惯量,并对刚体平行轴定理进行验证.

实验目的

(1) 研究复摆的物理特性,掌握复摆模型的分析方法.
(2) 掌握利用复摆测量刚体转动惯量的方法.
(3) 验证刚体平行轴定理.

实验器材

FB210C 型复摆实验仪(仪器参数:摆杆长度 $L = 60.0$ cm,直径 $\varphi = 0.6$ cm,质量 $m = 0.132$ kg;杆上有上、下两条标记刻线, $h_1 = 27.5$ cm, $h_2 = 55.0$ cm;两个质量相同的砝码 $m_A = m_B = 0.256$ kg,外径 $\varphi_{外} = 4.4$ cm,内孔径 $\varphi_{内} = 0.6$ cm,高度 $h_A = h_B = 2.2$ cm),FB213A 型数显计时计数毫秒仪.

实验原理

复摆是刚体在重力作用下绕固定的水平轴做微小摆动的动力运动体系.

　　如图 3-18 所示,刚体绕固定轴 O 在竖直平面内做左右摆动,刚体质心与 O 点的距离是 h, θ 为其摆动角度.若规定右转角为正,此时刚体所受力矩与角位移方向相反,即

$$M = -mgh\sin\theta. \tag{3-43}$$

当 θ 很小时(角度小于 5°),根据泰勒公式,近似有

$$M = -mgh\theta. \tag{3-44}$$

根据转动定律,该复摆又有

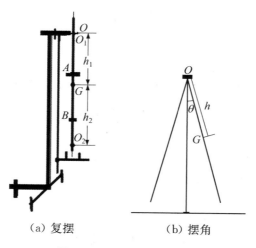

（a）复摆　　　　（b）摆角

图 3 - 18　复摆结构示意图

$$M = J\,\frac{\mathrm{d}^2\theta}{\mathrm{d}t^2}, \tag{3-45}$$

其中，J 为该刚体的转动惯量. 由(3 - 44)和(3 - 45)式，可得

$$\frac{\mathrm{d}^2\theta}{\mathrm{d}t^2} = -\omega^2\theta, \tag{3-46}$$

其中，

$$\omega^2 = \frac{mgh}{J}. \tag{3-47}$$

此方程说明该复摆在小角度下做简谐振动，该复摆的振动周期为

$$T = 2\pi\sqrt{\frac{J}{mgh}}. \tag{3-48}$$

1. 测量刚体的转动惯量

当复摆做小角度（$\theta < 5°$）摆动，且忽略阻尼的影响时，摆动周期 T 与转动惯量的关系如(3 - 48)式. 设质量为 m 的复摆绕固定轴 O 转动时转动惯量为 J_0，质心到转轴的距离为 h_0，对应的周期为 T_0，则由(3 - 48)式得

$$J_0 = \frac{mgh_0 T_0^2}{4\pi^2}. \tag{3-49}$$

设待测刚体的质量为 m_x，回转半径为 k_x，绕自己质心的转动惯量为 $J_{x0} = m_x k_x^2$，绕 O 转动时的转动惯量为 J_x，则 $J_x = J_{x0} + m_x h_x^2$.

当待测刚体的质心与复摆质心重合时（$h_x = h_0$，$x = 0$），如图 3 - 19 所示，由(3 - 48)式

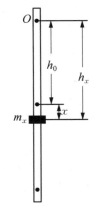

图 3 - 19 测量刚体的转动惯量实验示意图

可得待测刚体绕 O 转动时有

$$T = 2\pi \sqrt{\frac{J_x + J_0}{Mgh_0}}, \qquad (3-50)$$

其中，$M = m + m_x$，将(3-50)式平方、整理后可得

$$J_x = \frac{Mgh_0 T^2}{4\pi^2} - J_0. \qquad (3-51)$$

将待测物体的质心调节到与复摆质心重合，测出周期 T，代入(3-51)式，即可求转动惯量 J_x 和 J_{x0}.

2. 验证平行轴定理

取质量和形状相同的两个摆锤 A 和 B，对称地固定在复摆质心 G 的两边. 设 A 和 B 到复摆质心 G 的距离均为 x，如图 3-20 所示. 由(3-48)式可得

$$T = 2\pi \sqrt{\frac{J_A + J_B + J_0}{Mgh_0}}, \qquad (3-52)$$

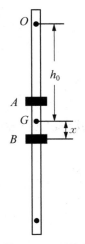

图 3 - 20 验证平行轴定理实验示意图

其中，$M = m_A + m_B + m = 2m_A + m$，$m_A$ 和 m_B 为摆锤 A 和 B 的质量，m 为复摆的质量. 根据平行轴定理，有

$$J_A = J_{A0} + m_A(h_0 - x)^2, \qquad (3-53)$$

$$J_B = J_{B0} + m_B(h_0 + x)^2, \qquad (3-54)$$

其中，J_{A0} 和 J_{B0} 分别为摆锤 A 和 B 绕质心的转动惯量. 将上两式相加可得

$$\begin{aligned}
J_A + J_B &= J_{A0} + J_{B0} + m[(h_0 - x)^2 + (h_0 + x)^2] \\
&= 2[J_{A0} + m_A(h_0^2 + x^2)].
\end{aligned} \qquad (3-55)$$

将上式代入(3-52)式，得

$$T^2 = \frac{8\pi^2}{Mgh_0}\left[J_{A0} + m_A(h_0^2 + x^2) + \frac{J_0}{2}\right] = \frac{8\pi^2 m_A}{Mgh_0} x^2 + \frac{8\pi^2}{Mgh_0}\left(J_{A0} + \frac{J_0}{2} + m_A h_0^2\right). \qquad (3-56)$$

以 x^2 为横轴、T^2 为纵轴，作 $x^2 - T^2$ 图像. 图像应为直线，直线的截距 a 和斜率 b 分别为

$$a = \frac{8\pi^2}{Mgh_0}\left(J_{A0} + \frac{J_0}{2} + m_A h_0^2\right), \qquad (3-57)$$

$$b = \frac{8\pi^2 m_A}{Mgh_0}. \qquad (3-58)$$

如果实验测得的 a，b 值与由(3-57)和(3-58)式计算的理论值相等，则由平行轴定理推导的(3-56)式成立，也就证明平行轴定理成立.

实验内容及步骤

1. 利用水平仪调节复摆装置水平，放下垂线至光电门上方，调节轴、垂线、摆杆平行.

2. 按图 3-19 调整转轴位置到距质心 30 cm 处 ($h_0 = 30$ cm)，调节光电门，使摆杆下端在光电门中心且能触发光电门，砝码在摆杆的下面的标记刻线位置时高于光电门. 令摆角小于 5°，使其自由摆动. 利用数显计时计数毫秒仪测量其摆动 15 个周期的时间 t_0，计算摆动周期 T_0. 由(3-49)式计算复摆转动惯量 J_0. 将测量数据记入表 3-10.

表 3-10　用复摆研究刚体的转动惯量数据记录表 1　　　　($h_0 = 30$ cm)

$t_0/$s	$T_0/$s	$m_x/$kg	$t/$s	$T/$s

3. 将一个质量为 m_x 的待测物体固定在摆杆上，使其质心与复摆质心重合. 测量其摆动 15 个周期的时间 t，计算摆动周期 T，J_x，J_{x0}. 将测量数据记入表 3-10.

4. 将两个质量相同的待测刚体 m_A 和 m_B 对称地固定在摆杆距离质心 x 处，如图 3-20 所示. 测量其摆动 15 个周期的时间 t，重复测量 3 次，计算摆动周期 T. 改变 x 值重复实验. 将测量数据记入表 3-11.

5. 分别计算 x^2 和 T^2，用最小二乘法或作图法拟合 x^2-T^2 曲线，计算 a，b，分别与(3-57)和(3-58)式的理论值进行比较，分析讨论实验结果.

表 3-11　用复摆研究刚体的转动惯量数据记录表 2　　($m_A = m_B = \underline{\quad}$ kg)

$x/$cm		3	6	9	12	15	18	21	24
$t/$s	t_1								
	t_2								
	t_3								
	$\bar{t}$								
$T/$s									
$x^2/$m^2									
$T^2/$s^2									

注意事项

1. 实验时刚体摆动的角度需要小于 5°.

2. 光电门的位置要保证摆杆下端在光电门中心，且能触发光电门.

3. 测量周期 T 时，建议连续测量 10 个周期以上的总时间，再计算一个周期.

思考题

1. 复摆中心位置在光电门以外,对测量结果有何影响?
2. 如何减小复摆转轴处的摩擦?
3. 如果复摆摆动不在竖直面上,对实验结果有何影响?

实验说明

复摆实验装置如图 3 - 21 所示.

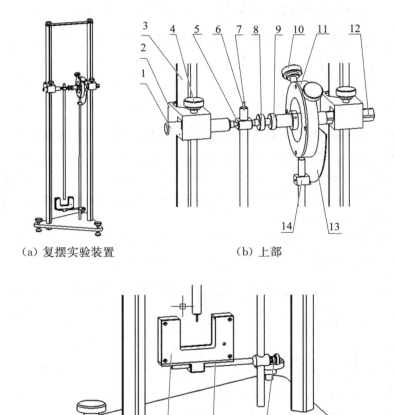

(a) 复摆实验装置   (b) 上部

(c) 下部

1-左侧顶尖;2-夹座;3-支架柱;4-锁紧螺钉①;5-摆杆座;6-摆杆;7-挡光针;8-右侧顶尖;9-锁紧螺帽;10-锁紧螺钉②;11-转动圆环;12-顶尖轴;13-刻度盘;14-刻度指针;15-底座脚;16-底座;17-光电门;18-光电门安装轴;19-锁紧螺钉③

图 3 - 21 复摆实验装置

复摆实验装置使用说明：

（1）"左侧顶尖"和"右侧顶尖"的轴线在一条直线上,调节"夹座"以调节顶尖上下位置,调节"支架柱"以调节顶尖左右位置.

（2）调节"右侧顶尖"使摆杆座松紧适度,顶尖与"摆杆座"的摩擦力至最小,调好后用"锁紧螺帽"固定.

（3）松开"锁紧螺钉②"可旋转"转动圆环"（即转动光电门）,锁紧"锁紧螺钉②"可固定光电门.

实验 7 ▶ 用复摆测量重力加速度

PPT 课件 12
实验 7

重力加速度是指重力对自由下落的物体产生的加速度,通常用 **g** 表示.重力加速度是矢量,方向总是竖直向下,但大小随其在地球上地点的不同而略有差异,它的大小随海拔高度增加而减小.

重力加速度 g 值的大小可以用实验方法测出.准确测定 g 值对于计量学、精密物理计量、地球物理学、地震预报、重力探矿和空间科学等都具有重要意义.本实验利用复摆,通过测定复摆周期等参数,计算本地的重力加速度 g 值.

实验目的

(1) 掌握复摆物理模型的分析方法.
(2) 掌握复摆测量重力加速度的方法.

实验原理

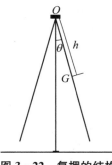

图 3 - 22　复摆的结构
示意图

复摆是刚体在重力作用下,绕固定的水平轴做微小摆动的动力运动体系.如图 3 - 22 所示,刚体绕固定轴 O 在竖直平面内做左右摆动,刚体质心与 O 点的距离是 h,θ 为其摆动角度.若规定右转角为正,此时刚体所受重力力矩与角位移方向相反,有

$$M = -mgh\sin\theta. \tag{3-59}$$

若 θ 很小时(角度小于 5°),根据泰勒公式,近似有

$$M = -mgh\theta. \tag{3-60}$$

根据转动定律,该复摆有

$$M = J\frac{\mathrm{d}^2\theta}{\mathrm{d}t^2}, \tag{3-61}$$

其中,J 为该物体的转动惯量.由(3-61)和(3-62)式,可得

$$\frac{\mathrm{d}^2\theta}{\mathrm{d}t^2} = -\omega^2\theta, \tag{3-62}$$

其中,

$$\omega^2 = \frac{mgh}{J}. \tag{3-63}$$

此方程说明该复摆在小角度下做简谐振动,该复摆的振动周期为

$$T = 2\pi\sqrt{\frac{J}{mgh}}. \tag{3-64}$$

设 J_C 为转轴过质心且与 O 轴平行时的转动惯量，根据平行轴定理，可知

$$J = J_C + mh^2. \tag{3-65}$$

将上式代入（3-64）式，可得

$$T = 2\pi \sqrt{\frac{J_C + mh^2}{mgh}}. \tag{3-66}$$

由上式可以计算重力加速度 g.

对于固定的刚体而言，J_C 是固定的，实验时只需要改变质心到转轴的距离（如 h_1，h_2），则刚体摆动周期分别为

$$T_1 = 2\pi \sqrt{\frac{J_C + mh_1^2}{mgh_1}}, \quad T_2 = 2\pi \sqrt{\frac{J_C + mh_2^2}{mgh_2}}. \tag{3-67}$$

为了简化计算公式，取 $h_2 = 2h_1$，将两式合并，可得

$$g = \frac{12\pi^2 h_1}{2T_2^2 - T_1^2}. \tag{3-68}$$

实验器材

FB210C 型复摆实验仪（仪器参数：摆杆长度 $L = 60.0\,\mathrm{cm}$，直径 $\varphi = 0.6\,\mathrm{cm}$，质量 $m = 0.132\,\mathrm{kg}$；杆上有上、下两条标记刻线，$h_1 = 27.5\,\mathrm{cm}$，$h_2 = 55.0\,\mathrm{cm}$；两个质量相同的砝码 $m_A = m_B = 0.256\,\mathrm{kg}$，外径 $\varphi_{外} = 4.4\,\mathrm{cm}$，内孔径 $\varphi_{内} = 0.6\,\mathrm{cm}$，高度 $h_A = h_B = 2.2\,\mathrm{cm}$），FB213A 型数显计时计数毫秒仪.

实验内容及步骤

1. 把 FB210C 型复摆实验仪安装好. 调节仪器底座底脚螺钉，观察水平仪，将仪器底座调节到水平状态.

2. 把光电门的连接线与 FB213A 型数显计时计数毫秒仪的周期（计时）功能口连接.

实验视频 14 实验 7 用复摆测重力加速度

3. 调节光电门的位置，其高度能使复摆触发光电门正常工作，且复摆静止状态时摆杆恰好在光电门中心，如图 3-23 所示.

4. 接通 FB213A 型数显计时计数毫秒仪的电源，功能选择置于"周期-摆动"状态，周期数设为"10"，即记录 10 个周期.

5. 测量周期 T_1. 将两个砝码置于上刻线对称处位置固定，如图 3-24 所示，即满足 $h_1 = 27.5\,\mathrm{cm}$. 把复摆沿水平方向拉离平衡位置约 5 cm，平稳放手，等待摆动平稳时，按下计时计数仪的"执行"，记录周期. 重复测量 8 次，把测试数据记入表 3-12 的 T_1' 中，并计算相应的 T_1.

6. 测量周期 T_2. 将两个砝码置于下刻线对称处位置固定，如图 3-25 所示，即满足 $h_2 = 2h_1 = 55.0\,\mathrm{cm}$. 重复步骤 5 的操作方式，把 8 次的测试数据记入表 3-12 的 T_2' 中，并计

算相应的 T_2.

7. 将测量的 T_1 和 T_2 代入(3-68)式,计算得到相应的 g,填入表3-12的 g 中.

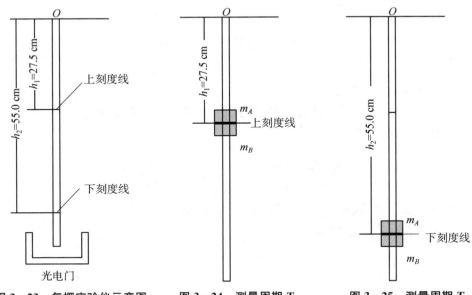

图 3-23　复摆实验仪示意图　　图 3-24　测量周期 T_1　　图 3-25　测量周期 T_2

表 3-12　复摆的摆动周期
(注:$h_1 = 27.5\,\mathrm{cm}$, $h_2 = 2h_1 = 55.0\,\mathrm{cm}$, $m_A = m_B = 0.256\,\mathrm{kg}$, $m_{杆} = 0.132\,\mathrm{kg}$)

时间	次数							
	1	2	3	4	5	6	7	8
T_1'/s								
$T_1 = T_1'/10/\mathrm{s}$								
T_2'/s								
$T_2 = T_2'/10/\mathrm{s}$								
$g/(\mathrm{m/s^2})$								

数据处理

1. 计算 T_1 和 T_2 的误差.

(1) 计算 T_1 和 T_2 的平均值:

$$\overline{T_1} = \frac{\sum T_1}{n},\ \overline{T_2} = \frac{\sum T_2}{n}.$$

(2) 计算 T_1 和 T_2 的不确定度:

$$U_{T_1} = \sqrt{\frac{\sum (T_1 - \overline{T_1})^2}{n(n-1)}}, \quad U_{T_2} = \sqrt{\frac{\sum (T_2 - \overline{T_2})^2}{n(n-1)}}.$$

（3）计算 T_1 和 T_2 的相对不确定度：

$$U_{rT_1} = \frac{U_{T_1}}{\overline{T_1}}, \quad U_{rT_2} = \frac{U_{T_2}}{\overline{T_2}}.$$

（4）写出测量结果表达式：

$$\begin{cases} T_1 = (\overline{T_1} \pm U_{T_1})\,\mathrm{s}, \\ U_{rT_1} = \dfrac{U_{T_1}}{\overline{T_1}} \times 100\%, \end{cases} \quad \begin{cases} T_2 = (\overline{T_2} \pm U_{T_2})\,\mathrm{s}, \\ U_{rT_2} = \dfrac{U_{T_2}}{\overline{T_2}} \times 100\%. \end{cases}$$

2. 计算重力加速度 g 的误差.

（1）计算重力加速度的平均值：

$$\bar{g} = \frac{12\pi^2 \cdot h_1}{2\overline{T_2}^2 - \overline{T_1}^2}.$$

（2）计算 g 的不确定度：

$$U_g = \sqrt{\frac{\sum (g_i - \bar{g})^2}{n(n-1)}}.$$

（3）计算 g 的相对不确定度：

$$U_{rg} = \frac{U_g}{\bar{g}}.$$

（4）写出测量结果表达式：

$$\begin{cases} g = (\bar{g} \pm U_g)\,(\mathrm{m/s^2}), \\ U_{rg} = \dfrac{U_g}{\bar{g}} \times 100\%. \end{cases}$$

思考题

1. 复摆中心位置在光电门以外，对测量结果有何影响？
2. 试比较用单摆和复摆测量重力加速度的差异.

阅读材料 2
实验 7 阅读材料

实验 8 ▶ 金属线膨胀系数的测定

PPT课件13
实验 8

　　任何物体都具有"热胀冷缩"的特性,这是由物体内部分子热运动加剧或减弱造成的.在工程结构的设计、机械和仪器的制造、材料的加工(如焊接)中,都应考虑到这个性质,否则将影响结构的稳定性和仪表的精度.考虑失当,可能将造成工程的损毁、仪表的失灵以及加工焊接中的缺陷和失败等.

　　在一维情况下,固体受热后长度的增加称为线膨胀.在相同的条件下,不同材料的固体其线膨胀程度各不相同,可以引入线膨胀系数表示固体的这种差别.

　　测定固体线膨胀系数,实际上归结为测量在某一温度范围内固体的微小伸长量.本实验介绍光杠杆法和螺旋测微法两种方法.前者用光学方法将微小的伸长放大几十倍甚至上百倍,较为精确;后者用通常的测微螺旋进行,简单直观.

实验目的

(1) 掌握测量金属杆线膨胀系数的方法.
(2) 进一步学习用光杠杆法测微小长度变化的方法.
(3) 学习用螺旋测微法测固体长度的微小变化.
(4) 进一步熟悉螺旋测微器的使用方法.

实验器材

线膨胀系数测定仪,光杠杆及望远镜尺组,钢卷尺,蒸气发生器,温度计.

实验原理

实验表明,原长度为 L 的固体受热后,其相对伸长量与温度的变化成正比,即

$$\frac{\Delta L}{L} = \alpha \Delta t,$$

其中,比例系数 α 称为固体的线膨胀系数.对于一种确定的固体材料,它是具有确定值的常数.材料不同,α 值也不同.设在某温度时固体的长度为 L_0,当温度升高 $t\,℃$ 时,其长度为 L_t,则有

$$\frac{L_t - L_0}{L_0} = \alpha t$$

或

$$L_t = L_0(1 + \alpha t). \tag{3-69}$$

由上式可知,固体的长度随着温度的升高线性地增大.

如果在温度 t_1 和 t_2 时,金属杆的长度分别为 L_1 和 L_2,则有

$$L_1 = L_0(1 + \alpha t_1), \tag{3-70}$$

$$L_2 = L_0(1 + \alpha t_2). \tag{3-71}$$

将(3-70)式代入(3-71)式,化简后得

$$\alpha = \frac{L_2 - L_1}{L_1\left(t_2 - \dfrac{L_2}{L_1}t_1\right)}. \tag{3-72}$$

因 L_2 与 L_1 非常接近,故 $L_2/L_1 \approx 1$,于是(3-72)式可写成

$$\alpha = \frac{L_2 - L_1}{L_1(t_2 - t_1)}. \tag{3-73}$$

只要测出 L_1,L_2,t_1 和 t_2,就可以求得 α 值.下面介绍光杠杆法和螺旋测微法两种测量方法.实验中可以根据仪器装置的具体情况,选择其中一种方法进行实验.

实验内容及步骤

1. 用光杠杆法测金属的线膨胀系数.

如图 3-26 所示,整个装置主要分为两个部分:一个部分用来加热金属杆(包括用电炉加热烧瓶中的水,使之产生蒸气,由进气管通入套管内,加热金属杆,余气从下端排管排出),由温度计测出金属杆加热前后的温度;另一个部分是光杠杆和尺组所组成的光学放大系统,用来测金属杆的微小伸长量 ΔL. 如图 3-27 所示,利用光杠杆原理,可得

$$\Delta L = \frac{b}{2D}(n_2 - n_1), \tag{3-74}$$

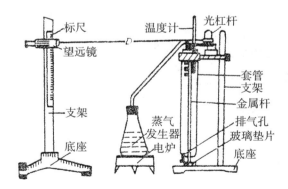

图 3-26　光杠杆法测金属线膨胀系数实验装置

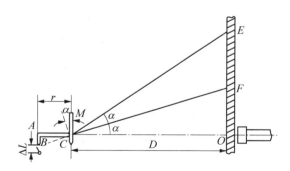

图 3-27　光杠杆原理示意图

其中,b 为光杠杆后足到两前足连线的距离,D 为光杠杆镜面到标尺的距离,n_1 和 n_2 为加热前、后望远镜中的标尺读数.将(3-74)式代入(3-73)式,可得

$$\alpha = \frac{b(n_2 - n_1)}{2DL(t_2 - t_1)}. \tag{3-75}$$

（1）取出金属杆,用米尺测量其长度 L,然后把它装入套管内,按照图 3–26 装好.

（2）在烧瓶内注入适量自来水,并把温度计小心地插入套管内,记下加热前温度 t_1.

（3）将测量微小伸长量的光杠杆的后足放在金属杆的上端(金属杆下端固定在玻璃垫片上),两前足放在平台上的座槽内,按预定的距离放置望远镜.调节光杠杆反射镜面和望远镜,读出望远镜标尺读数 n_1.

（4）将电炉通电,待排气管有水蒸气排出、温度计温度稳定后读取温度 t_2,并从望远镜中读取 n_2.

（5）进行等间隔温度测量,直到测至 t_{10},并从望远镜中读至相对应的数据 n_{10}.

（6）停止给电炉通电,用米尺测出光杠杆镜面到标尺的距离 D.

（7）测量光杠杆后足连两前足连线的距离 b.

将测得量代入(3–75)式,算出金属杆的线膨胀系数 α 值,计算结果的不确定度,并与标准值比较,计算其相对不确定度.

2. 用螺旋测微法测量线膨胀系数.

如图 3–28 所示,被测金属杆 AB 放置在可通蒸气的金属管 S 内,A 端被紧固在支座 F 上的螺旋 W 顶住,受热后 B 端可以自由伸长,在金属管的右端装有一个螺旋测微器 M,用来测量金属杆受热后的伸长量 ΔL. 为了使微小的伸长量测得准确,还安装一个指示测微螺杆和金属杆 B 端接触与否的小灯泡. 指示灯、电源、待测金属杆、螺旋测微器等构成一个回路. 当螺旋测微器测量螺杆和金属杆接触时,回路接通,小灯泡发光. 从蒸气发生器经橡皮管送来的蒸气在 H_1 进入金属管,在 H_2 输出. 温度计 T 插入管中部的 C 孔内,用于测量金属杆的温度.

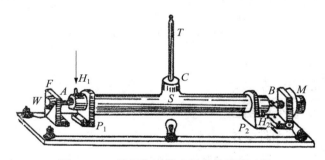

图 3–28　用螺旋测微法测量线膨胀系数

（1）测出金属杆的长度 L 后,将它装入金属管内,使其一端与 M 接触.

（2）小心地将温度计插入 C 孔内,使它刚好与被测金属杆接触. 记下加热前金属杆的温度 t_1.

（3）接好指示灯电路,调节螺旋测微器,当测量螺杆与被测金属杆自由端刚好接触时,小灯泡发光. 记下此时螺旋测微器的读数 n_1,重复 3 次,取平均值. 然后将螺旋测微器稍退回一些.

（4）在蒸气发生器内装入适量自来水,加热,使蒸气发生器产生蒸气,并输送到金属管内,使被测金属杆加热.

（5）观察温度计的温度变化,当温度升高到稳定不变时,记下温度计的读数 t_2. 然后轻轻调节螺旋测微器,使之与被测金属杆刚好接触,指示灯开始发光,记下螺旋测微器的读数 n_2. 重复测量 3 次,取平均值.

将测得量代入(3-73)式,计算 α 值.

注意事项

(1) 因金属杆伸长量极小,故仪器不应该有振动.

(2) 温度计不能与套管壁接触.

(3) 在用光杠杆法测金属线膨胀系数实验前,金属杆的下端一定要与底座的垫片密切接触.

思考题

1. 为什么实验前金属杆的下端一定要与底座的垫片密切接触? 若不接触,会对结果有何影响?

2. 在用螺旋测微法测量线膨胀系数的过程中,哪些量的测量是关键? 为什么?

实验 9 ▶ 冰熔化热的测定

PPT 课件 14
实验 9

　　固态物质受热熔化为相同成分的液态的过程称为熔化.定量物质在 100 kPa 下全部熔化时吸收的热叫做熔化热.在熔化过程中,当固态与液态共存时,系统的温度不变.这个温度叫做熔点.温度测量和量热技术是热学实验中最基本的问题.量热学以热力学第一定律为理论基础,研究范围是如何计量物质系统随温度变化、相变、化学反应等吸收和放出的热量.量热学的常用实验方法有混合法、稳流法、冷却法、潜热法、电热法等.本实验是用混合量热法来测定冰的熔化热,使用的基本仪器为量热器.由于在实验过程中量热器不可避免地要参与外界环境的热交换而散失热量,因此,本实验采用牛顿冷却定理克服和消除热量散失对实验的影响,以减小实验系统误差.

实验目的

（1）掌握基本的量热方法——混合法.
（2）测定冰的熔化热.
（3）学习消除系统与外界热交换影响量热的方法.

实验器材

量热器,电子天平,数字温度计,冰,停表,干拭布.

实验原理

1. 混合量热法测定冰的熔化热

本实验用混合量热法来测定冰的熔化热.基本做法如下:把待测的系统 A 和一个已知其热容的系统 B 混合起来,并设法使它们形成一个与外界没有热量交换的孤立系统 C（$C = A + B$）这样 A（或 B）所放出的热量全部为 B（或 A）所吸收.已知热容的系统在实验过程中所传递的热量 Q 可以由其温度的改变 ΔT 和热容 C 计算出来,即 $Q = C\Delta T$,因此,也就知道了待测系统在实验过程中所传递的热量.

　　由此可见,保持系统为孤立系统是混合量热法的基本实验条件,这要从实验装置、测量方法以及实验操作等各方面去保证.如果实验过程中系统与外界的热交换不能忽略,还要作散热（或吸热）修正.

　　传递热量的方式有传导、对流和辐射 3 种,必须使实验系统与环境之间的传导、对流和辐射都尽量减少,实验中使用量热器可以基本满足这样的要求.

　　现有质量为 m、温度为 T_1 的冰（设在实验室环境下其熔点为 T_0）,与质量为 m_0、温度为 T_2 的水混合,冰全部熔化为水后的平衡温度为 T_3.如图 3-29 所示,设量热器的内筒和搅拌器的质量分别为 m_1 和 m_2,比热容分别为 c_1 和 c_2.水和冰的比热容分别为 c_0 和 c_3.温

度计的热容为 Δc. 如果实验系统为孤立系统,将冰投入盛有温度为 T_2 的水的量热器中,则有热平衡方程式

$$mc_3(T_0 - T_1) + mL + mc_0(T_3 - T_0) =$$
$$(m_0 c_0 + m_1 c_1 + m_2 c_2 + \Delta c)(T_2 - T_3),$$

$$(3-76)$$

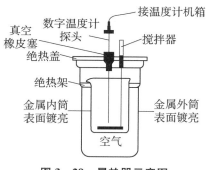

图 3-29　量热器示意图

其中,L 为冰的熔化热. 因此,冰的熔化热为

$$L = \frac{1}{m}(m_0 c_0 + m_1 c_1 + m_2 c_2 + \Delta c)(T_2 - T_3) -$$
$$c_3(T_0 - T_1) - c_0(T_3 - T_0). \qquad (3-77)$$

实验室所用内筒和搅拌器材料为铜或铝,若为铜制取,

$$c_1 = c_2 = 0.39 \times 10^3 \text{ J/(kg} \cdot \text{K)};$$

若为铝制取,

$$c_1 = c_2 = 0.88 \times 10^3 \text{ J/(kg} \cdot \text{K)}.$$

冰的比热容(在 $-40℃ \sim 0℃$ 时)$c_3 = 1.80 \times 10^3$ J/(kg·K). 水的比热容取 $c_0 = 4.18 \times 10^3$ J/(kg·K). 在实验室条件下,冰的熔点可以近似认为是 0℃,即 $T_0 = 0℃$.

为了尽可能使系统与外界交换的热量达到最小,除了使用量热器以外,在实验操作过程中还必须注意:不应当直接用手去把握量热器的任何部分;不应当在阳光的直接照射下或空气流动太快的地方(如通风过道、风扇旁等)进行实验;冬天要避免在火炉或暖气旁做实验等. 此外,系统与外界温度差越大,它们之间传递热量越快;时间越长,传递的热量越多,因此,在进行量热实验时,要尽可能使系统与外界温度差小,并且尽量迅速完成实验过程.

还要指出的是,温度是热学中的一个基本物理量. 在量热实验中必须测量温度. 一个系统的温度只有在平衡态时才有意义,因此,测温时必须使系统各处温度达到均匀. 用温度计的指示值代表系统温度,还必须使系统与温度计之间达到热平衡.

尽管注意到上述各个方面,但除非系统与环境的温度时时刻刻完全相同,否则就不可能完全达到绝热的要求. 因此,在作精密测量时,就需要采用一些办法来求出实验过程中实验系统究竟散失或吸收了多少热量,进而对实验结果进行修正.

2. 牛顿冷却定律粗略修正散热的方法

一个系统的温度如果高于环境温度,它就要散失热量. 实验证明,当温度差相当小时(如在 $10 \sim 15℃$ 范围),散热速率与温度差成正比,这就是牛顿冷却定律,可以用数学形式表示为

$$\frac{\Delta q}{\Delta t} = K(T - \theta), \qquad (3-78)$$

其中,Δq 是系统散失的热量;Δt 是相应的时间间隔;K 是一个常量(称为散热常数),它与

系统表面积成正比,并随表面的吸收或发射辐射热的本领而变;T 和 θ 分别是系统及环境的温度;$\dfrac{\Delta q}{\Delta t}$ 称为散热速率,表示单位时间内系统散失的热量.

已知当 $T>\theta$ 时,$\dfrac{\Delta q}{\Delta t}>0$,系统向外散热;当 $T<\theta$ 时,$\dfrac{\Delta q}{\Delta t}<0$,系统从环境吸热.可以取系统的初温 $T_2>\theta$,终温 $T_3<\theta$,设法使整个实验过程中系统与环境间的热量传递前后抵消.

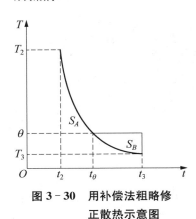

图 3-30 用补偿法粗略修正散热示意图

实验的具体情况如下:在刚投入冰时,水温高,冰的有效面积大,熔化快,因此,系统表面温度 T(即量热器中水的温度)降低较快.随着冰不断熔化,冰块逐渐变小,水温逐渐降低,冰熔化变慢,水温的降低也就变慢.量热器中水温随时间的变化曲线如图 3-30 所示.

根据(3-78)式,$\Delta q=K(T-\theta)\Delta t$. 在实验过程中,即系统温度从 T_2 变为 T_3 的这段时间($T_2 \to T_3$)内,系统与环境间交换的热量为

$$q=\int_{t_2}^{t_3}K(T-\theta)\mathrm{d}t. \qquad (3-79)$$

上式可写成

$$q=\int_{t_2}^{t_\theta}K(T-\theta)\mathrm{d}t+\int_{t_\theta}^{t_3}K(T-\theta)\mathrm{d}t. \qquad (3-80)$$

前一项 $T-\theta>0$,系统散热;后一项 $T-\theta<0$,系统吸热,对应于图 3-30 中的面积,

$$S_A=\int_{t_2}^{t_\theta}(T-\theta)\mathrm{d}t,\ S_B=\int_{t_\theta}^{t_3}(T-\theta)\mathrm{d}t.$$

由此可见,S_A 与系统向外界散失的热量成正比,即 $q_{散}=KS_A$;S_B 与系统从外界吸收的热量成正比,即 $q_{吸}=KS_B$. 因此,只要使 $S_A \approx S_B$,系统对外界的散热和吸热就可以相互抵消.

要使 $S_A \approx S_B$,就必须使 $(T_2-\theta)>(\theta-T_3)$,究竟 T_2 和 T_3 应取多少,或者 $(T_2-\theta):(\theta-T_3)$ 应取多少,要在实验中根据具体情况选定.

上述这种使散热与吸热相互抵消的做法,不仅要求水的初温比环境温度高、末温比环境温度低,而且对初温、末温与环境温度相差的幅度要求比较严格,需要经过若干次的试验.根据经验,当 $(T_2-\theta):(\theta-T_3) \approx 10:3$ 时,可以得到 $S_A \approx S_B$.

另外,通过修正初温、终温,可以对系统进行散热修正,具体方法参见"实验拓展"部分.

实验内容及步骤

1. 测定冰的熔化热.

(1) 用天平称出量热器内筒和搅拌器的质量 m_1 和 m_2,并确认其材料性质.

(2) 在内筒中注入高于室温恰当温度的水,称量其总质量 $m_1+m_2+m_0$. 求出所取水

的质量 m_0，安装好仪器装置，并放置 3 min 左右.

（3）研究投冰前、冰融化过程和冰全部融化后系统内水温的变化情况.

不断地、轻轻地用搅拌器搅拌内筒中的水. 当系统内温度相对稳定时，开始测量筒中水温的变化并计时. 在读出第一个温度值的那一刻，作为秒表的计时零点，以后每 30 s 记录一次水温，直至测温结束.

在秒表显示约 5 min 时，敏捷地将擦干水的 0℃ 的冰放入量热器内，然后将量热器安装好，动作要迅速. 继续搅拌、测温，直至温度降到最低，再缓慢回升 4～5 min，然后停止计时、测温.

（4）测定实验过程中系统温度随时间的变化.

每隔一定时间（如 5～10 s）测系统温度，作 T-t 图.

用粗略修正散热的方法：适当选择 T_2 和 T_3，使系统散热与吸热大体抵消.

为了从容地测准 T_2，采用如下办法测 T_2：搅拌内筒中的水，每隔一定时间（如 15 s）读 T，取 5～6 个点. 再记下投入冰的时间，用外推法作线性外推求出投冰时刻的水温 T_2.

（5）称量 $m_1 + m_2 + m_0 + m$ 总质量，求出冰的质量. 找出温度计浸入水中的位置，用小量筒测出其浸入水中部分的体积. 指导教师检查数据后，再将仪器擦干、整理、复原.

* 2. 试考虑用混合量热法粗测温度计浸入水中部分的热容 Δc.

注意事项

（1）水的初温 T_2 可取比室温 θ 高 10～15℃，水的质量约取量热器内筒容量的 2/3.

（2）要选取透明、清洁的冰. 冰不能直接放在天平秤盘上称衡. 冰的质量可由冰熔化后冰加水的质量减去水的质量求得.

（3）要考虑如何去确定系统的初温 T_2 和终温 T_3，怎样才能使温度计读数确实代表所要测量的系统的温度（在整个实验过程中，要不断轻轻地进行搅拌）.

（4）注意保护温度计的传感器部分.

（5）先做一次实验，在分析实验现象和结果的基础上，确定 T_2 和 T_3、冰的质量 m、水的质量 m_0 以及测温的时间间隔 Δt 等数值大体应以多少为宜，然后仔细地重复实验.

思考题

1. 用混合量热法必须保证什么实验条件？ 在本实验中是如何从仪器、实验安排和操作等各个方面来保证的？

2. 试说明下列各种情况将使测出的冰的熔化热偏大还是偏小：

（1）测 T_2 前没有搅拌；

（2）测 T_2 后到投入冰相隔一段时间；

（3）搅拌过程中把水溅到量热器的盖子上；

（4）冰中含水或冰没有擦干就投入；

（5）水蒸发，在量热器绝缘盖上结成露滴.

回答上述问题时，请针对各种可能的情况，定性说明可能产生的结果.

3. 根据实测的 T-t 数据，以及计算出的冰的熔化热 L，试考虑以下问题：

（1）在实验过程中，实验系统从环境吸热与向环境散热不能抵消，是对本实验结果 L 的主要影响吗？试用实验数据来说明.

（2）哪些因素是造成实验结果 L 偏大或偏小的主要原因？请分别说明.

实验拓展

介绍另外一种修正散热的方法，这种方法对量热器中水的初温和末温没有限制.

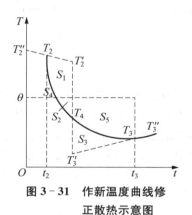

图 3 - 31　作新温度曲线修
正散热示意图

如图 3 - 31 所示，在 $t = t_2$ 时投入冰块，在 $t = t_3$ 时冰块熔化完毕. 在投入冰块前，系统的温度沿 $T_2'' T_2$ 变化，在冰块熔化完毕后，系统温度沿 $T_3 T_3''$ 变化. $T_2'' T_2$ 和 $T_3 T_3''$ 实际上都很接近于直线. 作 $T_2'' T_2$ 的延长线到 T_2'，作 $T_3'' T_3$ 的延长线到 T_3'，连接 $T_2' T_3'$，使 $T_2' T_3'$ 与 T 轴平行，且使面积 $S_1 + S_2 = S_3$. 用 T_2' 代替 T_2，用 T_3' 代替 T_3，代入（3 - 77）式求 L，就得到系统与环境没有发生热量交换的实验结果.

采用上述做法的理由是：实际的温度变化本来是 $T_2'' T_2 T_4 T_3 T_3''$. 在从冰块投入到冰块熔化完毕的过程中，系统散失的热量相当于面积 S_4，从环境吸收的热量相当于面积 $S_2 + S_5$. 综合两者，系统共吸收的热量相当于面积 $S = S_2 + S_5 - S_4$.

在用 T_2' 代替 T_2、用 T_3' 代替 T_3 后，可以得到另一条新的温度曲线 $T_2'' T_2 T_2' T_3' T_3 T_3''$. 在从冰块投入到冰块熔化完毕的过程中，系统散失的热量相当于面积 $S_1 + S_4$，从环境吸收的热量相当于面积 $S_3 + S_5$. 综合两者，系统共吸收的热量相当于面积 $S' = S_3 + S_5 - S_1 - S_4$.

因为作图时已使 $S_1 + S_2 = S_3$，所以，有 $S' = S$. 这说明新的温度曲线与实际温度曲线是等价的.

新的温度曲线的物理意义如下：它把系统与环境之间交换热量的过程与冰熔化的过程分割开来，从 T_2 到 T_2' 和从 T_3' 到 T_3 是系统与环境交换热量的过程，从 T_2' 到 T_3' 是冰熔化的过程. 将冰熔化的过程变为无限短，自然没有机会进行热量交换. 因此，从 T_2' 到 T_3' 便仅仅是由于冰的熔化而引起的水温的变化. 这一方法把对散热的修正转换为对初温和末温的修正. 它对量热器中水的初温和末温原则上没有任何限制，即使 T_2 和 T_3 都大于 θ 或两者都小于 θ 也是可以的. 但考虑到牛顿冷却定律成立的条件以及其他因素，还是在 θ 附近为好，即：最好还是使 $T_2 > \theta$，$T_3 < \theta$，但它们与 θ 的差值可以不受限制.

实验 10 ► 冷却法测定金属比热容

PPT 课件 15
实验 10

　　所谓比热容,是指单位质量的某种物质温度升高或降低 1℃所吸收或放出的热量. 它是物质的一种基本物理属性,反映它的吸热、散热能力. 由于物质的比热容随温度变化而变化,因此,一般所讲的某种物质的比热容是指其在某一温度范围内的平均值.

　　对比热容的测量是实验物理学中的一种基本测量,属于量热学的范畴,其中的许多概念与方法已被广泛应用在新能源开发、新材料研制等工程技术领域. 测量金属比热容的方法很多,本实验介绍的冷却法是常见的一种. 该方法以牛顿冷却定律为理论基础,特点是测量过程简单、所需实验仪器比较常见、实验操作性强. 但是,高温物体的散热冷却过程受很多内在及外在因素的影响,有些因素难以精确控制和测量,使得测量结果的精确度往往不高. 为做好本实验,除了深刻理解实验原理外,还需要仔细分析可能产生误差的具体原因,提出改善测量过程、提高测量精确度的具体方案.

实验目的

(1) 了解牛顿冷却定律及其实际应用.
(2) 掌握冷却法测定金属比热容的方法.
(3) 了解金属的冷却速率与环境之间的温差关系,以及进行测量的实验条件.

实验器材

金属比热容测量仪,热电偶,待测金属样品(铜、铁、铝),物理天平,秒表,冰块,保温杯.

实验原理

　　当物体表面与周围环境存在温度差时,单位时间从单位表面积散失的热量与温度差成正比,比例系数为表面传热系数,这就是牛顿冷却定律. 它是温度高于周围环境的物体向周围介质传递热量并逐渐冷却时所遵循的规律. 牛顿冷却定律是牛顿在 1700 年用纯实验方法确定的,在强迫对流时与实际符合较好,在自然对流时只在温度差不太大的情况下成立(物体在不同情况下的冷却曲线如图 3-32 所示). 本实验中物体加热温度不高,因此,实验条件为自然冷却. 牛顿冷却定律在许多领域有广泛的应用(如刑侦鉴定领域,见思考题 4). 由于比热容反映了物体的散热能力,可以利用物体的散热冷却过程测量物体的比热容.

　　将质量为 m_1 的 1 号金属样品加热后,放到较低温度的环境中,金属样品将逐渐冷却. 其单位时间的热量损失 $\dfrac{\Delta Q}{\Delta t}$ 与温度下降的速率成正比,即

$$\frac{\Delta Q_1}{\Delta t_1} = c_1 m_1 \frac{\Delta T_1}{\Delta t_1},\qquad\qquad (3-81)$$

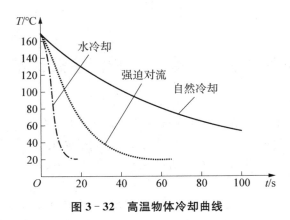

图 3-32 高温物体冷却曲线

其中，ΔQ_1 为 1 号样品散发的热量，Δt_1 为所用的时间，c_1 为 1 号样品的比热容，ΔT_1 为 1 号样品的温度变化量. 根据牛顿冷却定律，有

$$\frac{\Delta Q_1}{\Delta t_1} = \alpha_1 S_1 (T_1 - T_0)^n, \tag{3-82}$$

$$c_1 m_1 \frac{\Delta T_1}{\Delta t_1} = \alpha_1 S_1 (T_1 - T_0)^n, \tag{3-83}$$

其中，α_1 为表面传热系数，由样品表面状况及周围介质的性质决定，S_1 为金属外表面积，T_1 与 T_0 分别为金属与其环境的温度，n 为常数.

同理，对质量为 m_2、比热容为 c_2 的 2 号金属样品，有同样的表达式：

$$c_2 m_2 \frac{\Delta T_2}{\Delta t_2} = \alpha_2 S_2 (T_2 - T_0)^n, \tag{3-84}$$

由 (3-83) 和 (3-84) 式，可得

$$\frac{c_2 m_2 \dfrac{\Delta T_2}{\Delta t_2}}{c_1 m_1 \dfrac{\Delta T_1}{\Delta t_1}} = \frac{\alpha_2 S_2 (T_2 - T_0)^n}{\alpha_1 S_1 (T_1 - T_0)^n},$$

所以，

$$c_2 = c_1 \frac{m_1 \dfrac{\Delta T_1}{\Delta t_1} \alpha_2 S_2 (T_2 - T_0)^n}{m_2 \dfrac{\Delta T_2}{\Delta t_2} \alpha_1 S_1 (T_1 - T_0)^n}.$$

假设两样品的形状、尺寸都相同，即 $S_1 = S_2$；两样品的表面状况也相同，而周围介质 (空气) 的性质也不变，则有 $\alpha_1 = \alpha_2$. 于是，当周围介质温度不变 (即室温 T_0 恒定)，两样品又处于相同温度 (即 $T_1 = T_2 = T$) 时，上式可简化为

$$c_2 = c_1 \frac{m_1 \left(\frac{\Delta T_1}{\Delta t_1} \right)_1}{m_2 \left(\frac{\Delta T_2}{\Delta t_2} \right)_2}. \tag{3-85}$$

　　本实验中热电偶的热电动势与温度的关系在同一小温度差范围内可以视为成线性关系,即 $\Delta E = k \Delta T$,则

$$\frac{\frac{\Delta T_1}{\Delta t_1}}{\frac{\Delta T_2}{\Delta t_2}} = \frac{\frac{\Delta E_1}{\Delta t_1}}{\frac{\Delta E_2}{\Delta t_2}},$$

其中,E 为热电动势. 表 3-13 给出铜-康铜热电偶分度特性. 如果限定 $\Delta E_1 = \Delta E_2$,则 (3-85)式可以简化为

$$c_2 = c_1 \frac{m_1 \Delta t_2}{m_2 \Delta t_1}. \tag{3-86}$$

由上式可以看出,如果选定 1 号金属为标准样品,即 c_1 为已知,可以测量 2 号金属的比热容 c_2.

表 3-13　铜-康铜热电偶分度特性表(T型)

温度 $T/℃$	热电动势 E/mV									
	0	1	2	3	4	5	6	7	8	9
−40	−1.475	−1.510	−1.544	−1.614	−1.648	−1.682	−1.717	−1.751	−1.785	−1.819
−30	−1.121	−1.157	−1.192	−1.228	−1.263	−1.299	−1.334	−1.405	−1.440	−1.475
−20	−0.757	−0.794	−0.830	−0.867	−0.903	−0.940	−0.976	−1.013	−1.019	−1.085
−10	−0.383	−0.421	−0.458	−0.496	−0.534	−0.571	−0.608	−0.646	−0.683	−0.720
−0	0.000	−0.039	−0.077	−0.116	−0.154	−0.193	−0.231	−0.269	−0.307	−0.345
0	0.000	0.039	0.078	0.117	0.156	0.195	0.234	0.273	0.312	0.351
10	0.391	0.430	0.470	0.510	0.549	0.589	0.629	0.669	0.709	0.749
20	0.789	0.830	0.870	0.911	0.951	0.992	1.032	1.073	1.114	1.155
30	1.196	1.237	1.279	1.320	1.361	1.403	1.444	1.486	1.528	1.569
40	1.611	1.653	1.695	1.738	1.780	1.822	1.865	1.907	1.950	1.992
50	2.035	2.078	2.121	2.164	2.207	2.250	2.294	2.337	2.380	2.424
60	2.467	2.511	2.555	2.599	2.643	2.687	2.731	2.755	2.819	2.864
70	2.908	2.953	2.997	3.042	3.087	3.131	3.176	3.221	3.266	3.318
80	3.357	3.402	3.447	3.493	3.538	3.584	3.630	3.676	3.721	3.767
90	3.813	3.859	3.900	3.952	3.998	4.044	4.091	4.137	4.183	4.231

温度 $T/℃$	热电动势 E/mV									
	0	1	2	3	4	5	6	7	8	9
100	4.277	4.324	4.371	4.418	4.465	4.512	4.559	4.607	4.654	4.701
110	4.749	4.796	4.844	4.891	4.939	4.987	5.033	5.083	5.131	5.179
120	5.227	5.275	5.324	5.372	5.420	5.469	5.517	5.586	5.616	5.665
130	5.712	5.761	5.810	5.859	5.908	5.957	6.007	6.056	6.105	6.155
140	6.204	6.254	6.303	6.353	6.403	6.452	6.502	6.552	6.602	6.652
150	6.702	6.753	6.803	6.853	6.903	6.954	7.004	7.055	7.106	7.156
160	7.207	7.258	7.309	7.360	7.411	7.462	7.513	7.564	7.615	7.668
170	7.718	7.769	7.821	7.872	7.924	7.975	8.027	8.079	8.131	8.183
180	8.235	8.287	8.339	8.392	8.413	8.493	8.548	8.600	8.652	8.705
190	8.757	8.810	8.863	8.913	8.968	9.021	9.074	9.127	9.180	9.233

实验内容及步骤

开机前先连接好加热仪和测试仪,共有加热仪四芯线和热电偶线两组线.

1. 选取长度、直径、表面光洁度尽可能相同的 3 种金属样品(如铜、铁、铝,由实验室提供),用物理天平测量其质量 m_{Cu},m_{Fe},m_{Al}. 再根据 $m_{Cu} > m_{Fe} > m_{Al}$ 这一特点,把它们区分开来.

2. 使热电偶热端铜导线与数字表的正极相连、冷端铜导线与数字表的负极相连. 将数字电压表校零. 给样品加热,当热电动势显示约为 4.70 mV 时,切断电源,移去加热源,样品继续安放在防风筒内自然冷却(筒口必须盖上盖子). 记录数字电压表上示值从 $E_1 = 4.40$ mV(约102℃)降到 $E_2 = 4.20$ mV(约98℃)所需的时间 Δt. 因为数字电压表上的显示值是跳跃性的,所以,E_1 和 E_2 只能取邻近的值. 每一样品应重复测量 6 次.

3. 仪器的加热指示灯亮,表示正在加热;连线未接好或加热温度过高(超过 200℃)导致自动保护时,指示灯不亮. 升到指定温度后,应切断加热电源.

4. 以 Cu 为标准样品,100℃时其比热容理论值 $c_1 = c_{Cu} = 0.0940$ cal/(g·℃),热电偶冷端温度为0℃. 已知在100℃时 Fe 和 Al 的比热容理论值分别为 $c_{Fe} = 0.110$ cal/(g·℃) 和 $c_{Al} = 0.230$ cal/(g·℃).

(1) 计算 Fe 的比热容及其不确定度,写出测量结果,并将测量值与理论值比较.

(2) 计算 Al 的比热容及其不确定度,写出测量结果,并将测量值与理论值比较.

注意事项

(1) 向下移动加热装置时,动作要慢,应使被测样品竖直放置,以使加热装置能完全套住被测样品.

（2）测量降温时间时，按秒表的"计时"或"暂停"按钮应迅速、准确，以减少人为计时误差.

（3）重复测量前，应使防风筒及其内部空气温度降为室温，以减少它们对表面传热系数 α 的影响.

思考题

1. 为什么本实验应该在防风筒中进行？

2. 如何利用该实验测量 3 种金属的冷却速率 $\dfrac{\mathrm{d}E}{\mathrm{d}t}=\kappa\dfrac{\mathrm{d}T}{\mathrm{d}t}$？设计实验过程，并在图纸上绘出冷却曲线，求出它们在同一温度点的冷却速率.

3. 思考如何给该实验仪器中的铜-康铜温差电动势定标，即确定其灵敏度（热电动势随温度的变化关系）？

4. 人体在死亡后温度调节功能随即消失. 通过正常体温（37℃）与室温的比较，刑侦专家可以利用牛顿冷却定律判定死亡的时间. 实际上，由（3-82）和（3-83）式可以得到，当 $\Delta t \to 0$ 及 $n=1$ 时，有 $\dfrac{\mathrm{d}T}{\mathrm{d}t}=\beta(T-T_0)$. 由此出发讨论如下问题：凌晨某警局接到报案，在公园中发现一流浪汉尸体，凌晨 5 时测量其体温为 24℃，凌晨 6 时其体温已降至 20℃. 若室外温度维持在 9℃左右，试估计其死亡时间.

实验 11 ▶ 温差热电偶的定标

PPT 课件 16
实验 11

热电偶是被广泛应用在实验、科研和工业生产方面的温度测量工具. 它是把非电学量转换成电学量测量的一个典型例子. 用热电偶测温具有许多优点: 热惯性小, 测量范围广, 测温范围宽(-200~2 000℃), 灵敏度高和准确度高, 容易实现测量自动化, 结构简单, 成本低, 不易损坏, 等等. 此外, 热电偶的热容量小, 受热点也可以做得很小, 因而对温度变化响应较快, 对测量对象的状态要求低, 可以用作温度场的实时测量和监控.

实验目的

(1) 研究热电偶的温差电动势.
(2) 学习热电偶测温的原理及其方法.
(3) 学习热电偶定标.

实验器材

保温杯, Pt100 铂电阻温度计, 铜-康铜热电偶, 温度传感实验装置, 加热炉, 数字万用表, 九孔板.

实验原理

1. 温差电效应

温度是表征热力学系统冷热程度的物理量, 温度的数值表示法叫做温标. 常用的温标有摄氏温标、华氏温标和热力学温标等.

温度会使物质的某些物理性质发生改变. 任一物质的任一物理性质一般只要它随温度的改变而发生单调、显著的变化, 就可以用它来标志温度、制作温度计. 常用的温度计有水银温度计、酒精温度计和热电偶温度计等.

在物理测量中, 经常将非电学量(如温度、时间、长度等)转化为电学量进行测量, 这种方法叫做非电学量的电测法. 其优点是不仅使测量方便、迅速, 而且可提高测量精密度. 温差电偶是利用温差电效应制作的测温元件. 本实验是研究给定温差电偶的温差电动势与温度的关系.

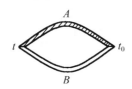

图 3-33 温差电效应

1821 年德国科学家塞贝克发现, 两种不同金属组成闭合回路, 用酒精灯加热其中的一个接点后, 导线附近的指南针偏转, 电路中的电流表指针偏转. 如果用 A、B 两种不同材料的导体或半导体连接成闭合回路(接点焊接或熔接), 如图 3-33 所示, 并使两个接点的温度不同, 则回路内就会产生热电动势, 并且有温差电流流过, 这种现象称为热电效应或温差电效应, 又称塞贝克效应.

2. 热电偶原理

两种不同材料的导体或半导体串接在一起,其两端可以和仪器相连并进行测温的原件称为温差电偶,也叫热电偶. 热电偶的每根单独导体或半导体称为热电极. 两个接点的一个为工作端或热端,另一个为自由端或冷端. 热电偶就是基于这种效应来测量温度的.

在热电偶回路中产生的热电动势由接触电动势和温差电动势两部分组成. 同一导体的两端温度不同,高温端的电子能量比低温端的电子能量大,因此,高温端跑向低温端的电子数目比低温端跑向高温端的要多,高温端因电子减少而带正电,低温端因电子过剩而带负电,从而在高温端和低温端之间产生一个从高温端指向低温端的电场. 该电场将阻滞电子从高温端向低温端扩散,加速电子从低温端向高温端扩散,最后达到动态平衡,使导体两端保持一个电势差,这个电势差就是温差电动势.

接触电动势发生在两种不同导体的接触点间,当 A 和 B 两种不同导体接触时,由于材料不同,两导体的电子密度不同,电子从接触面的两个方面扩散的速度也就不同. 例如,A 导体的电子密度大于 B 导体,则接触处电子从 A 扩散到 B 的数目比从 B 扩散到 A 的数目多,结果 A 因失去电子而带正电,B 因得到电子而带负电,因此,在 A 和 B 的接触面上便形成了一个从 A 到 B 的电场. 这个电场对电子从 A 到 B 的扩散起阻滞作用,对从 B 到 A 的扩散起加速作用,达到动平衡后,使接触面间维持稳定的电势差,这就是接触电动势. 接触电动势的大小除与两种导体的性质有关外,还与接触点的温度有关.

由上所述,热电偶回路中的总电动势是 4 个电势的代数和,如图 3-34 所示,即导体 A 和 B 自身的温差电动势和两个接触点的接触电动势. 由于温差电动势比接触电动势要小,故总热电动势的方向取决于高温端的接触电动势方向. 当两接触点温度相同时,温差电动势消失,接触电动势仍然存在,但因两接触点电势大小相等、方向相反,回路中总电动势为零.

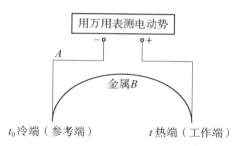

图 3-34　热电偶原理

热电偶回路中热电动势的大小除了与组成电偶的材料有关外,还决定于两接触点的温度,因此,它可以表示为两函数之差,即

$$\varepsilon = f(t) - f(t_0). \tag{3-87}$$

使用热电偶时,常常使其中一个接触点的温度保持 $t_0 = 0℃$ 或不变,即 $f(t_0)$ 始终保持为常数,则热电动势便成为另一端温度 t 的函数,即

$$\varepsilon = f(t). \tag{3-88}$$

一般 $\varepsilon = f(t)$ 写成幂函数形式:

$$\varepsilon = a + bt + ct^2 + \cdots, \tag{3-89}$$

其中,常数 a,b,c,$\cdots$ 由实验测定.

在常温范围内使用热电偶,当要求准确度不是特别高时,热电偶的热电动势满足下面的方程:

$$\varepsilon = b(t - t_0), \tag{3-90}$$

其中,b 称为温差电系数(即热电偶系数). 对于不同金属组成的热电偶,b 是不同的,其数值等于两接点温度差为 1℃ 时所产生的电动势,其大小取决于组成热电偶的材料. 利用热电偶测量温度时,通常将 t_0 端置于冰水混合的保温瓶中,使 $t_0 = 0℃$,另一端与待测物体相接触,再用万用表测量热电偶回路的电动势,其接法如图 3-34 所示,根据给出的 ε-t 曲线可查出待测温度 t.

3. 热电偶定标

用实验方法测量热电偶的热电动势与工作端温度之间的关系曲线,称为对热电偶定标. 定标方法有纯金属定点法和比较法两种.

(1) 纯金属定点法. 纯金属在熔化或凝固过程中(即由固态转化为液态或由液态变为固态时),其熔化或凝固温度不随环境温度而变化,从而形成一个相对的平衡点. 分度时,就可利用这些纯金属平衡点具有固定不变的温度为已知温度,测出热电偶在这些已知温度时对应的电动势,利用最小二乘法以多项式拟合实验曲线,求出 a,b,c 等常数. 这种定标方法准确度很高,已被定为国际温标的重要复现、校标的基准.

(2) 比较法. 它是用一标准的测温仪器(如标准水银温度计或已知高一级的标准热电偶)与未知热电偶置于同一能改变温度的油浴或水浴槽中进行对比,也可做出 ε-t 定标曲线. 这种定标方法设备简单、操作简便,是一种常用的定标方法. 本实验就采用此法,所用为铜-康铜热电偶(康铜是铜 60%、镍 40% 的合金),其测量范围 $-270 \sim 400℃$. 比较法的优点包括热电动势的直线性好、低温特性良好、再现性好、精度高,但是热端铜易氧化.

实验内容及步骤

实验视频 15
实验 11-1
热电偶传
感器

1. 按照图 3-34 所示原理连接线路,注意热电偶正、负极正确连接. 将热电偶的冷端置于冰水混合物中,确保 $t_0 = 0℃$. 测温端直接插在恒温炉内.

2. 将 DH-SJ 型温度传感器实验装置按照图 3-35 所示接入测量电路.

3. 测量待测热电偶的电动势.

(1) 用万用表测出室温时热电偶的电动势. 然后开启温控仪电源,给热端加温. 每隔 10℃ 左右测一组 (t, ε),直至 100℃ 为止. 由于升温测量时温度是动态变化的,故测量时可提前 2℃ 进行跟踪,以保证测量速度与测量精度.

实验视频 16
实验 11-2
热电偶万
用表

(2) 测量时一旦达到预定状态,应立即读取温度值和电动势值,再做一次降温测量,即:先升温至 100℃,然后每降低 10℃ 测一组 (t, ε),再取升温、降温测量数据的平均值作为最后测量值.

4. 作出热电偶定标 ε-t 曲线.

用直角坐标系作 ε-t 曲线. 定标曲线为不光滑的折线,相邻点应以直线相连,这样在两个校正点之间的变化关系用线性内插法近似,从而得到除校正点

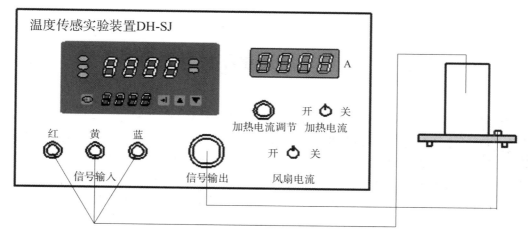

图 3‑35　DH‑SJ 型温度传感器实验电路

之外其他点的电动势和温度之间的关系. 作出定标曲线,热电偶便可以作为温度计使用.

5. 求铜-康铜热电偶的温差电系数 b.

(1) 在本实验温度范围内,ε-t 函数关系近似为线性,即 $\varepsilon = bt(t_0 = 0\,^\circ\!C)$. 所以,在定标曲线上可以给出线性化后的平均直线,从而求得 b.

(2) 在直线上取两点 $A(\varepsilon_A,\ t_A)$,$B(\varepsilon_B,\ t_B)$(不要取原来测量的数据点,并且两点间尽可能相距远一些),斜率

$$k = \frac{\varepsilon_B - \varepsilon_A}{t_B - t_A} \tag{3-91}$$

即为所求的 b,分析其原理.

6. 计算室温 t_r.

注意事项

(1) Pt100 铂电阻温度计的插头与温控仪上的插座颜色对应连接(红→红,黄→黄,蓝→蓝).

(2) 警告:在做实验过程中或做完实验后,禁止用手触碰传感器和热电偶的钢甲护套!

思考题

1. 实验中为什么要测量 0 ℃时的热电动势?
2. 如何进行热电偶温度定标?

实验视频 17
实验 11‑3
热电偶其
他仪器

阅读材料 3
实验 11 阅读材料

实验12 ▶ 稳态法测量不良导体导热系数

PPT 课件 17
实验 12

　　热量传输有多种方式,热传导是热量传输的重要方式之一,也是热交换现象 3 种基本形式(传导、对流、辐射)中的一种.导热系数是反映材料导热性能的重要参数之一,它不仅是评价材料热学性能的依据,也是材料在设计应用时的依据.熔炼炉、传热管道、散热器、加热器以及日常生活中水瓶、冰箱等,都要考虑它们的导热程度大小,所以,对导热系数的研究和测量很有必要.

　　材料的导热机理在很大程度上取决于它的微观结构.热量的传递依靠原子、分子围绕平衡位置的振动以及自由电子的迁移,在金属中电子流起支配作用,在绝缘体和大部分半导体中则以晶格振动起主导作用.导热系数大、导热性能好的材料称为良导体,导热系数小、导热性能差的材料称为不良导体.一般来说,金属的导热系数比非金属的要大,固体的导热系数比液体的要大,气体的导热系数最小.因为材料的导热系数不仅随温度、压力变化,而且材料的杂质含量、结构变化都会明显影响导热系数的数值,所以,在科学实验和工程技术中对材料的导热系数常用实验的方法测定.

　　测量导热系数的方法大体上可分为稳态法和动态法两类.本实验介绍一种比较简单的、利用稳态法测不良导体导热系数的实验方法.稳态法是通过热源在样品内部形成一个稳定的温度分布后,用热电偶测出其温度,进而求出物质导热系数的方法.

实验目的

(1) 学会利用物体的散热速率求热传导速率.
(2) 掌握测定固体的导热系数的方法.

实验器材

FD‐TC‐B 型导热系数测定仪.

　　FD‐TC‐B 型导热系数测定仪装置如图 3‐36 所示,由电加热器、铜加热盘 C、橡皮样品圆盘 B、铜散热盘 P、支架及调节螺丝、温度传感器以及控温与测温器组成.由上至下,最

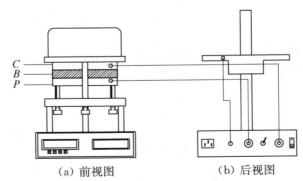

(a) 前视图　　　　(b) 后视图

图 3‐36　FD‐TC‐B 型导热系数测定仪装置图

上面是电加热器,电加热器下面固定一个铜加热盘,下面是铜散热盘,铜散热盘放在 3 个可以调节高度的调节螺丝上,这 3 个调节螺丝具有把铜散热盘调节水平的作用.铜散热盘的下面为风扇,负责使散热盘的温度迅速下降.仪器的前端为两个温度显示屏,分别显示铜加热盘和铜散热盘的温度.显示屏的下面为 4 个按键,分别为"恢复"、"升温"、"降温"、"确定"按键,负责设定铜加热盘的最高温度和启动(关闭)电加热器的作用.后视图有两个开关,即总电源开关和风扇开关.

实验原理

1898 年利斯首先使用平板法测量不良导体的导热系数,这是一种稳态法.在实验中,将样品制成平板状,其上端面与一个稳定的均匀发热体充分接触,下端面与一个均匀散热体相接触.由于平板样品的侧面积比平板平面小很多,可以认为热量只沿着上下方向垂直传递,横向由侧面散去的热量可以忽略不计,即:可以认为样品内只有在垂直样品平面的方向上有温度梯度,在同一平面内各处的温度相同.

设稳态时,样品的上下平面温度分别为 T_1 和 T_2. 根据傅立叶传导方程,在 dt 时间内通过样品的热量 dQ 满足下式:

$$\frac{dQ}{dt} = \lambda \frac{T_1 - T_2}{h_B} S, \qquad (3-92)$$

其中,λ 为样品的导热系数,h_B 为样品的厚度,S 为样品的平面面积.实验中样品为圆盘状,设圆盘样品的直径为 d_B,由(3-92)式可得

$$\frac{dQ}{dt} = \lambda \frac{T_1 - T_2}{4h_B} \pi d_B^2. \qquad (3-93)$$

当传热达到稳定状态时,样品上下表面的温度 T_1 和 T_2 不变,这时可以认为加热盘 C 通过样品传递的热流量与散热盘 P 向周围环境的散热量相等.因此,可以通过散热盘 P 在稳定温度 T_2 时的散热速率来求出热流量 $\frac{dQ}{dt}$.

实验时,当测得稳态的样品上下表面温度 T_1 和 T_2 后,将样品 B 抽去,让加热盘 C 与散热盘 P 接触.当散热盘的温度上升到高于稳态时的 T_2 值 20℃或者 20℃以上后,移开加热盘,让散热盘在电扇作用下冷却,记录散热盘温度 T 随时间 t 的下降情况,求出散热盘在 T_2 时的冷却速率 $\frac{dT}{dt}\Big|_{T=T_2}$,则散热盘 P 在 T_2 时的散热速率为

$$\frac{dQ}{dt} = mc \frac{dT}{dt}\Big|_{T=T_2}, \qquad (3-94)$$

其中,m 为散热盘 P 的质量,c 为其比热容.

在达到稳态的过程中,P 盘的上表面并未暴露在空气中,而物体的冷却速率与它的散热表面积成正比,因此,稳态时铜盘 P 的散热速率的表达式应作面积修正:

$$\frac{dQ}{dt} = mc \frac{dT}{dt}\Big|_{T=T_2} \frac{(\pi R_P^2 + 2\pi R_P h_P)}{(2\pi R_P^2 + 2\pi R_P h_P)}, \qquad (3-95)$$

其中,R_P 为散热盘 P 的半径,h_P 为其厚度. 由(3-93)和(3-95)式可得

$$\lambda \frac{T_1 - T_2}{4h_B} \pi d_B^2 = mc\frac{\mathrm{d}T}{\mathrm{d}t}\bigg|_{T=T_2} \frac{(\pi R_P^2 + 2\pi R_P h_P)}{(2\pi R_P^2 + 2\pi R_P h_P)}, \tag{3-96}$$

所以,样品的导热系数

$$\lambda = mc\frac{\mathrm{d}T}{\mathrm{d}t}\bigg|_{T=T_2} \frac{(R_P + 2h_P)}{(2R_P + 2h_P)} \frac{4h_B}{(T_1 - T_2)} \frac{1}{\pi d_B^2}. \tag{3-97}$$

实验视频 18
实验 12 稳态
法测不良导
体导热系数

实验内容及步骤

1. 取下固定螺丝,将橡皮样品放在加热盘与散热盘中间,橡皮样品要求与加热盘、散热盘完全对准. 调节散热盘下的 3 个微调螺丝,使样品与加热盘、散热盘接触良好,但注意不宜过紧或过松.

2. 插好加热盘的电源插头. 再将两根连接线的一端与机壳相连,另一有传感器端插在加热盘和散热盘小孔中,要求将传感器完全插入孔内,并在传感器上抹一些导热硅脂,以确保传感器与加热盘和散热盘接触良好. 在安放加热盘和散热盘时,还应注意使放置传感器的小孔上下对齐.(注意:加热盘和散热盘两个传感器要一一对应,不可互换.)

3. 设定加热器控制温度:按"升温"键左边表显示由"B00.0"℃可上升到"B80.0"℃. 一般设定 75～80℃为宜. 根据室温选择后,再按"确定"键,显示变为"AXX. X",表示加热盘此刻的温度值. 加热指示灯闪亮,打开电扇开关,仪器开始加热.

4. 加热盘的温度上升到设定温度时,开始记录散热盘的温度,可每隔 1 min 记录一次,在 10 min 或更长的时间内,加热盘和散热盘的温度值基本不变,可以认为已经达到稳定状态.

5. 按"复位"键停止加热,取走样品,调节 3 个螺栓使加热盘和散热盘接触良好,再设定温度到 80℃,使散热盘的温度加快上升,当其上升到高于稳态时 T_2 值为 20℃左右即可.

6. 移去加热盘,让散热盘在风扇作用下冷却,每隔 10 s 或者稍长时间(如 20 s 或 30 s)记录一次散热盘的温度示值,由临近 T_2 值的温度数据计算冷却速率 $\dfrac{\mathrm{d}T}{\mathrm{d}t}\bigg|_{T=T_2}$.

7. 根据测量得到的稳态时的温度值 T_1 和 T_2,以及在温度 T_2 时的冷却速率,由公式 $\lambda = mc\dfrac{\mathrm{d}T}{\mathrm{d}t}\bigg|_{T=T_2} \dfrac{(R_P + 2h_P)}{(2R_P + 2h_P)} \dfrac{4h_B}{(T_1 - T_2)} \dfrac{1}{\pi d_B^2}$,计算不良导体样品的导热系数.

注意事项

(1) 为了准确测定加热盘和散热盘的温度,实验时应该在两个传感器上涂些导热硅脂或者硅油,以使传感器和加热盘、散热盘充分接触. 另外,在加热橡皮样品时,为达到稳定传热,可以调节底部的 3 个微调螺丝,使样品与加热盘、散热盘紧密接触. 注意不要中间有空气隙,也不要将螺丝旋得太紧,以免影响样品的厚度.

(2) 导热系数测定仪铜盘下方的风扇起到强迫对流换热作用,可以减小样品侧面与底

面的放热比,增加样品内部的温度梯度,从而减小实验误差,在实验过程中,风扇一定要打开.

思考题

1. 应用稳态法是否可以测量良导体的导热系数?如可以,对实验样品有何要求?实验方法与测不良导体有何区别?

阅读材料 4
实验 12 阅读材料

第 **4** 章
电磁学实验

实验 13 ▶ 伏安法测电阻

PPT 课件 18
实验 13

　　通过一个元件的电流随外加电压的变化关系曲线,称为伏安特性曲线.由伏安特性曲线规律,可以得知该元件的导电特性,以便确定它在电路中的作用.若元件两端的电压与通过它的电流成正比,则伏安特性曲线为一条直线,这类元件称为线性元件;否则称为非线性元件.一般金属导体的电阻是线性元件,它与外加电压的大小、电流方向无关;常用的晶体二极管、光电二极管是非线性电阻,其阻值不仅与外加电压大小有关,还与电流方向有关.

实验目的

(1) 熟悉电流(压)表、电阻箱、滑线变阻器、电源等的正确使用.
(2) 验证欧姆定律,在电阻一定的条件下,电流与电压成正比.
(3) 掌握伏安法基本原理,并能选择内(外)接法测量电阻.

实验器材

数字电流(压)表,电阻箱,电源,等等.

实验原理

　　欧姆定律是电学中最基本的定律,它表述了同一段导体的电流、电压、电阻的关系,即:通过电阻中的电流与电阻两端的电压成正比,与电阻的阻值成反比.相应的数学表达式为

$$I = \frac{U}{R}, \qquad (4-1)$$

其中,电流的单位为安,电压的单位为伏,电阻的单位为欧姆.(4-1)式也可以写成

$$R = \frac{U}{I}. \qquad (4-2)$$

　　利用欧姆定律测量某段导体两端的电压和通过的电流,可求出导体的电阻,这就是通常的伏安法测量电阻.

在测量中电流(压)表的内阻影响测量结果. 在实际测量时,一般按电流表连接位置分为内接法和外接法两种. 如图 4 - 1 所示为电流表内接法,如图 4 - 2 所示为电流表外接法.

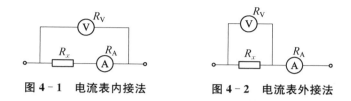

图 4 - 1　电流表内接法　　　　　图 4 - 2　电流表外接法

1. 内接法

当采用如图 4 - 1 所示的电流表内接时,电流表和待测电阻 R_x 串联后再与电压表并联,故电流表指示值等于通过 R_x 的电流 I_x,而电压表的指示值 U 包含了电流表上的电压降 U_A,即

$$I = I_x, \quad U = U_x + U_A. \tag{4 - 3}$$

若用 R_A 表示电流表的内阻,则用内接法测得的电阻值为

$$R = \frac{U_x + U_A}{I} = R_x + R_A = R_x \left(1 + \frac{R_A}{R_x} \right). \tag{4 - 4}$$

采用这种方法测量的电阻比实际电阻要偏大些. 如果已知电流表的内阻,则被测电阻可用下式纠正:

$$R_x = R - R_A. \tag{4 - 5}$$

绝对误差 $\Delta R_x = R_A$,相对误差 $E_{x内} = \dfrac{R_A}{R_x}$.

R_x 越大,相对误差越小,越适合用内接法.

2. 外接法

当采用如图 4 - 2 所示的电流表外接时,电压表和待测电阻 R_x 并联后再与电流表串联,故电压表指示值就是 R_x 上的电压 U_x,而电流表的指示值包含了通过电压表的电流 I_V,即

$$U = U_x, \quad I = I_x + I_V. \tag{4 - 6}$$

若用 R_V 表示电压表的内阻,则用外接法测得的电阻为

$$\frac{1}{R} = \frac{1}{R_x} + \frac{1}{R_V}, \quad 即 \quad R = \frac{R_x R_V}{R_x + R_V}. \tag{4 - 7}$$

采用这种方法测量的电阻比实际电阻要偏小些. 如果已知电压表的内阻,可用下列公式计算实际的电阻:

$$R_x = R \left(1 + \frac{R}{R_V} \right). \tag{4 - 8}$$

绝对误差 $\Delta R_x = \dfrac{R_x R_x}{R_x + R_V}$,相对误差 $E_{x外} = \dfrac{R_x}{R_x + R_V}$.

R_x 越小,相对误差越小,越适合用外接法. 当 $R_x \ll R_V$ 时,$R_x \approx R$.

3. 内接法和外接法的选择

当用内接法和外接法相对误差相等（即 $E_{x内}=E_{x外}$）时，则

$$\frac{R_A}{R_x}=\frac{R_x}{R_x+R_V},$$

定义此时

$$R_x=R_0\approx\sqrt{R_AR_V}. \qquad\qquad (4-9)$$

当 $R_x \geqslant R_0$ 时，适合内接法；当 $R_x \leqslant R_0$ 时，适合外接法.

综上所述，伏安法测电阻存在一定的系统误差，测量时采用哪一种接线方法，必须先确定电流表、电压表的内阻与被测电阻的相对大小，再决定采用哪种方法.

实验视频 19
实验 13-1
伏安法电源

实验视频 20
实验 13-2
伏安法电流表

实验视频 21
实验 13-3
伏安法电压表

实验视频 22
实验 13-4
伏安法电阻箱

阅读材料 5
实验 13 阅读材料

实验内容及步骤

1. 按照图 4-3 连接电路.

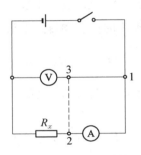

图 4-3 实验电路图

2. 验证欧姆定律.

电压表量程用"2.00 V"，电流表量程用"20.00 mA"，分别用内接法（1,3接线）和外接法（2,3 接线）测量.

在电阻为"(100＋学号末两位)Ω"时，研究电流与电压的正比关系. 计算电阻 R_x 的不确定度.

3. 在坐标纸上作伏安特性曲线（U 为横轴），计算电阻 R_x.

思考题

1. 如果没有恒流电源，且稳压电源输出是固定的，用伏安法测电阻应如何进行？画出电路图.

2. 测量电阻还有哪些方法？简述它们的特点.

实验 14 ▶ 用惠斯通电桥测电阻

电阻按阻值大小大致可以分为 3 类：阻值在 $1\,\Omega$ 以下，电阻为低电阻；阻值为 $1\sim10^6\,\Omega$，电阻为中电阻；阻值在 $10^6\,\Omega$ 以上，电阻为高电阻. 电阻的阻值不同，它们的测量方法也不相同. 用惠斯通电桥测电阻，是电阻测量的常用方法之一. 它具有测试灵敏、精确和方便等特点. 电桥电路在自动化仪器和自动化控制过程中有很多用途.

PPT 课件 19
实验 14

电桥有很多种，其结构和性能也各有特点. 但是，它们具有一个共同点，就是基本原理相同. 本实验学习使用惠斯通电桥. 惠斯通电桥属直流单臂电桥，主要用于精确测量中值电阻.

实验目的

（1）理解并掌握用惠斯通电桥测定电阻的原理和方法.
（2）学会用惠斯通电桥测中值电阻.
（3）学会使用箱式电桥.

实验器材

电阻箱，待测电阻若干，直流电源，灵敏检流计，滑线变阻器，开关，箱式电桥.

实验原理

惠斯通电桥是直流平衡电桥. 惠斯通电桥的电路如图 4－4 所示. R_1，R_2，R_3 和 R_x 这 4 个电阻连成一个四边形，每一条边称为电桥的一个臂. 对 A，C 加上电压，一般情况下，B，D 之间有电位差，在 B，D 之间连接检流计 G. 所谓的桥就是指 B，D 这条导线而言，它的作用是将 B，D 两点的电位直接进行比较. 当 B，D 两点的电位相等时，检流计中无电流通过，电桥达到平衡. 此时，

$$U_{AB}=U_{AD},\quad U_{BC}=U_{DC},$$

即

$$I_1R_1=I_2R_2,\quad I_xR_x=I_3R_3.$$

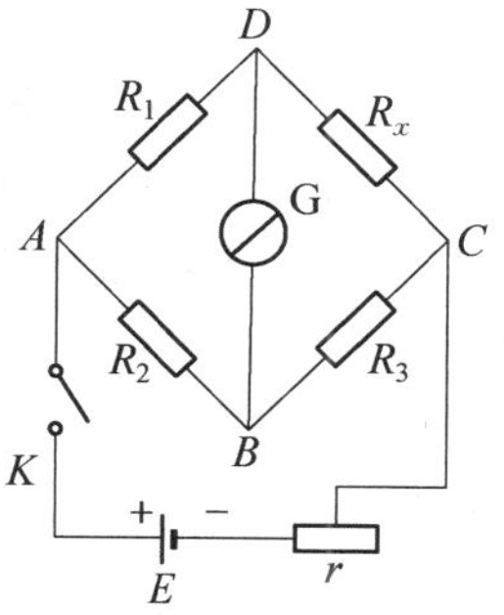

因为 G 中无电流，所以 $I_1=I_x$，$I_2=I_3$. 由此可得

$$R_x=\frac{R_1}{R_2}R_3.\tag{4-10}$$

图 4－4　惠斯通电桥原理图

通常把 R_1 和 R_2 所在的臂称为比率臂，R_3 所在的臂称为比较臂. 如果 R_1，R_2 和 R_3 由

已知精密电阻构成,那么,待测电阻 R_x 可由(4-10)式和已知电阻相比较的方法测得.
(4-10)式是在电桥平衡条件下导出的,而电桥的平衡主要根据检流计有无偏转来判断. 由
于检流计的灵敏度是有限的,因此,相应地引入电桥的灵敏度 S,它的定义为

$$S = \frac{\Delta n}{\Delta R_x / R_x}, \tag{4-11}$$

其中,ΔR_x 是在电桥平衡后 R_x 的微小改变量(实际上待测电阻 R_x 是不能改变的,改变的
是电阻 R_3),而 Δn 是由于电桥偏离平衡而引起的检流计的偏转格数. 它越大,说明电桥越
灵敏,带来的误差也就越小. 例如,$S = 100$ 格 $= 1$ 格 $/1\%$,也就是当 R_x 改变 1% 时,检流计
可以有 1 格的偏转. 通常我们可以察觉出 0.1 格的偏转,也就是说,该电桥平衡后,R_x 只
需改变 0.1%,我们就可以察觉出来,这样由于电桥灵敏度的限制所带来的误差肯定小于
0.1%.

实验和理论都已证明,电桥灵敏度与以下因素有关:

(1) 与电源的电动势 E 成正比.

(2) 与检流计的电流灵敏度 S_i 成正比.

(3) 与电源内阻 R_E 及检流计内阻 R_g 有关.

因此,提高电源电动势 E,减小电源内阻 R_E,选择较高灵敏度的检流计,都可以提高电
桥的灵敏度.

实验视频 23
实验 14 惠斯
通电桥测
电阻

实验内容及步骤

1. 按照图 4-4 连接电路.

2. 选择 R_1 和 R_2 的比率(即 R_1/R_2 的比值). 一般 R_1 和 R_2 的阻值不宜
太大,而且比值为简单数值会较为方便.

3. 学会使用检流计. 在改变 R_3 的同时操作检流计,使检流计的偏转较
小,直至偏转为零,则电桥平衡. 方法是观察检流计指针的偏转. 设 R_3 为某一
值 r_1 时,指针偏向一侧;当 R_3 改变为 r_2 时,指针又偏向另一侧,则使指针偏转为零的电阻
R_3 必定在 r_1 和 r_2 之间. 这样就可以找到 R_3 的准确值.

4. 改变一次比率系数,再次测定各待测电阻,自行设计表格,将每次测量所应记录的数
据及计算结果填入记录表.

5. 用箱式电桥再次测量各待测电阻,将各次测量中应记录的数据及计算结果填入自己
设计的记录表.

数据处理

1. 在用敞式电桥测量时,其待测电阻的相对误差可按下式估算:

$$E_r = \frac{\Delta R_x}{R_x} = \frac{\Delta R_1}{R_1} + \frac{\Delta R_2}{R_2} + \frac{\Delta R_3}{R_3}, \tag{4-12}$$

其中,电阻箱 R_1,R_2 的绝对误差 ΔR_1,ΔR_2 分别表示该电阻箱的最小分度值,$\Delta R_3 / R_3$ 可
用电阻箱的准确度等级($a\%$)来确定. 而绝对误差为 $\Delta R_x = R_x \cdot E_r (\Omega)$.

2. 箱式电桥所测电阻的最大绝对误差由仪器的准确度等级及有关指数确定.

当准确度 $a > 0.1$ 时,测量误差

$$\Delta R_x = R_x = \pm a\% \cdot R_{max};$$

当准确度 $a \leqslant 0.1$ 时,测量误差

$$\Delta R_x = \pm K_r \cdot (a\% \cdot R_3 + b \cdot \Delta R),$$

其中,K_r 为比率,b 为固定误差系数. 当 $a = 0.05$ 和 0.1 时,$b = 0.2$. ΔR 为电阻箱最小分度值.

注意事项

(1) 接通电源和检流计时,必须按照一定的程序.

(2) 按电键 K 必须采用跃接法.

思考题

1. 电桥法测量电阻的原理是什么? 如何判断电桥平衡? 如何具体操作实现电桥平衡?

2. 如果桥臂 AD,BD 或 CD 间有一根导线断路,实验时将有何现象?

3. 在图 4-4 中,滑线变阻器 r 有何作用?

实验 15 ▶ 用双臂电桥测低电阻

PPT 课件 20
实验 15

双臂电桥是测量电阻的另一种方法. 电阻的阻值不同, 它们的测量方法也不相同. 用不同的测量方法测电阻, 其本身都有特殊的问题. 例如, 用惠斯通电桥测中电阻时, 可以忽略导线本身的电阻和接点处接触电阻(总称附加电阻)的影响, 但用它测低电阻时, 就不能忽略. 附加电阻一般约为 $0.001\,\Omega$. 若所测低电阻为 $0.01\,\Omega$, 则附加电阻的影响可达 10%. 若所测低电阻在 $0.001\,\Omega$ 以下, 就无法得出测量结果. 对惠斯通电桥加以改进而成的双臂电桥(又称开尔文电桥)可以消除附加电阻的影响, 一般用来测量阻值为 $10^{-5} \sim 10\,\Omega$ 的低电阻.

实验目的

(1) 了解双臂电桥测低电阻的原理.
(2) 学会用双臂电桥测低电阻.
(3) 用双臂电桥测量导体的电阻率和电阻的温度系数.

实验器材

QJ44 型直流双臂电桥, 四端电阻, 螺旋测微器.

实验原理

如图 4-5 所示的电路是惠斯通电桥电路. 在电桥平衡时, 有

$$R_x = \frac{R_1}{R_2} R_s. \tag{4-13}$$

由图 4-5 可见, 桥式电路共有 12 根导线和 A, B, C, D 这 4 个接点. 以下将分析这 12 根导线和 4 个接点会对测量产生哪些影响.

由 A, C 点到电源和由 B, D 点到检流计的导线电阻可并入电源和检流计的"内阻", 对测量结果没有影响. 但是, 桥臂的 8 根导线和 4 个接点的电阻会影响测量结果.

在电桥中, 由于比率臂 R_1 和 R_2 可用阻值较高的电阻, 因此, 与这两个电阻相连的 4 根导线(即由 A 到 R_1、C 到 R_2 和由 D 到 R_1、D 到 R_2 的导线)的电阻不会对测量结果带来多大误差, 可以忽略不计. 由于待测电阻 R_x 是一个低电阻, 比较臂 R_s 也应该是低电阻, 和 R_x, R_s 相连的导线及接点电阻就会影响测量结果.

为了消除上述电阻的影响, 可以采用如图 4-6 所示的电路. 与图 4-5 比较可以看出, 为避免图 4-5 中由 A 到 R_x 和由 C 到 R_s 的导线电阻, 可将 A 到 R_x 和 C 到 R_s 的导线尽量缩短, 最好缩短为零, 使 A 点直接与 R_x 相接, C 点直接与 R_s 相接. 要消去 A, C 点的接触电阻, 进一步又将 A 点分成 A_1 和 A_2 两点、C 点分成 C_1 和 C_2 两点, 使 A_1 和 C_1 点的接触电

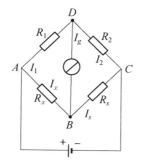

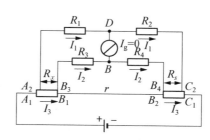

图 4-5 惠斯通电桥电路图　　　　图 4-6 双臂电桥电路图

阻并入电源的内阻、A_2 和 C_2 点的接触电阻并入 R_1 和 R_2 的电阻中. 但是,图 4-6 中 B 点的接触电阻和由 B 点到 R_x 及由 B 到 R_s 的导线电阻就不能并入低电阻 R_x 和 R_s 中,因此,需对惠斯通电桥进行改良. 可以在电路中增加 R_3 和 R_4 两个电阻,让 B 点移至与 R_3 和 R_4 及检流计相连,这样就只剩下与电阻 R_x 和 R_s 相连的附加电阻了. 同样,可以把 R_x 和 R_s 相连的两个接点各自分开,分成 B_1,B_3 和 B_2,B_4 共 4 个接点,这时,B_3,B_4 点的接触电阻并入到附加的两个较高的电阻 R_3,R_4 中. 将 B_1 和 B_2 用粗导线相连,并设 B_3,B_4 间的连线电阻与接触电阻的总和为 r. 后面将要证明,适当调节 R_1,R_2,R_3,R_4 和 R_s 的阻值,就可以消去附加电阻 r 对测量结果的影响.

调节电桥平衡的过程,就是调节电阻 R_1,R_2,R_3,R_4 和 R_s,使检流计中的电流 I_g 等于零的过程.

当电桥达到平衡,即检流计中的电流 I_g 等于零时,通过 R_1 和 R_2 的电流相等,在图 4-6 中用 I_1 表示;通过 R_3 和 R_4 的电流相等,用 I_2 表示;通过 R_x 和 R_s 的电流相等,用 I_3 表示. 因为 B,D 两点的电位相等,故有

$$I_1 R_1 = I_3 R_x + I_2 R_3,$$

$$I_1 R_2 = I_3 R_s + I_2 R_4,$$

$$I_2(R_3 + R_4) = (I_3 - I_2)r. \tag{4-14}$$

联立求解,得到

$$R_x = \frac{R_1}{R_2} R_s + \frac{r R_4}{R_3 + R_4 + r}\left(\frac{R_1}{R_2} - \frac{R_3}{R_4}\right). \tag{4-15}$$

现在讨论上式右边的第 2 项. 如果 $R_1 = R_3$,$R_2 = R_4$ 或者 $R_1/R_2 = R_3/R_4$,则(4-15)式右边的第 2 项为零,即

$$\frac{r R_4}{R_3 + R_4 + r}\left(\frac{R_1}{R_2} - \frac{R_3}{R_4}\right) = 0. \tag{4-16}$$

此时,(4-15)式变为

$$R_x = \frac{R_1}{R_2} R_s. \tag{4-17}$$

由此可见,当电桥平衡时,(4-17)式成立的前提是 $R_1/R_2 = R_3/R_4$. 为了保证等式 $R_1/R_2 = R_3/R_4$ 在电桥使用的过程中始终成立,通常将电桥做成一种特殊的结构,即:将两对比率臂(R_1/R_2 和 R_3/R_4)采用双十进电阻箱. 在这种电阻箱里,两个相同十进电阻的转臂连接在同一转轴上,因此,在转臂的任意位置都保证 R_1 和 R_3 相等、R_2 和 R_4 相等.

可以在惠斯通电桥基础上增加两个电阻臂 R_3 和 R_4,并使 R_3 和 R_4 分别随原有臂 R_1 和 R_2 作相同的变化(增大或减小),当电桥平衡时就可以消除附加电阻 r 的影响. 上述这种电路装置称为双臂电桥. 在双臂电桥平衡时,(4-17)式成立,或者说(4-17)式是双臂电桥的平衡条件. 根据(4-17)式可以求得低电阻 R_x.

还应指出,在双臂电桥中,电阻 R_x(或 R_s)有 4 个接线端,具有这类接线方式的电阻称为四端电阻. 由于流经 $A_1R_xB_1$ 的电流比较大,通常称接点 A_1 和 B_1 为电流端,在双臂电桥上用符号 C_1 和 C_2 表示,而接点 A_2 和 B_3 则称为电压端. 在双臂电桥上分别用符号 P_1 和 P_2 表示电流端和电压端. 采用四端电阻可以大大减小测电阻时导线电阻和接触电阻(总称附加电阻)对测量结果的影响.

实验视频 24
实验 15 用双臂
电桥测低电阻

实验内容及步骤

1. 测量导体的电阻率.

一段导体的电阻与该导体材料的物理性质和它的几何形状有关. 实验指出,导体的电阻与其长度 l 成正比,与其截面积 A 成反比,即

$$R = \rho \frac{l}{A}, \tag{4-18}$$

其中,比例系数 ρ 称为导体的电阻率. 它的大小表示导电材料的性质,可按下式求出:

$$\rho = R \frac{A}{l} = R \frac{d^2 \pi}{4l}, \tag{4-19}$$

其中,d 为圆形导体的直径.

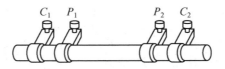

图 4-7   测量导体的电阻率

(1) 如图 4-7 所示,将一段圆形导体(如铜线、铅丝、铁棒等)按"四端电阻"的形式,连接在双臂电桥的 P_1,P_2,C_1,C_2 这 4 个接线柱上,测出 P_1,P_2 间的电阻 R.

(2) 用螺旋测微器(或游标卡尺)测出该圆形导体的直径.

(3) 用米尺测量 P_1 和 P_2 间导体的长度.

(4) 重复上述测量 5 次,将实验数据填入表 4-1 中(注意单位的选择),并计算平均值.

(5) 由(4-19)式计算电阻率 ρ 值,并求出其不确定度.

表 4-1　测量导体的电阻率实验数据记录表

	电阻 R	导线长度 l	导线直径 d	电阻率 ρ
1				
2				
3				
4				
5				
平均				

2. 测量导体电阻的温度系数.

导体的电阻 R 随温度 t 的升高而增加. R 与 t 的关系通常用下列经验公式表示:

$$R_t = R_0(1 + \alpha t + \beta t^2 + \gamma t^3 + \cdots), \tag{4-20}$$

其中, R_t 和 R_0 是与温度 t℃和 0℃对应的电阻值, α, β, γ, $\cdots$ 为电阻温度系数, 且 $\alpha > \beta > \gamma > \cdots$. 对于纯金属, β 已很小, 所以, 在温度不太高时, 金属电阻与温度的关系可近似地认为是线性的, 即

$$R_t = R_0(1 + \alpha t) \tag{4-21}$$

或

$$R_t = R_0 \alpha t + R_0 \tag{4-22}$$

在实践中可以用两种方法求出电阻的温度系数 α. 一种方法不是用冰水混合物测量 0℃时的 R_0, 而是利用 $R_1 = R_0(1 + \alpha t_1)$ 和 $R_2 = R_0(1 + \alpha t_2)$ 消去 R_0, 得到电阻温度系数

$$\alpha = \frac{R_2 - R_1}{R_1 t_2 - R_2 t_1}, \tag{4-23}$$

另一种方法是以温度 t 为横坐标、以相应的电阻 R_t 为纵坐标作图, 得到一条直线, 由直线在纵轴的截距 R_0 和斜率 m, 可得电阻温度系数 $\alpha = m/R_0$. 具体测量方法如下:

(1) 将待测导体(如铜线)间绕在绝缘体上, 留出 4 个引线做成四端电阻. 将电阻的电压端接在双臂电桥的 P_1 和 P_2 接线柱上, 电流端接在电桥的 C_1 和 C_2 接线柱上, 并使电阻浸在一个油池中.

(2) 接通晶体管检流计电源开关 B_1, 等待晶体管工作稳定(约 5 min)后, 调节检流计在零位, 再将灵敏度调至最低位置.

(3) 估计待测电阻阻值大小, 选择适当倍率. 先按"B"、再按"G"按钮, 调节步进读数使电桥平衡(检流计指零). 适当改变检流计的灵敏度, 再次使电桥平衡. 按照 $R_x =$ 倍率读数 $\times$ ("步进读数 + 滑线盘读数"), 算出室温下的电阻 R_1, 并从温度计上读出此时的温度 t_1 (室温).

(4) 加热油池, 温度每升高 5℃测量一次电阻(为使测量稳定, 也可先将油池加热至

100℃后,温度每下降 5℃测量一次电阻),共测量 10 个以上的点.

(5) 以温度 t 为横坐标、电阻 R_t 为纵坐标,作一条光滑图线,在图线上求出截距 R_0 和斜率 m_0,按 $\alpha = m/R_0$ 式计算电阻的温度系数.

注意事项

(1) 连接用的导线应该短而粗. 各接头必须干净、接牢,避免接触不良.

(2) 由于通过待测电阻的电流较大,在测量的过程中,通电的时间应尽量短暂.

(3) 测电阻的温度系数时,温度计的读数和电桥的读数要尽量做到同时.

(4) 测量导体的电阻率,在连接电桥前,双臂电桥中检流计要先调零.

(5) 双臂电桥使用后,要关掉电源开关.

思考题

1. 双臂电桥与惠斯通电桥有何异同?

2. 在双臂电桥中,待测低电阻阻值的计算公式 $R_x = \dfrac{R_1}{R_2} R_s$ 成立的条件是什么?

3. 在双臂电桥电路中,怎样消除导线本身的电阻和接触电阻的影响? 试作简要说明.

实验 16 ▶ 模拟法测绘静电场

带电导体在空间形成的静电场除极简单的情况外,大部分难以求出场分布的数学表达式.考虑实用的目的,往往借助实验的方法来确定电场分布,但是,直接测量静电场将很困难、很复杂.例如,将探针伸入静电场中,静电感应现象会使原电场发生明显畸变.人们想出了间接测绘的方法——设计另外一个稳恒电场,使其与静电场有相同的分布规律,但没有静电感应那样的畸变,这就是本实验所用的模拟法测绘静电场.

PPT 课件 21
实验 16

实验目的

(1) 加强对静电场中电场强度和电位概念的理解.
(2) 了解模拟法的适用条件,用模拟法测绘静电场的等位面、电力线.

实验器材

目前已有多种类型的静电场的测绘仪器.根据实验提供的具体仪器,首先了解和确认其结构和相应的部件,大体分为 3 个主要组成部分:

(1) 电源部分.一个直流稳压电源接在配套的电极上,以便在导电媒质内维持一稳恒电流场.

(2) 测试部分.用于测试电位、寻找等电位点.一般用电压表直接读电位值.

(3) 记录部分.把需要的测试点记录下来.常用的有电火花击点法或复写纸记录法,还可用坐标记数法.

模拟法测绘静电场的实验电路如图 4-8 所示.

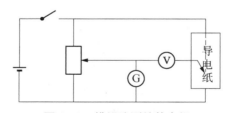

图 4-8　模拟法测绘静电场

实验原理

由电磁学理论可知欧姆定律的微分形式为 $j = \sigma \cdot E$,其中,σ 为导体的电导率,j 是导体中电流密度矢量,E 是电场强度矢量.也就是说,当稳恒电流存在于均匀导体中时,电流密度 j 与电场强度 E 有完全相同的分布,因此,可以设计一个稳恒的电流场,使其中 j 的分布与某一带电体系的静电场相同.这个稳恒电流场用来模拟静电场,用仪器探针在电流场中测试就不会改变电场了.

例如,在一长直同轴电缆中,若使芯线与表皮之间加上稳恒电压 V,在夹层的不良导体内侧存在稳恒的电流密度场,如图 4-9 所示,也就存在稳恒电场.在电缆中部取一垂直截面 S,S 面中的等位线和电力线的分布如图 4-10 所示.这样的电场分布显然与两个带等量异号电量的同轴圆柱面之间的静电电场是相同的(设内外圆柱面电位差和截面半径均与电缆的情形相同).

取一张电导率均匀的导电微晶,在导电微晶中安放两个电极:一个半径为 r_1 的导体圆片、一个半径为 $r_2(r_2 > r_1)$ 的导体圆环同心放置,且加上电压 V,如图 4-11 所示.这样获得一个模拟电场平面显然等同于图 4-10 中 S 平面的电场,可以用探针进行等位线的测绘.

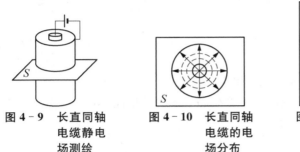

图 4-9 长直同轴
电缆静电
场测绘

图 4-10 长直同轴
电缆的电
场分布

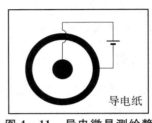

图 4-11 导电微晶测绘静
电场

同理,在导电微晶中对称地布置两个小圆柱金属电极并加电压,如图 4-8 所示,这种稳恒电场平面可模拟两平行带电直线(电荷线密度等量异号)或两个等量异号点电荷的电场.

实验内容及步骤

1. 模拟两个点电荷的电场(事实上,两个点电荷在电荷平面上的电场分布与两根长直带电线在垂直截面上的电场分布是相同的).

(1) 首先了解实验中所用静电实验仪器的外形、构造,了解各个接线柱及开关、旋钮的作用.

(2) 在专用托板上放好坐标纸,将两个小圆柱电极对称地安放在坐标纸上(参见图 4-8),并接通电源线.在正式找点、记录之前,用探针先试探两个电极的电位是否符合要求,试一试整个微晶区域的电位大致分布情况,并在导电微晶各点尝试记录的方法.

(3) 实验前设计好模拟描绘几条等位线,每条等位线如何选取电位值,每条等位线上考虑记录几个点,然后按计划逐点逐线地探测、记录.

(4) 完成记录后,关闭电源,取下导线,在坐标纸上按记录点描出等位线,并根据电力线与等位线处处正交的性质画出数条电力线.

2. 改换一套电极,再测绘另一种静电场(根据实验室提供的电极类型实施).

注意事项

(1) 两电极间的电压调节好之后,在测量过程中保持不变.

(2) 使用同步探针时,应轻移轻放,避免变形导致的上、下探针不同步.测量时,应轻轻正按探针按钮,使探测点与描绘点相对应.

思考题

1. 为什么静电场可以用稳恒电流场来模拟?

2. 等位线的形状与实验中电源的电压有何关系? 如将电压增加 1 倍,等位线有何变化?

3. 分析实验结果,观察描绘的等位线与理论的形状有何不同,并分析产生误差的主要原因.

实验 17 ▶ 电表的改装及校正

PPT课件 22
实验 17

电表是电学工程中的常用仪器之一,常见的有电流表(又称安培表)、电压表(又称伏特表)和万用表 3 种. 其中,直流电流表和电压表更是电学实验经常会用到的仪器,它们有一个共同的部分,即表头(微安表). 在一般情况下,表头只允许通过微安级的电流,无论电流还是电压,其测量范围都十分有限. 想要用表头来测量较大的电流或电压,必须进行改装以扩大量限. 我们日常接触到的电流表、电压表都是经过改装的. 因此,学习与掌握电表的改装及校正,对理解电学原理、提高实验技能有十分重要的意义.

实验目的

(1) 掌握将微安表改装成大量限电流表和电压表的原理和方法.
(2) 会测量待改装电表的内阻.
(3) 学会校正电流表和电压表的方法.

实验器材

微安表,电阻箱,直流毫安表,直流电压表,直流稳压电源,滑线变阻器,电键,导线,等等.

实验原理

1. 电表的改装

微安表只允许通过微安量级的小电流,但在实际测量中常常需要测量较大的电流或电压,这样就必须对其进行改装以扩大量限. 实验原理实际上是电路的串并联原理.

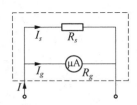

图 4 - 12 改装电流表
原理图

(1) 将微安表改装成电流表.

要将内阻为 R_g、量限为 I_g 的微安表改装成量限扩大 n 倍的电流表,只需要让表头两端并联一个阻值适当的分流电阻 R_s,这样就使被测电流大部分从分流电阻 R_s 上流过,而表头仍保持原来允许通过的量限. 表头与 R_s 整体构成要改装的电流表,如图 4 - 12 所示. R_s 的阻值大小可根据下面的方法求出.

根据欧姆定律,有

$$(I - I_g)R_s = I_g R_g. \tag{4-24}$$

根据电流关系,有

$$I = n I_g. \tag{4-25}$$

由(4 - 24)和(4 - 25)式可得

$$R_s = \frac{R_g}{n-1}. \tag{4-26}$$

因此,只要并联一个阻值为 R_s 的电阻,即可把微安表改装成电流表,量限扩大了 n 倍.

(2) 将微安表改装成电压表.

要将内阻为 R_g、量限为 I_g 的微安表改装成量限为 U 的电压表,只需要让表头串联一个阻值适当的分压电阻 R_H,这样就使被测电压大部分落在 R_H 上,而表头不至于超过量限,如图 4 - 13 所示.

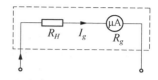

图 4 - 13 改装电压表原理图

根据欧姆定律,有

$$I_g(R_g + R_H) = U, \tag{4-27}$$

解得

$$R_H = \frac{U}{I_g} - R_g. \tag{4-28}$$

因此,只要串联一个阻值为 R_H 的电阻,即可把微安表改装成量限为 U 的电压表.

2. 改装电表的校正

校正就是把改装表与标准表相应的读数进行比较,以记录改装表的误差、确定改装表的准确度等级.

实验内容及步骤

1. 将 $100\,\mu A$ 的微安表改装成量限为 $1\,mA$ 的电流表并校正.

(1) 计算并联电阻 R_s 值,按照图 4 - 14 连接电路.

实验视频 25
实验 17 电表的
改装及校正

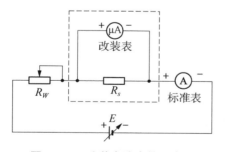

图 4 - 14 改装电流表校正电路

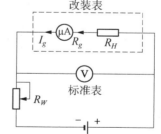

图 4 - 15 改装电压表校正电路

(2) 校正,将改装表读数分为 10 等份,记下读数,同时记录标准表的相应读数,计算偏差 ΔI.

(3) 在坐标纸上画出校正曲线,并按 ΔI 的最大值计算改装表的准确度等级.

2. 将 $100\,\mu A$ 的微安表改装成量限为 $U = 1\,V$ 的电压表并校正.

(1) 计算串联电阻 R_H 值,按照图 4 - 15 连接电路.

（2）校正,将改装表读数分为 10 等份,记下读数,同时记录标准表的相应读数,计算偏差 ΔU.

（3）在坐标纸上画出校正曲线,并按 ΔU 的最大值计算改装表的准确度等级.

思考题

1. 校正电流表时,如果发现改装表的读数相对于标准表的读数偏低,要使改装表的读数达到标准表的数值,应该如何处理? 为什么?

实验拓展   测量微安表内阻的两种方法

1. 用半偏法测量微安表的内阻

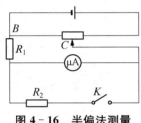

图 4 - 16 半偏法测量
电阻电路图

用半偏法测量微安表的内阻,测量电路如图 4 - 16 所示.首先,断开电阻箱 R_2,打开电源,调节滑动变阻器,使被测微安表指针到达某一数值 $I\left(\frac{1}{2}I_g < I < I_g\right)$,此时,通过 R_1 的电流为

$$I = \frac{U_{BC}}{R_1 + R_g}. \tag{4 - 29}$$

然后合上电键 K,使电阻箱与微安表并联,只调节电阻箱 R_2,使微安表指针为 $\frac{1}{2}I\,(R_1$ 阻值不变),此时,通过的电流为

$$I' = \frac{U_{BC}}{R_1 + R_{pc}}, \tag{4 - 30}$$

其中, $R_{pc} = \frac{R_2 R_g}{R_2 + R_g}$.

由图 4 - 16 可知

$$\frac{1}{2}IR_g = \left(I' - \frac{1}{2}I\right)R_2. \tag{4 - 31}$$

由上式可得

$$\frac{I}{I'} = \frac{2R_2}{R_g + R_2}, \tag{4 - 32}$$

将(4 - 29)、(4 - 30)两式代入(4 - 32)式,可得

$$R_g = \frac{R_1}{R_1 - R_2}R_2. \tag{4 - 33}$$

若使 $R_1 \gg R_2$,便有 $R_g \approx R_2$,即 R_2 的阻值约等于微安表的内阻(本实验可取 $R_1 = 50R_2$).

2. 用替代法测量微安表的内阻

用替代法测量微安表的内阻原理如图 4 - 17 所示. 首先, 接通标准表和待测微安表(改装表), 调节电源电压使微安表达到满偏, 记录标准表此时的读数, 即满偏电流值 I_g. 保持电路中的电压及滑动变阻器示数不变, 用可变电阻箱 R_2 替换微安表, 调节电阻箱电阻使标准表的读数仍为 I_g, 此时, 电路中的电流保持不变, 电阻箱的电阻值即为被测微安表的内阻. 替代法是一种运用很广泛的测量方法, 具有较高的测量准确度.

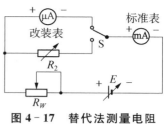

图 4 - 17　替代法测量电阻电路图

测量电阻的方法还有很多, 请思考是否能用其他方法来测量电阻.

实验说明　FB308 型电表改装与校准实验仪说明书

仪器采用组合式设计, 包括工作电源、标准电表、被改装电表、调零电路和电阻箱等电路和元件. 通过连线可以将指针式微安表改装成不同量程的电流表、电压表和欧姆表. 该仪器使用和管理方便, 能够培养学生实际动手能力.

1. 主要技术参数

(1) 电压源:该仪器电压源设计有 $0 \sim 2\,\mathrm{V}$ 和 $0 \sim 10\,\mathrm{V}$ 两档, 输出电压连续可调, 用按钮开关转换, 输出电压值用指针式电压表监测, 电压表的满度值与量程开关同步.

(2) 被改装电表:采用宽表面表头, 量程为 $100\,\mu\mathrm{A}$, 内阻约为 $1.6\,\mathrm{k}\Omega$, 精度为 1.5 级.

(3) 标准电压表:量程 $20\,\mathrm{V}$, 4 位半数字式电压表, 精度为 0.1%.

(4) 标准电流表:分为 $200\,\mu\mathrm{A}$, $2\,\mathrm{mA}$, $20\,\mathrm{mA}$ 3 个量程, 4 位半位数字式电流表, 精度为 0.1%, 用按钮开关转换量程.

(5) 电阻箱:电阻为 $0 \sim 111\,111\,\Omega$, 分辨率为 $0.1\,\Omega$.

(6) 外电源:工作条件为 "AC $220\,\mathrm{V} \pm 10\%$, $50\,\mathrm{Hz}$".

2. 使用注意事项

(1) 仪器内部有限流保护措施, 但工作时尽可能避免工作电源短路(或近似短路), 以免造成仪器元件等不必要的损失.

(2) 实验时应注意电压源的输出量程选择是否正确, $0 \sim 10\,\mathrm{V}$ 量程一般只用于电压表改装, 其余的电流表及欧姆表改装建议选用 $0 \sim 2\,\mathrm{V}$ 量程.

(3) 仪器采用开放式设计, 在连接插线时要注意:被改装电表只允许通过 $100\,\mu\mathrm{A}$ 的小电流, 过载时会损坏表头! 要仔细检查线路和电路参数无误后, 才能将改装电表接入使用.

(4) 仪器采用高可靠性能的专用连接线, 正常使用寿命很长. 使用时必须注意不要用力过猛、插线时要对准插孔, 避免使插头的塑料护套变形.

实验 18 ▶ 电子束综合实验仪的使用

PPT 课件 23
实验 18

随着近代科学的发展,电子技术的应用已深入各个领域.关于带电粒子的电场、磁场中的运动规律,已经成为学习掌握现代科学技术必不可少的基础知识.

电子束综合实验仪是一种结构新颖、实验内容丰富、操作方便、实验结果重复性好、安全可靠的实验仪器.它能实现如下功能:① 电子在横向/纵向电场作用下的运动;② 电子在横向/纵向磁场作用下的运动.

本实验介绍用电子束综合实验仪所做的 3 个实验项目:电子束的电偏转,电子束的磁偏转,纵向磁聚焦测量电子的荷质比.

一、电子束的电偏转

实验目的

(1) 了解示波管的基本结构和电聚焦原理.
(2) 测量示波管电偏转的灵敏度.

实验器材

MDS‒4 型电子束综合实验仪.

实验原理

1. 示波管

示波管是电子示波器的心脏.示波管的主要部件有电子枪、偏转板、荧光屏、刻度格.其简单工作原理如图 4‒18 所示.

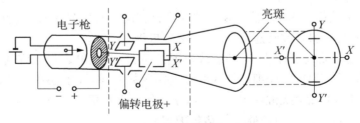

图 4‒18　示波管原理图

电子枪产生一个聚集很细的电子束,并把它加速到很高的速度.这个电子束以足够的能量撞击荧光屏上的一个小点,并使该点发光.电子束一离开电子枪,就在两副静电偏转板间通过.偏转板上的电压使电子束偏转:一副偏转板的电压使电子束上下运动;另一副偏转板的电压使电子束左右运动. 这些运动都是彼此无关的. 因此,在水平输入端和垂直输入端加上适当的电压,就可以把电子束定位到荧光屏的任何地方.

2. 电子束在示波管中的电偏转原理

如图 4 - 19 所示,设两板间的距离为 d. 电势差为 U_y,两板可视为平行板电容器. 板间的电场强度为 $E = \dfrac{U_y}{d}$,电子受到电场力 $f = eE$ 的作用,加速度为 $a = \dfrac{f}{m} = e\dfrac{U_y}{md}$. 电子在 Z 方间没有加速度,所以,从板左端运动到右端的时间为 $t_b = \dfrac{b}{v_z}$,到达屏幕的时间为 $t_l = \dfrac{l}{v_z}$. 电子离开板右端的垂直位移为

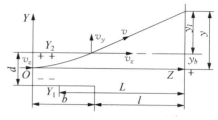

图 4 - 19　电子在电场中的偏转

$$y_b = \frac{1}{2}a_y t_b^2 = \frac{1}{2md}eU_y\left(\frac{b}{v_z}\right)^2. \tag{4 - 34}$$

在同一点的垂直速度是 $v_y = a_y t_b = \dfrac{eU_y}{md}\left(\dfrac{b}{v_z}\right)$. 电子离开右板时不再受电场力的作用,因而做匀速直线运动. 到达屏的垂直位移为

$$y_l = v_y t_l = \frac{eU_y}{md}\left(\frac{b}{v_z}\right)\left(\frac{l}{v_z}\right). \tag{4 - 35}$$

电子在屏上的总位移是 $y = y_b + y_l = \dfrac{eU_y b}{mdv_z^2}\left(\dfrac{b}{2} + l\right)$. 令板中心至屏的距离 $L = \dfrac{b}{2} + l$,代入上式,结合 $\dfrac{1}{2}mv_z^2 = eU_k$,消去 v_z 得 $y = \dfrac{1}{2dU_k}bLU_y$,说明偏转板的电压越大,屏上的位移也越大,两者是线性关系. 屏上光点位移的大小与偏转电压的比值,称为示波管电偏转灵敏度 S,即

$$S_y = \frac{y}{U_y} = \frac{bL}{2dU_k}.$$

显然,对 x 偏转板也有相应的电偏转灵敏度,即

$$S_x = \frac{x}{U_x} = \frac{bL}{2dU_k},$$

其中,b,d,L 为偏转板的几何量. 由此可见,电偏转的灵敏度 S 与 b 和 L 成正比,与 d 和 U_k 成反比. 当 b 增大时,电子在两偏转板之间受电场力作用时间长,获得的偏转速度 v_y 就大,偏转位移 y 随之增大. 而当 v_y 一定时,偏转板至屏的距离 L 增大,电子通过 L 的时间就长,偏转位移 y 也同时增大. 对于一定的偏转电压,当 d 增大时,偏转板之同的电场强度变小,电子获得的偏转速度 v_y 就小;同理,当加速电压 U_k 增大时,电子穿过两板间的时间减

小, v_y 也变小, 都导致偏转位移减小.

增大偏转板的长度 b 和缩小两板间的距离 d, 固然可以增大示波管的灵敏度, 但偏转大的电子易被板端阻挡, 或电子束经过板边缘的非均匀磁场时, 以致 $y \propto v_y$ 的线性关系遭到破坏. 所以, 通常将两偏转板的出口端做成喇叭状.

屏上光点的位移与偏转电压的线性关系, 是示波管能被用作测量电压仪器的理论依据.

实验内容及步骤

1. 开机、调零和电聚焦.

(1) 打开示波管电源开关, 指示灯亮. 将高压转换开关置于 "V_2" 档, 调节加速电压旋钮, 观察加速电压变化 ($900 \sim 1\,300$ V), 观察光点的聚焦变化.

(2) 将光点聚焦方式选为 (1), 聚焦形状选为 (·). 通过栅压 "V_B" 旋钮和聚焦电压 "V_1" 旋钮, 将光点聚焦到最佳状态 (光点越小, 形状越圆, 以明暗适当为佳).

(3) 将低压转换开关置于 "V_dX"、"V_dY" 档, 分别调节 "V_dX" 和 "V_dY" 旋钮, 使 V_dX 和 V_dY 为零, 此时, 光点应置于荧光屏的中心. 若光点不在荧光屏的中心, 调节 "X" 和 "Y" 光点调零旋钮, 使之居中.

注意: 随时调节栅压 "V_G" 旋钮和聚焦电压旋钮, 使光点聚焦始终保持最佳状态.

2. 测量 y 与 U_y 的关系.

(1) 在上述步骤下, 调节加速电压 $U_k(V_2)$ 为某一定值, V_dX 保持不变.

(2) 逐步改变 V_dY 电压, 则光点随电压的改变而发生偏移, 记录偏移距离与偏转电压的函数关系.

(3) 荧光屏上每格为 2 mm, 如果偏转电压出现负值, 则反向移动光点.

(4) 设计并填写数据记录表, 计算 S, 作 y-U_y 图.

3. 测量加速电压 $U_k(V_2)$ 与偏转电压 U_y 的关系.

(1) 偏转位移 y 保持不变.

(2) 从某一值开始改变加速电压 $U_k(V_2)$, 每 45 V 左右增加一次. 为了使偏转位移 y 保持不变, 调节偏转电压 U_y, 记录一组瞬时 (U_k, U_y) 数据.

注意: 每次都要使光点聚焦保持最佳.

(3) 设计并填写数据记录表, 计算 S_y, 作 $S_y - \dfrac{1}{U_k}$ 图.

4. 计算偏转板的偏转灵敏度 S_x, 方法同上.

注意事项

仪器内部有高压, 使用时要有良好的接地线. 不得自行拆装仪器, 谨防触电.

二、电子束的磁偏转

实验目的

(1) 了解显像管中电子束的磁偏转原理.

（2）测量显像管磁偏转系统的灵敏度.

实验原理

如图 4-20 所示,电子束以速度 v_z 垂直通过磁感应强度为 B 的均匀磁场时,在洛伦兹力 ev_zB 的作用下发生偏转,在磁场区域内做匀速圆周运动,最后打在荧光屏的 P 点上,设光点位移为 y.

由牛顿第二定律,

$$f = ev_zB = m\frac{v_z^2}{R}, \qquad (4-36)$$

有

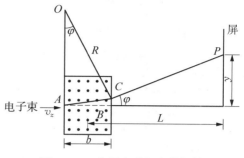

图 4-20　电子在磁场中的偏转

$$R = m\frac{v_z}{eB}. \qquad (4-37)$$

当偏转角不是很大时,

$$\tan\varphi \approx \frac{b}{R} = \frac{y}{L}, \qquad (4-38)$$

由(4-37)和(4-38)式可得

$$y = \frac{ebLB}{mv_z}. \qquad (4-39)$$

结合 $\frac{1}{2}mv_z^2 = eU_k$,有

$$y = \sqrt{\frac{e}{2mU_k}}\,bLB. \qquad (4-40)$$

上式表明,光点的偏转位移 y 与磁感应强度 B 成线性关系,与加速电压 U_k 的平方根成反比. 提高加速电压 U_k,偏转灵敏度降低,但其影响比对电偏转灵敏度的影响小. 因此,使用磁偏转时,提高显像管中电子束的加速电压 U_k,增强屏上图像的亮度水平,比使用电偏转有利,而且磁偏转便于得到电子束的大角度偏转,更适合大屏幕的需要. 在显像管中往往采用磁偏转,但是,由于偏转线圈的电感与较大的分布电容不利于高频使用,而且体积和重量较大,不如电偏转系统,因此,在示波管中往往采用电偏转.

实验装置是在紧贴示波管的两侧安放两组线圈,串联后通以电流,得到偏转磁场. 所产生的磁感应强度 B 与电流 I 和线圈圈数成正比. 可用 $B = KnI$ 来表示,常数 K 由线圈的样式及磁环物质的磁性常数决定. 因此,磁偏转灵敏度 S 为

$$S_m = \frac{y}{I} = \sqrt{\frac{e}{2mU_k}}\,KbLn \qquad (4-41)$$

对于特定的示波管和偏转线圈,在加速电压一定时,磁偏转灵敏度为常数. 改变加速电压时,磁偏转灵敏度与加速电压的平方根成反比.

实验内容及步骤

1. 调节栅压、加速电压及聚焦电压,使荧光屏上光点最小、亮度适中.

2. 测量并记录加速电压 U_k,接通偏转线圈的电流,调节电流大小,观察屏上光点位移 y,每增加一小格,记录一对数据 (y, I). 在坐标纸上以 y 为纵轴、I 为横轴,作 y-I 关系曲线. 求直线的斜率,即为磁偏转灵敏度 S_m.

3. 在加速电压 U_k 的可调范围内,置 U_k 为最低值,调偏转电流 I,使光点位移为最大值,记录 y 和 I. 在 U_k 的调节范围内,以大致均匀的间隔分 6 次增加,每增大一次均记录相应的数据. 以 y 为纵轴、$\frac{1}{\sqrt{U_k}}$ 为横轴,作关系图线. 如为直线,则 $S_m \propto \frac{1}{\sqrt{U_k}}$ 的关系得以验证.

注意事项

仪器内部有高压,使用时要有良好的接地线. 不得自行拆装仪器,谨防触电.

三、纵向磁聚焦测量电子的荷质比

实验目的

(1) 了解示波管电子束在电场和磁场中的聚焦原理.
(2) 观察磁聚焦现象,学会用磁聚焦法测量电子的荷质比.

实验原理

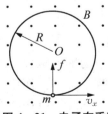

图 4-21 电子在垂直于磁场方向的运动

如图 4-21 所示,质量为 m、电量为 e 的电子垂直于磁场方向,以初速度 v_x 射入磁感应强度为 B 的均匀磁场中,电子受到洛伦兹力的作用做匀速圆周运动,

$$f = ev_x B = m \frac{v_x^2}{R}, \qquad (4-42)$$

有

$$R = m \frac{v_x}{eB}. \qquad (4-43)$$

圆周运动的周期

$$T = 2\pi \frac{R}{v_x} = 2\pi \frac{m}{eB}. \qquad (4-44)$$

轨道半径 R 与初速 v_x 成正比,与磁感应强度 B 成反比;周期 T 与 B 成反比,与 v_x 无

关.这说明初速度大的电子绕半径大的圆轨道运动,初速度小的电子绕半径小的圆轨道运动,绕一周的时间相同.

设示波管电子枪射出的电子速度为 v_z,其能量为

$$\frac{1}{2}mv_z^2 = eU_k. \qquad (4-45)$$

如果将示波管置入由导线绕制的长螺线管形成的匀强磁场中,如图 4-22 所示,管中的电子束方向和磁感应强度 B 方向一致.此时,由于作用于电子的洛伦兹力为零,电子沿 v_x 方向做匀速直线运动,最后打到屏中心 O.

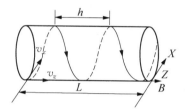

图 4-22　示波管置入螺线管中电子束的运动

如果在水平偏转板 X_1 和 X_2 上加直流电压 U_x,电子穿过两极间电场后获得沿 X 方向的速度,因而电子受洛伦兹力的作用,(逆 Z 轴方向看)电子沿逆时针方向做圆周运动,半径及周期分别由(4-43)和(4-44)式决定.

由于电子在做圆周运动的同时,还沿 Z 轴方向做匀速直线运动,两运动合成的结果是做螺旋运动,轨道螺距为

$$h = v_z T = 2\pi v_z \frac{m}{eB}. \qquad (4-46)$$

电子从螺旋轨道的起点开始,走完偏转板至荧光屏间距离 L 时打在屏上,出现一个亮点,显示螺线轨道的终端,出现一次聚焦.

在一般情况下,电子速度 v 和磁感应强度 B 之间有一个角度,这时可将 v 分解为与 B 垂直的径向速度 $v_\perp$ 和与 B 平行的轴向速度 $v_{//}$.如果角度很小,可以将电子速度 v 看成 $v_{//}$,电子速度取决于加速电压 U_k,即

$$\frac{1}{2}mv_{//}^2 = eU_k. \qquad (4-47)$$

对于从第一聚焦点出发的不同速度的电子,虽然径向速度不同,所走的圆的半径也不同,但只要轴向速度相等,选择合适的磁感应强度 B,使电子在经过的路程 L 中恰好包含整数个螺距 h,将会聚于一点.

$$L = h = 2\pi v_{//} \frac{m}{eB}, \qquad (4-48)$$

$$\frac{e}{m} = \frac{8\pi^2 U_k}{h^2 B^2}, \qquad (4-49)$$

其中,磁感应强度 $B=\dfrac{\mu_0 NI}{\sqrt{A^2+D^2}}$,$I$ 为螺线管励磁电流,$I=\dfrac{I_1+I_2+I_3}{1+2+3}$,$N$ 为螺线管的总匝数.A 为螺线管的长度,D 为螺线管的直径.

本实验采用的示波管 L 由实验室给定,L 为阴极到荧光屏的距离.

如果在水平偏转板上加上交流电压,先后经过交流电场的电子,将获得不同的横向速度(连续地由零至 $\pm v_x$).这些速度不同的电子轨道螺距起点相同,终点则不同,于是,荧光屏上出现一条与 X 轴有一定交角的直线.

增大 B,不同速度的电子螺距和螺径同时缩小,螺径变小,亮线缩短.螺距缩短,则螺线向终端移动,导致亮线绕圆点旋转.B 连续增大,亮线边旋转边缩短,直至缩为一点.之后又稍伸长,再缩为一点……

这种发自同一点速度方向和大小不同的所有散轴电子在磁场的作用下,经过各自的螺旋轨道汇聚于一点的现象称为磁聚焦.

实验视频 26
实验 18 电子
束综合试验
仪的使用

实验内容及步骤

1. 安装磁场线圈和螺线管线圈.

2. 打开示波器电源、励磁线圈电源,观察纵向磁场对电子束的作用,改变励磁电流,观察屏上光点随励磁电流改变而多次出现的散焦、聚焦等现象.

3. 观察当励磁电流改变时,屏上的直线逆时针旋转并缩成一点且重复出现的现象.测量并记录每次聚焦成一点时的励磁电流值、加速电压值.改变加速电压,重复做 3 次.

4. 计算电子荷质比的平均值,并与标准值比较.

注意事项

仪器内部有高压,使用时要有良好的接地线.不得自行拆装仪器,谨防触电.

思考题

1. 示波管由哪几个主要部分组成? 各个部分有什么主要作用?

2. (1)若沿示波管轴线方向加一均匀磁场 B_1(即外磁场方向与电子束运动方向一致或相反),电子束的运动轨迹将如何变化?

(2)若再在其垂直方向上加一均匀磁场 B_2,电子束又将呈现什么运动轨迹?

实验说明

DH4521 型电子束测试仪面板如图 4-23 所示.

实验装置仪器连线如图 4-24 所示.

仪器厂家提供参考数值如下:

(1)螺丝管内的线圈匝数:$N=535\pm1$(具体以螺丝管上的标注为准);

(2)螺线管的长度:$L=0.235\,\mathrm{m}$;

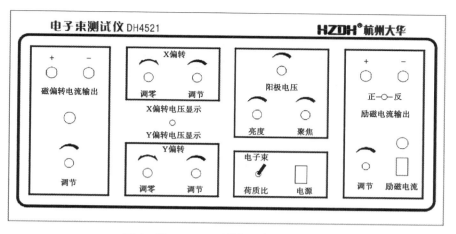

图 4 - 23　DH4521 型电子束测试仪面板

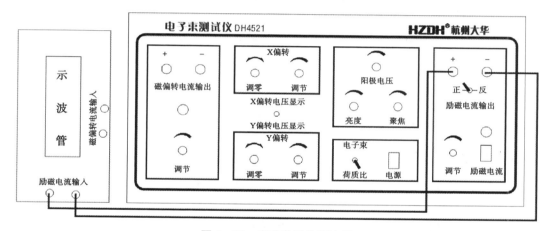

图 4 - 24　实验装置仪器连线

（3）螺线管的直径：$D = 0.092\,\mathrm{m}$；

（4）螺距（Y 偏转板至荧光屏距离）：$h = 0.135\,\mathrm{m}$.

实验 19 ▶ 示波器的使用

PPT 课件 24
实验 19 - 1

PPT 课件 25
实验 19 - 2

示波器是一种用途广泛的现代测量电子仪器,分为普通模拟示波器和数字存储示波器两种. 它可以将双眼看不见的电学信号转换成看得见的图像进行观测,显示被测量瞬时值的轨迹变化. 在科学研究和生产实践中,人们还常借助于各种传感器,把一些非电学量(温度、湿度、位移、速度、压力、光强、磁场等)转换成电学信号,再用示波器进行观测.

实验目的

(1) 了解示波器的基本结构和工作原理.
(2) 学习信号发生器的使用.
(3) 学习示波器的调节与使用,观察电信号的波形,并测量其各种参数值.
(4) 学习用利萨如图形测量未知电信号的频率.

实验器材

模拟示波器,数字示波器,数字合成信号发生器,存储 U 盘,导线.

实验原理

1. 模拟示波器的工作原理

模拟示波器是利用电子示波管的特性,将交变电信号转换成图像显示在荧光屏上以便测量的电子测量仪器. 模拟示波器一般由示波管和电源系统、衰减和放大系统、扫描和整步系统、标准信号源等部分组成.

(1) 示波管.

阴极射线管(CRT)简称示波管,是模拟示波器的核心. 如图 4 - 25 所示,它由电子枪、偏转板和荧光屏 3 个部分组成,被封装在一个高真空的玻璃管内. 电子枪由灯丝、阴极、栅极、阳极等组成,它的作用是发射电子束,通过调节栅极电位,能改变荧光屏上的辉度. 调节阳极电位改变聚焦,使荧光屏显示的图形更加清晰.

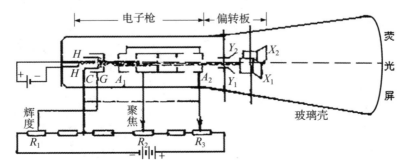

图 4 - 25　阴极射线管

偏转板包括一对水平偏转板和一对垂直偏转板,分别控制电子束在水平方向和垂直方向偏转.经过聚焦后的电子束打到荧光屏上,撞击荧光粉而发光形成亮点,从而显示电子束的运动轨迹,即被测信号的波形.

(2) 扫描触发、整步系统.

把一个电压信号 $U = f(t)$ 加在垂直偏转板上,只能从荧光屏上观察到光点在垂直方向的运动,而看不到电压随时间变化的波形.要显示波形,必须同时在水平偏转板上加上锯齿波电压,使电子束的亮点沿水平方向拉开.锯齿波电压如图 4-26 所示,电子束在锯齿波电压的控制下,周而复始地从左到右沿 X 轴等速移动,这个过程被称为扫描.由于光点在 X 轴的位置与时间有关,光点扫描的轨迹也称为时间基线,简称时基.

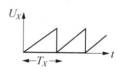

图 4 - 26 锯齿波电压

扫描方式一般有两种.一种为自动触发扫描,即扫描发生器处于连续工作状态,它产生周期为 T 的周期性锯齿波电压信号.在此电压驱使下,光点在屏上连续地扫描,即使没有外加信号,屏上也能显示一条时基线.另一种为常态触发扫描,这种扫描方式的特点是扫描发生器平时处于等待状态,只当有触发脉冲输入时才产生一个扫描电压.当无外加信号触发它时,屏上不会出现时基线.

当锯齿波电压和被观察电压的周期比是简单整数比时,将看到一个稳定的波形,如图 4-27 所示.获得稳定波形的过程称为触发整步.最常用的方法是取出被测信号电压的一部分来控制,这就是内触发整步,也可以从示波器外部加入一个特殊电压来控制,这就是外触发整步.

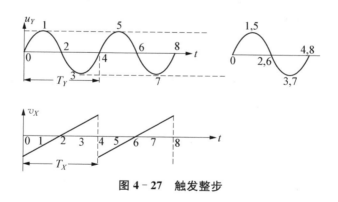

图 4 - 27 触发整步

(3) 衰减、放大系统.

两个偏转板需要加较高电压,才能发生可观察的偏转.如被测信号电压只有几毫伏甚至更小,就必须有放大器将信号放大后才能再送到偏转板上,故示波器内有两组放大器.为了控制输入信号的大小,在示波器输入端还接有衰减器.

(4) 双踪显示.

利用电子开关将 Y 轴输入的两个不同的被测信号分别显示在荧光屏上.由于人眼的视觉暂留作用,当转换频率高到一定程度后,看到的是两个稳定的、清晰的信号波形.

2. 数字示波器的工作原理

数字示波器的原理如图 4-28 所示,输入数字示波器的待测信号先经过一个电压放大与衰减电路,将待测信号放大(或衰减)到后续电路可以处理的范围内,接着由采样电路按一定的采样频率对连续变化的模拟波形进行采样,然后由模数转换器(A/D)将采样得到的模拟量转换成数字量,并将这些数字量存储在存储器中. 这样可以随时通过 CPU 和逻辑控制电路把存储在存储器中的数字波形显示在显示屏上,供使用者观察和测量.

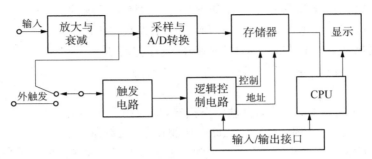

图 4-28   数字示波器的工作原理

为了能够实时、稳定地显示待测输入信号的波形,要做到示波器自身的扫描信号与输入信号同步,让每次显示的扫描波形的起始点都在示波器屏幕的同一位置. 示波器内部有一个触发电路,如果选择经过放大(或衰减)后的待测输入信号作为触发源,则触发电路在检测到待测输入信号达到设定的触发条件(一定的电平和极性)后,会产生一个触发信号,其后的逻辑控制电路接收到这个触发信号,将启动一次数据采集、转换和存储器写入过程. 当显示波形时,数字示波器在 CPU 和逻辑控制电路的参与下,将数据从存储器中读出并稳定地显示在屏上.

由于已将模拟信号转换成数字量存储在存储器中,利用数字示波器可对其进行各种数学运算(如两个信号相加、相减、相乘快速傅立叶变换)以及自动测量等操作,也可以通过输入/输出接口与计算机或其他外设进行数据通信.

3. 用示波器测量信号电压、周期和频率

(1) 模拟示波器.

测量之前,将垂直微调旋钮、水平微调旋钮置于校准状态(顺时针旋转到底).

① 测量电压:正弦信号波形显示在屏上,读出"垂直偏转因数"旋钮("VOLTS/DIV")所指示的电压分度值("V/DIV")、待测波形在 Y 轴方向峰-峰值分度数(即波峰与波谷间的垂直分度数),则待测信号的峰-峰值为

$$\tilde{U}_{\text{p-p}} = \text{电压分度值} \times \text{峰-峰值分度值},$$

而信号的幅度为

$$\tilde{U} = \frac{\tilde{U}_{\text{p-p}}}{2}.$$

② 测量周期：正弦信号波形显示在屏上，读出"扫描速度"旋钮（"TIMES/DIV"）所指示的扫描速度、n 个完整波形（$n > 4$）的水平分度数，则待测信号的周期为

$$T = \frac{波形水平分度数}{完整的波形数\,n} \times 扫描速度.$$

利用频率是周期的倒数关系，即可求出对应的频率值.

（2）数字示波器.

将待测信号输入数字示波器，利用数字示波器的测量功能，便可以测得相应的信号参数.

4. 用利萨如图形测量未知信号频率

在示波器的 X 轴和 Y 轴偏转板上同时加上正弦电压时，电子束的运动反映两个互相垂直的谐振动的合成. 一般地说，如果频率比 $f_X : f_Y$ 为简单整数比，合成运动的轨迹是一个封闭的图形，称为利萨如图形. 如图 4-29 所示为 $f_X : f_Y = 1 : 2$ 时亮点的轨迹.

如表 4-2 所示，给出频率比值 $f_X : f_Y$ 成简单整数比时形成的几种利萨如图形. 频率比越大，图形越复杂.

利萨如图形与振动频率之间有如下关系：

$$\frac{f_X}{f_Y} = \frac{X\,方向切线对图形的切点数\,N_x}{Y\,方向切线对图形的切点数\,N_y}.$$

因此，如果 f_Y 已知，则可由利萨如图形对应的频率比计算出未知频率 f_X.

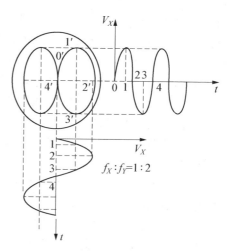

图 4-29　利萨如图形（$f_X : f_Y = 1 : 2$）

表 4-2　用利萨如图形测信号频率

$f_Y : f_X$	1:1	1:2	1:3	2:3	3:2	3:4	2:1
利萨如图形							
f_Y (Hz)	100	100	100	100	100	100	100
f_X (Hz)	100	200	300	150	$66\frac{2}{3}$	$133\frac{1}{3}$	50

实验内容及步骤

1. 阅读仪器说明书，学习信号发生器的使用，练习设置各种待测信号.
2. 学习模拟示波器的使用.

实验视频 27
实验 19 数字示
波器的使用

（1）熟悉模拟示波器上各旋钮的功能和用法.

（2）观察扫描线.

① 将示波器面板上"辉度"、"聚焦"、"水平位移"、"垂直位移"等旋钮置于中间位置，"垂直微调"、"水平微调"置于"校准"位置，"输入耦合开关"置于"GND"，"触发"方式选"自动触发".

② 接通电源后，荧光屏上会出现绿色扫描线. 将"扫描速度"旋钮从最慢速度"0.2 s/DIV"开始，依次沿顺时针旋转、观察光点运动情况，直到变成一条直线.

（3）观察正弦电压信号波形，并测定其周期和峰-峰值.

① 从信号发生器输出一定频率和幅度的正弦波，接入示波器的"CH2"通道.

② 将"工作通道选择开关"置于"CH2"，"输入耦合开关"置于"AC"，"触发源选择开关"置于"INT（内触发）"，"内触发选择开关"置于"CH2"，"扫描速度"和"垂直偏转因数"置于合适档位，使屏上出现合适大小的正弦波.

③ 调节"触发电平"，使正弦波整步. 观察正弦波，并测定其周期和电压峰-峰值.

（4）观察利萨如图形，并测定未知信号频率.

① 将"扫描速度"旋转置"X－Y"，示波器工作于"X－Y"方式.

② 将信号发生器背面板输出的 50 Hz 正弦波接入示波器的"CH1"通道（f_X）.

③ 调节"CH2"通道正弦波的输出频率（f_Y），使 f_X ： f_Y 为需要的简单整数比，示波器显示对应的利萨如图形.

④ 调整 f_Y 使利萨如图形稳定，根据 f_Y 和频率比即可算出 f_X.

3. 学习数字示波器的使用.

（1）熟悉数字示波器上各按键的功能和用法，练习稳定信号波形的调节.

（2）利用数字示波器的测量功能，测量信号的各个参数.

（3）利用数字示波器的运算功能，对信号进行运算.

（4）观察利萨如图形，并测定未知信号频率.

（5）存储各种观测信号，并利用示波器档案管理功能，整理存储文件.

注意事项

（1）荧光屏上的光点（扫描线）亮度不可调得过亮，且不可长时间把光点或亮线固定不动，以免损坏荧光屏.

（2）示波器和信号发生器的旋钮、开关及按键都有一定的调节限度，注意调节时不可用力过大.

思考题

1. 模拟示波器的核心部件是什么？它包含哪几个部分？

2. 在观测利萨如图形时，为什么示波器的扫描整步系统不起作用？

3. 比较一下模拟示波器和数字示波器的优缺点.

实验说明　VD252m 双踪示波器简介

1. 荧光屏(BR)

荧光屏是示波管的显示部分. 屏上水平方向和垂直方向各有多条刻度线,分别指示信号波形电压和时间之间的关系. 其中,水平方向指示时间,垂直方向指示电压. 水平方向分为 10 格,垂直方向分为 8 格,每格又分为 5 份. 根据被测信号在屏上所占格数乘以适当的比例常数(V/DIV,TIME/DIV),能得出电压值与时间值.

2. 示波管和电源系统

(1) 电源(Power). 当示波器主电源开关按下时,电源指示灯亮,表示电源接通.

(2) 辉度(Intensity). 旋转"辉度"旋钮能改变光点和扫描线的亮度.

(3) 聚焦(Focus). 通过"聚焦"旋钮调节电子束截面大小,将扫描线聚焦成最清晰的状态.

3. 垂直偏转因数和水平偏转因数

(1) 垂直偏转因数选择(VOLTS/DIV)和微调.

在单位输入信号作用下,光点在屏幕上偏移的距离称为偏移灵敏度,这一定义对 X 轴和 Y 轴都适用. 灵敏度的倒数称为偏转因数. 垂直灵敏度的单位是 cm/V,cm/mV 或者 DIV/mV,DIV/V,垂直偏转因数的单位是 V/cm,mV/cm 或者 V/DIV,mV/DIV. 实际上因习惯用法和测量电压读数的方便,有时也把偏转因数当成灵敏度. 在双踪示波器中,每个通道各有一个垂直偏转因数选择波段开关. 每个波段开关上往往还有一个小旋钮,微调每档垂直偏转因数. 将它沿顺时针方向旋到底,处于"校准"位置,此时垂直偏转因数值与波段开关所指示的值一致. 沿逆时针方向旋转此旋钮,能够微调垂直偏转因数. 垂直偏转因数微调后,会造成与波段开关的指示值不一致,这一点应该引起注意.

(2) 时基选择(TIME/DIV)和微调.

时基选择和微调的使用方法与垂直偏转因数选择和微调相类似. 时基选择也通过一个波段开关实现,按 1,2,5 方式把时基分为若干档. 波段开关的指示值代表光点在水平方向移动一个格的时间值. "微调"旋钮用于时基校准和微调. 沿顺时针方向旋转到底处于"校准"位置时,屏上显示的时基值与波段开关所示的标称值一致. 沿逆时针方向旋转旋钮,则是对时基微调. 示波器前面板上的"位移"(Position)旋钮调节信号波形在荧光屏上的位置. 旋转"水平位移"旋钮(标有水平双向箭头),左右移动信号波形;旋转"垂直位移"旋钮(标有垂直双向箭头),上下移动信号波形.

4. 输入通道和输入耦合选择

(1) 输入通道选择.

输入通道至少有 3 种选择方式,即"通道 1"(CH1)、"通道 2"(CH2)、"双通道"(DUAL). 选择"通道 1"时,示波器仅显示通道 1 的信号. 选择"通道 2"时,示波器仅显示通道 2 的信号. 选择"双通道"时,示波器同时显示通道 1 信号和通道 2 信号. 测试信号时,首先要将示波器的"地"与被测电路的"地"连接在一起. 根据输入通道的选择,将示波器探头插到相应通道插座上,示波器探头上的"地"与被测电路的"地"连接在一起,示波器探头接触被测点. 示波器探头上有一双位开关. 此开关拨到"×1"位置时,被测信号无衰减送到示波器,从荧光屏上读出的电压值是信号的实际电压值. 此开关拨到"×10"位置时,被测信号衰减为 1/10,然后送往示波器,从荧光屏上读出的电压值乘以 10 才是信号的实际电压值.

(2) 输入耦合方式.

输入耦合方式有 3 种选择,即"交流"(AC)、"地"(GND)、"直流"(DC). 当选择"地"时,扫描线显示"示波器地"在荧光屏上的位置. 直流耦合用于测定信号直流绝对值和观测极低频信号. 交流耦合用于观测交流和含有直流成分的交流信号. 在数字电路实验中,一般选择"直流"方式,以便观测信号的绝对电压值.

5. 触发

被测信号从 Y 轴输入后,一部分送到示波管的 Y 轴偏转板上,驱动光点在荧光屏上按比例沿垂直方向移动;另一部分分流到 X 轴偏转系统,产生触发脉冲,触发扫描发生器,产生重复的锯齿波电压加到示波管的 X 偏转板上,使光点沿水平方向移动,这样光点在荧光屏上描绘出的图形就是被测信号图形. 由此可知,正确的触发方式直接影响示波器的有效操作. 为了在荧光屏上得到稳定、清晰的信号波形,掌握基本的触发功能及其操作方法是十分重要的.

(1) 触发源(Source)选择.

要使荧光屏上显示稳定的波形,则需将被测信号本身或者与被测信号有一定时间关系的触发信号加到触发电路. 触发源选择确定触发信号由何处供给,通常有 3 种触发源,即"内触发"(INT)、"电源触发"(LINE)、"外触发"(EXT). "内触发"使用被测信号作为触发信号,是经常使用的一种触发方式. 由于触发信号本身是被测信号的一部分,在屏上可以显示非常稳定的波形. 双踪示波器中的"通道 1"或者"通道 2"都可以选作触发信号. "电源触发"使用交流电源频率信号作为触发信号. 这种方法在测量与交流电源频率有关的信号时是有效的,特别是在测量音频电路、闸流管的低电平交流噪声时更为有效. "外触发"使用外加信号作为触发信号,外加信号从"外触发"输入端输入. 外触发信号与被测信号间应具有周期性的关系. 由于被测信号没有用作触发信号,因此,何时开始扫描与被测信号无关. 正确选择触发信号对波形显示的稳定、清晰有很大关系. 例如,在数字电路测量中,对一个简单的周期信号而言,选择"内触发"可能会好一些;对于一个具有复杂周期的信号,且存在一个与它有周期关系的信号时,选用"外触发"可能更好.

(2) 触发电平(Level)和触发极性(Slope).

通过调节"触发电平",可以确定扫描波形的起始点. 一旦触发信号超过由旋钮设定的触发电平时,扫描即被触发. 此旋钮也能控制触发极性,按进去为上升沿触发,拉出为下降沿触发. 极性开关用来选择触发信号的极性. 拨在"+"位置时,在信号增加的方向,当触发信号超过触发电平时就产生触发. 拨在"−"位置时,在信号减少的方向,当触发信号超过触发电平时就产生触发. 触发极性和触发电平共同决定触发信号的触发点.

6. 扫描方式(SweepMode)

扫描有"自动"(Auto)、"常态"(Norm)和"单次"(Single)3 种扫描方式."自动"扫描是指当无触发信号输入,或者触发信号频率低于 50 Hz 时,扫描为自激方式."常态"扫描是当无触发信号输入时,扫描处于准备状态,没有扫描线;当触发信号到来后,触发扫描.

实验 20 ▶ 霍尔效应测磁场

PPT 课件 26
实验 20

对置于磁场中的载流导体或半导体,如果电流方向与磁场方向不同,则在垂直于电流和磁场所在平面的方向上产生一个电位差(电压),这个现象是霍普金斯大学的研究生霍尔在 1879 年发现的,故被称为霍尔效应,电位差也被称为霍尔电压. 霍尔效应不但是测定半导体材料电学参数的主要手段,而且利用该效应制成的霍尔器件,具有结构简单、小型、频率响应宽(从直流到微波)、输出电压变化大、自然寿命长等优点,已被广泛用于非电量测量、自动控制和信息处理等方面. 例如,由利用霍尔效应制造的霍尔效应式小位移测量装置可测量 $0.1~\mu m$ 量级的微小位移;霍尔开关可工作在潮湿、振动大、灰尘和油污多的环境里长期使用,其传感性能非常稳定、可靠;还有可供汽车打火的霍尔点火器和霍尔直流传感器等.

实验目的

(1)学习掌握霍尔效应产生的原理.
(2)研究霍尔电压与载流子电流与磁场励磁电流之间的关系.
(3)掌握用霍尔效应测量磁场的方法.

实验器材

TH-H 型霍尔效应组合实验仪.

实验原理

1. 霍尔元件

霍尔元件是根据霍尔效应制成的器件. 如图 4-30 所示,把一块半导体薄片放在垂直于它的磁场 $\boldsymbol{B}$ 中,在薄片的 4 个侧面(A,B,C,D)分别引出两对电极,当 A,B 方向(X 轴方向)通过电流 I 时,薄片内定向移动的载流子受到洛伦兹力 $\boldsymbol{f}_B$ 作用,有

$$\boldsymbol{f}_B = q\boldsymbol{u} \times \boldsymbol{B} \text{ 或 } \boldsymbol{f}_B = q\boldsymbol{u}\boldsymbol{B} \tag{4-50}$$

其中,q,u 分别是载流子的电量和移动速度. 载流子受力偏转的结果是使电荷在 C 和 D 两侧积聚而形成电场,如图 4-30 所示,设载流子带负电荷,故 $\boldsymbol{f}_B$ 沿 y 轴方向,这个电场又给载流子一个与 $\boldsymbol{f}_B$ 反方向的电场力 $\boldsymbol{f}_E$. 如图 4-31 所示,设 $\boldsymbol{E}$ 表示电场强度,V_{CD} 表示 C 和 D 间的电位差,b 为薄片的宽度,则

$$f_E = qE = q\frac{V_{CD}}{b}.$$

达到稳恒状态时,电场力和洛伦兹力平衡,有

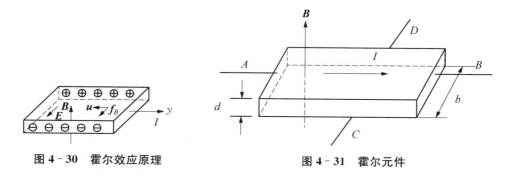

图 4-30　霍尔效应原理　　　　　图 4-31　霍尔元件

$$f_E = f_B,\text{即 } quB = q\frac{V_{CD}}{b}.\qquad(4-51)$$

如果载流子的浓度用 n 表示,薄片的厚度用 d 表示,那么,电流强度 I 与 u 的关系为

$$i = bdnqu,\text{即 } u = \frac{I}{bdnq},\qquad(4-52)$$

故得

$$V_{CD} = \frac{1}{nq}\cdot\frac{IB}{d}.$$

令 $R = \dfrac{1}{nq}$,则上式可写成

$$V_{CD} = R\frac{IB}{d},\qquad(4-53)$$

R 称为霍尔系数,它与载流子电量和载流子密度有关,是由材料的属性决定的. 上式是在载流子等速度条件下导出的,实际上载流子的速度具有统计特征,再考虑晶体的散射作用,则 R 应修正为

$$R = \frac{3\pi}{8}\cdot\frac{1}{nq}.\qquad(4-54)$$

　　把霍尔元件放在标准磁场中,通过一定的电流,测量霍尔电压大小,由(4-54)式即可确定霍尔系数 R 的大小;反之,如果知道霍尔片的霍尔系数 R,用仪器分别测出控制电流及霍尔电压,由(4-53)式即可算出磁场的磁感应强度大小,这就是利用霍尔效应测量磁场的原理.

　　在实际应用中,(4-54)式写成如下形式:

$$V_{CD} = K_H IB,\qquad(4-55)$$

比例系数 $K_H = \dfrac{R}{d} = \dfrac{1}{nqd}$,称为霍尔元件的灵敏度,其单位为 $V/(A \cdot T)$. 一般要求霍尔系数越大越好,霍尔元件的灵敏度越高越好. 电导率与载流子浓度以及迁移率 μ 之间有如下关系:

$$\sigma = nq\mu, \tag{4-56}$$

即 $R = \dfrac{3\pi}{8} \cdot \dfrac{\mu}{\sigma} = \dfrac{3\pi}{8}\mu\rho$，$\rho$ 为材料的电阻率.

由(4-56)式可知,要想得到大的霍尔电压,关键是选择霍尔系数大(即迁移率高、电阻率也较高)的材料. 就金属导体而言,μ 和 ρ 均很低,而不良导体 ρ 虽高,但 μ 极小,因此,上述两种材料的霍尔系数都很小,不是制造霍尔器件的理想材料. 半导体 μ 高且 ρ 适中,是制造霍尔元件的理想材料. 由于电子的迁移率比空穴要大,其次霍尔电压的大小与材料的厚度成反比,因此,霍尔元件多采用片状 N 型半导体材料. 用高迁移率的锑化铟为材料制成薄膜状的霍尔器件,其灵敏度 K_H 可高达 $200 \sim 300\,\text{V}/(\text{A} \cdot \text{T})$. 通常片状硅霍尔器件的灵敏度 K_H 一般为 $2\,\text{V}/(\text{A} \cdot \text{T})$.

2. 霍尔效应的应用

如图 4-31 所示,当通过样品截面 $s = bd$ 的电流为 I_s,若在相距为 l 的 A 和 B 两电极间产生电势差 V_σ,那么,由下式可以求出半导体的电导率:

$$\sigma = \frac{I_s l}{V_\sigma S}\,(\text{西门子}). \tag{4-57}$$

测量半导体的霍尔系数 R 和电导率 σ 后,由下式即可求出载流子的迁移率:

$$\mu = \frac{8}{3\pi} R_H \sigma. \tag{4-58}$$

半导体材料分为 N 型(电子型)和 P 型(空穴型):N 型半导体的载流子为电子,带负电;P 型半导体的载流子为空穴,相当于带正电的粒子. 若载流子为电子,则 C 点的电势低于 D 点的电势,$V_{CD} < 0$;若载流子为空穴,则 C 点的电势低于 D 点的电势,$V_{CD} > 0$. 反之,如果知道磁场的方向,也可确定载流子的类型.

3. 影响实验精度的副效应及其消除方法

在产生霍尔效应的同时,因伴随各种副效应,实验测得的 V_H 并不等于真实的霍尔电压值,而是包含各种副效应所引起的虚假电压.

(1) 不等位面的电位差.

如图 4-32 所示的不等式电压降 V_E,是由于测量霍尔电压的电极 A 和 A^n 的位置难能做到在一个理想的等势面上,因此,当有电流 I_s 通过时,即使不加磁场,也会产生附加的电压 $V_E = I_s r$,其中,r 为 $A_n A^n$ 所在的两个等势面之间的电阻. V_E 的符号只与电流 I_s 的方向有关,与磁场 B 的方向无关. 因此,V_E 可以通过改变 I_s 的方向来消除.

(2) 爱廷豪森效应.

爱廷豪森效应是由于构成电流的载流子速度(能量)不同而引起的副效应. 如图 4-33 所示,若速度为 u_0 的载流子洛伦兹力刚好平衡,而速度大于和小于 u_0 的载流子在洛伦兹力作用下将向相反方向偏转,从而在与电流和磁场垂直方向引起载流子的平均平动动能不同,

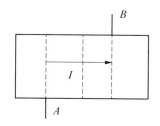

图 4-32 不等位面的电位差

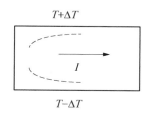

图 4-33 爱廷豪森效应

产生温度差,由此产生的温差电效应会引起附加电势差 V_N,其大小和符号与 I_s 和 B 有关,可以通过改变 I_s 和 B 的方向来消除.

(3)能斯脱效应.

由于电极 1 和 2 与样品的接触电阻不同,在 1 和 2 量点将产生温度差,如图 4-34 所示,因而有一热流产生,即:从样品冷端扩散的慢电子比由热源扩散的快电子受磁场作用偏转得多一些.所以,产生一个电势差 V_R,这个电势差与磁场方向有关,与电流 I_s 方向无关,可以通过改变磁场方向来消除.

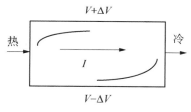

图 4-34 能斯脱效应

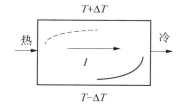

图 4-35 里纪-勒杜克效应

(4)里纪-勒杜克效应.

如图 4-35 所示,上述热流 Q 在磁场的作用下,除了在与电流和磁场垂直方向产生一个电势差外,同时,由于热电子的速度不同,也在此方向产生一个温度差,这个温度差与热电流和磁场在量值之间有如下方向:$\Delta T \propto QB$;这个温度差在电极 A,$B(C,D)$ 间产生的温差电动势 V_I 与热电流和磁场在量值上有如下关系:$V_I \propto QB$,其符号与磁场方向有关,与电流方向无关,因此,这一副效应可以通过改变磁场方向加以消除.

(5)副效应的消除.

根据这些效应产生的电势差符号与 I_s 和 b 的关系,通过改变控制电流 I_s 和磁场 I_M 励磁电流方向来消除.假定励磁电流为 I_M、控制电流为 I_s 时,霍尔电压为 V,规定霍尔电动势为正,磁场和电流方向为正,与此规定相反的方向皆为负,消除副效应的具体步骤如下:

当 $(+I_M, +I_s)$ 时,$V_1 = V_H + V_E + V_N + V_R + V_I$;

当 $(+I_M, -I_s)$ 时,$V_2 = -V_H - V_E + V_N + V_R + V_I$;

当 $(-I_M, -I_s)$ 时,$V_3 = V_H + V_E - V_N - V_R - V_I$;

当 $(-I_M, +I_s)$ 时,$V_4 = -V_H - V_E - V_N - V_R - V_I$.

上式中的 V_1,V_2,V_3,V_4 分别为在不同 I,B 方向的条件下,测出电极两端的电势差,因

此,霍尔电势差的大小为

$$\frac{1}{4}(V_1 - V_2 + V_3 - V_4) = V_H + V_E. \qquad (4-59)$$

根据理论计算,V_E 的存在导致约 5% 的误差存在,因此,霍尔电势差近似值为

$$V_H \approx \frac{1}{4}(V_1 - V_2 + V_3 - V_4). \qquad (4-60)$$

实验内容及步骤

1. 保持 I_M 不变(取 $I_M = 0.2\,\text{A}$,取 $I_s = 0.1\,\text{A}, 0.2\,\text{A}, \cdots, 0.8\,\text{A}$),测绘 $V_H\text{-}I_s$ 曲线(I_s 取值以 V_H 不大于 $1.9\,\text{mV}$ 为准).验证二者关系为线性关系,用最小二乘法求出其斜率.

2. 保持 I_s 不变(取 $I_s = 2.00\,\text{mA}$,取 $I_M = 0.1\,\text{A}, 0.2\,\text{A}, \cdots, 0.8\,\text{A}$),测绘 $V_H\text{-}I_M$ 曲线(I_M 取值以 V_H 不大于 $1.9\,\text{mV}$ 为准).验证二者关系为线性关系,用最小二乘法求出其斜率.

3. 在零磁场下,取 $I_s < 1.15\,\text{mA}$,测量 V_{AC}(即 V_σ).

4. 求出 R_H,n,σ 和 μ.

思考题

1. 怎样利用霍尔元件测量交变磁场?

2. 若磁场 B 的方向并不恰好与霍尔片的法向方向一致,这对测量结果有何影响? 如何判断 B 的方向是否与霍尔片的法向方向一致?

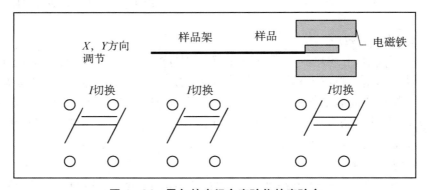

图 4-36　霍尔效应组合实验仪的实验台

实验说明　TH-H 型霍尔效应组合实验仪使用说明

本实验采用 TH-H 型霍尔效应组合实验仪.实验仪由实验台和测试仪两个部分组成.

(1) 实验台包括电磁铁、样品和样品架(具有 X、Y 调整功能及读数装置)、换向开关及接线柱.以上各部件安装在一块台板上,各换向开关及接线柱的作用如图 4-36 所示.

(2) 测试仪由 I_s,I_M 两组直流恒流源和数字电流表和数字电压表等单元组成,其面板

如图 4-37 所示. 两组恒流源彼此独立, 其中, "I_s 输出"为样品工作电流源, "I_M 输出"为励磁功率电源. 两路输出电流均连续可调, 可通过"测量选择"按键由同一数码显示电流表来显示. V_H 和 V_σ 输入接数字电压表, 其数值和极性由相应的数码显示电压表显示. 当显示器数字前出现"—", 表示该电压极性与测试仪面板上接线柱标志的极性相反; 否则一致.

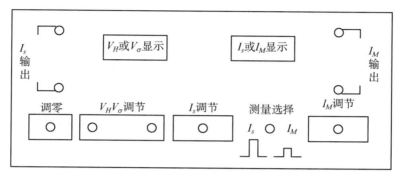

图 4-37　测试仪面板

（3）样品及电极如图 4-38 所示.

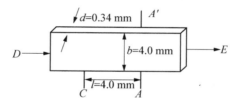

图 4-38　样品及电极示意图

实验 21 ▶ 电位差计的使用

PPT 课件 27
实验 21

补偿法在电磁测量技术中有广泛的应用,在一些自动测量和控制系统中,经常用到电压补偿电路,也有电流补偿电路.电位差计是电压补偿原理应用的典型范例,它是利用电压补偿原理使电位差计变成一个内阻无穷大的电压表,用于精密测量电势差或电压.电位差计的测量准确度高,且避免了测量的接入误差,在电学实验中有重要的训练价值.电位差计是精密测量应用极广的仪器,可用来精确测定电动势、电压、电流、电阻等电学量.电位差计还可用于校准精密电表和直流电桥等直读式仪表.直流比较式电位差计仍是目前准确度最高的电压测量仪表,在数字电压表及其他精密电压测量仪表的检定中,常作为标准仪器使用.

实验目的

(1) 了解电位差计的补偿法原理.
(2) 用电位差计测量电势差.

实验器材

UJ25 型电位差计,标准电池,灵敏检流计,低压电源,电阻箱(2 个),导线,温度计.

实验原理

1. 补偿法

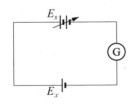

图 4-39 补偿法原理

如图 4-39 所示,待测电池 E_x、标准电池 E_s 和检流计串联成回路.当两个电动势相等时,回路中无电流通过,检流计指零,这种情况是待测电动势得到已知电动势的补偿.根据 E_s 即可测出 E_x,这种方法叫做补偿法.补偿法不取用待测电池的电流,并且标准电动势十分准确稳定,因此,测得的电动势十分准确.但是,在实际测量中,要求 E_s 连续可调,人们制造出电位差计来代替连续可调的标准电池.

2. UJ25 型电位差计的仪器原理及使用方法

UJ25 型电位差计原理如图 4-40 所示,E 为工作电源,E_s 为标准电池,E_x 为待测电池;I 为工作电流;K 为转换开关;A 为工作回路,B 为标准回路,C 为测量回路;R_t 为工作电流调节电阻,R_s 为标准电池电势补偿电阻,R_u 为未知电势补偿电阻.测量时首先校正工作电流.将转换开关 K 放在"标准"位置,"R_t"放在"1.018 60"(具体数值要根据饱和电池电动势与温度关系换算表进行换算)的位置,调节"R_t"使检流计的指针指零,即

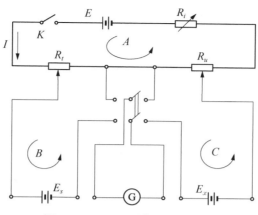

图 4 – 40　UJ25 型电位差计原理

$$E_s = I \cdot R_t. \qquad (4-61)$$

工作电流为

$$I = \frac{E_s}{R_t}. \qquad (4-62)$$

然后,将转换开关 K 拨到"未知"位置,利用"R_u"调节使检流计的指针指零,即

$$E_x = I \cdot R_u. \qquad (4-63)$$

把(4-62)式代入上式,可得

$$E_x = \frac{R_u}{R_t} \cdot E_s. \qquad (4-64)$$

其中,R_u 和 R_t 是阻值精确的已知电阻,E_s 为精确度极高的标准电池,因此,用电位差计测量电动势或电压值具有高精度、高灵敏度的优点.

实验内容及步骤

本实验要求使用电位差计测量电阻箱上的微小电压.

1. 先将"换向开关"和"粗细转换开关"放到"断"的位置,按照图 4 – 41 连接电路.

2. 打开检流计开关,量程选择"非线性",观察指针是否指零. 若不指零,机械调零.

3. 电阻箱 R_1 用作保护电阻,阻值置于"8 000 Ω",电阻箱 R_2 置于"100 Ω". 电源 E 输出电压 2.1 V,电源 E_0 输出电压 1.5 V.

4. 用温度计测量室温 t. 参照饱和标准电池电动势与温度之间关系换算表(参见"实验说明"中表 4 – 4),调好温度补偿旋钮.

5. 将"换向开关"置于"标准"的位置,"粗细转换开关"置于"粗"的位置,粗调"工作电流调节电阻",使检流计指针指零. 再将"粗细转换开关"置于"细"的位置,细调"工作电流调节

实验视频 28
实验 21 电位
差计的使用

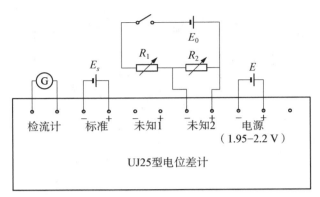

图 4‑41　电位差计的使用实验电路

电阻",使检流计指针指零.

6. 将"转换开关"置于"未知 2"的位置,"粗细转换开关"置于"粗"的位置,粗调"未知电动势补偿电阻",使检流计指针指零.再将"粗细转换开关"置于"细"的位置,细调"未知电动势补偿电阻",使检流计指针指零.

7. 读出电压值,记入数据表.

图 4‑42　UJ25 型直流电位差计操作面板

注意事项

（1）实验前熟悉 UJ25 型直流电位差计各旋钮、开关和接线端钮的作用.接线时注意各电源及未知电压的极性.

（2）为防止工作电流的波动,每次测电压前都应校准,并且在测量时必须保持标准的工作电流不变.

（3）注意电位差计的工作电压范围.

（4）注意读取数据的单位和有效数字.

思考题

1. 在使用电位差计的过程中,如果发现检流计的指针总是偏向一边,无法调平衡,试分析可能的原因.

2. 为保护检流计,在实际操作中应该如何操作?

3. 箱式电位差计的工作原理是什么？使用箱式电位差计时，为什么要"先校准，后测量"？

4. 箱式电位差计的左下角有"粗"、"细"两个按钮，它们有什么作用？应该如何使用？

5. 如果电位差计没有严格校准，工作电流偏大，将会使测量结果偏大还是偏小？

实验拓展

1. 实验常见故障分析

电位差计的使用实验常见故障现象及可能原因如表 4-3 所示.

表 4-3 电位差计的使用实验常见故障

现象	可能原因
校准时，调节粗调旋钮，检流计指针始终停在中央零位置	① 检流计指针被锁住； ② 检流计电计按钮和电位差计粗(细)调旋钮没有按下； ③ 电位差计量程档位处于空档； ④ 电位差计没有选择标准； ⑤ 相关导线损坏； ⑥ 检流计或电位差计损坏
校准时，调节粗调旋钮，检流计指针始终停在一侧，不动或虽然动但不能指到中央零位置	① 标准电池正、负极接反； ② 检流计没有调零； ③ 稳压电源正、负极接反； ④ 电位差计没有处于正常的工作电压之内； ⑤ 标准电池电源电动势设置错误
测量时，检流计指针不动，始终停在中央零位置	① 电位差计没有处于测量状态； ② 检流计电计按钮或电位差计细调按钮没有按下并锁住； ③ 电位差计处于量程空档； ④ 电位差计测量的旋钮接触不好
测量时，检流计指针始终停在一侧，无法调节平衡	① 被测电路接入正、负极接反； ② 电位差计量程倍率偏小； ③ 保护电阻或可调电阻阻值错误； ④ 电位差计测量的旋钮接触不好

此外，在校准时检流计指针出现不能稳定地停在中央零位置的情况时，可能是电位差计内电路接触虚，可能是稳压电源输出不稳定，也可能是外部电路导线接触不好.

2. 电表校验装置的误差

在用电位差计校准电流表时，是通过用电位差计测量标准电阻的电压转化为标准电流，进而对电流表各点进行校正. 估算电表校验装置的误差，并判断它是否小于电表基本误差限的 1/3，进而得出校验装置是否合理的结论. 在估算时，只要求考虑电位差计的基本误差限及标准电阻 R_s 的误差，可用下式确定：

$$\frac{\Delta I}{I} = \sqrt{\left(\frac{\Delta_{U_x}}{U_x}\right)^2 + \left(\frac{\Delta_{R_s}}{R_s}\right)^2}.$$

显然,电表校验装置的误差还应包括标准电动势 $E_n(t)$ 欠准、工作电流波动、线间绝缘不良等其他因素的影响,但考虑这些因素对教学实验来说过于复杂. 上式中,电位差计测电压的不确定度 Δ_{U_x} 可以用 $\Delta_{U_X} = \pm(0.05\%U_x + 0.5\Delta U)$ 来估算;f 级的标准电阻(本实验 $f = 0.01$ 级)的不确定度 Δ_{R_s} 可用下式作简化估算:

$$\Delta_{R_s} = R_s f\%,\ \text{即}\ \frac{\Delta_{R_s}}{R_s} = f\%.$$

用电位差计测干电池电动势的 B 类不确定度的计算公式可用下式计算:

$$\Delta_B = n\Delta_{U_X} = n(0.05\%U_x + 0.5\Delta U),$$

上式中,n 为分压箱的分压比.

实验说明

表 4-4 为饱和标准电池电动势与温度之间的关系换算表.

表 4-4 饱和标准电池电动势在偏离标准温度 +40℃ 时的差值

电动势/μV		温度/℃									
		0	0.1	0.2	0.3	0.4	0.5	0.6	0.7	0.8	0.9
温度/℃	0	345.60	346.58	347.47	348.43	349.32	350.17	350.99	351.78	352.53	352.33
	1	353.94	354.57	355.22	355.83	356.39	356.88	357.43	357.90	358.35	358.75
	2	359.14	359.49	359.81	360.09	360.34	360.58	360.78	360.95	361.08	361.19
	3	361.27	361.33	361.34	361.32	361.27	361.21	361.12	360.97	360.83	360.63
	4	360.42	360.18	359.89	359.59	358.26	358.91	358.52	358.09	357.64	357.16
	5	356.66	356.13	355.56	354.96	353.35	353.72	353.05	352.34	351.42	351.86
	6	350.03	349.27	348.42	347.57	346.66	345.75	344.81	343.82	342.82	341.78
	7	340.74	339.66	338.54	337.40	336.24	335.05	333.84	332.59	331.33	330.03
	8	328.71	327.36	325.99	324.60	323.15	321.71	319.06	318.73	317.22	315.65
	9	314.08	312.47	310.83	309.18	307.50	305.80	304.08	302.31	300.54	298.73
	10	296.90	295.05	293.17	291.27	289.33	287.38	285.40	283.40	281.38	279.33
	11	277.26	275.16	273.04	270.89	268.72	266.53	264.32	362.06	259.81	257.52
	12	255.20	252.88	250.52	248.14	245.73	243.30	240.86	238.38	235.89	233.37
	13	230.83	228.26	225.67	223.07	220.43	217.78	215.11	212.41	209.69	206.94
	14	204.18	201.39	198.57	195.75	192.86	190.02	187.12	184.19	181.26	178.30
	15	175.30	172.31	169.28	166.21	163.15	160.08	156.96	153.82	150.67	147.49
	16	144.30	141.08	137.86	134.59	131.31	128.01	124.69	121.35	118.00	114.60
	17	111.22	107.80	104.35	100.89	97.40	93.90	90.39	86.84	83.27	79.69
	18	76.09	72.48	68.83	65.18	61.48	57.79	54.08	50.33	46.57	42.80
	19	39.01	35.19	31.36	27.50	23.63	19.74	15.83	11.90	7.95	3.98

续表

电动势/μV	温度/℃									
	0	0.1	0.2	0.3	0.4	0.5	0.6	0.7	0.8	0.9
20	0	−4.00	−8.03	−12.06	−16.13	−20.20	−24.29	−28.42	−32.54	−36.69
21	−40.86	−45.04	−49.25	−53.47	−57.72	−61.97	−66.24	−70.54	−74.58	−79.18
22	−83.53	−87.89	−92.27	−96.66	−101.09	−105.52	−109.96	−114.43	−118.91	−123.42
23	−127.94	−132.71	−137.29	−141.89	−146.50	−151.13	−155.79	−16.046	−165.14	−169.86
24	−174.58	−178.77	−183.49	−188.23	−192.98	−197.94	−202.53	−207.34	−212.40	−216.99
25	−221.84	−226.70	−231.58	−236.49	−241.40	−246.32	−251.27	−256.33	−261.212	−266.21
26	−271.22	−275.24	−281.29	−286.33	−291.41	−296.50	−301.61	−306.71	−311.85	−316.72
27	−322.15	−327.33	−332.53	−337.74	−342.96	−348.20	−353.45	−358.72	−364.00	−369.30
28	−374.62	−379.94	−385.29	−390.63	−396.02	−401.39	−406.80	−412.21	−417.64	−423.10
29	−428.54	−434.01	−439.51	−445.00	−450.52	−456.04	−461.59	−467.15	−472.71	−478.31
30	−483.80	−489.51	−495.14	−500.79	−506.44	−512.10	−517.78	−523.48	−527.93	−534.91
31	−540.65	−546.39	−552.16	−557.93	−563.73	−569.53	−575.35	−581.18	−587.01	−592.88
32	−598.75	−604.63	−610.53	−616.43	−622.36	−628.29	−634.24	−640.20	−646.18	−652.16
33	−658.16	−664.18	−370.20	−676.24	−682.29	−688.353	−694.42	−700.51	−706.62	−712.69
34	−718.84	−724.98	−731.14	−737.30	−743.47	−749.66	−755.87	−762.08	−768.30	−774.55
35	−780.79	−787.04	−793.32	−799.61	−805.90	−812.21	−818.52	−824.87	−831.21	−837.56
36	−843.93	−850.31	−856.71	−863.11	−869.52	−875.95	−882.39	−888.84	−895.30	−901.77
37	−908.25	−914.75	−921.28	−927.77	−934.31	−940.86	−947.40	−953.97	−960.53	−967.13
38	−973.73	−980.33	−986.95	−993.58	−1 000.23	−1 006.86	−1 013.55	−1 020.23	−1 026.92	−1 033.62
39	−1 040.32	−1 047.04	−1 053.77	−1 060.50	−1 067.27	−1 074.03	−1 010.75	−1 087.59	−1 094.38	−1 101.18
40	−1 108.00	—	—	—	—	—	—	—	—	—

表 4-4 中数据按我国 1975 年提出的在 0～40℃范围内使用的饱和标准电池电动势温度公式计算数值确定,

$$E_t = E_{20} - [39.94(t-20) + 0.929(t-20)^2 - 0.009\,0(t-20)^3 + 0.000\,06(t-20)^4] \times 10^{-6} (\text{V}).$$

阅读材料 6
实验 21 阅读材料

实验 22 ▶ 用冲击电流计测磁场

PPT 课件 28
实验 22

电磁现象在大千世界中普遍存在,对于磁场的定量测量也同样普遍.测量磁场虽然不像测量电压、电流那么便捷,所用仪器设备也要求更加精细,但仍然有许多方法,其中常用的冲击法就是用冲击电流计进行测量.冲击电流计是测量瞬变电量(即直接测量短暂时间内有多少电量流过电路)的仪器.许多间接测量仪器(如利用霍尔效应测磁场的高斯计等)就需要用它来定标或校准.此方法设备简单,测量磁场范围宽,是磁场测量最常用的方法.

实验目的

(1) 了解冲击电流计的结构原理和使用方法.
(2) 学会使用冲击电流计.
(3) 用冲击法测通电长直螺线管内磁感应强度的分布.

实验器材

直流电源,安培表,冲击电流计,标准互感,长直螺线管,探测线圈,滑动变阻器,开关,等等.

实验原理

1. 冲击电流计的工作原理

冲击电流计是磁电式电流计,它与灵敏检流计的构造基本相同.所不同的是,冲击电流计的线圈比较宽,转动惯量大,转动周期长.一般灵敏电流计的转动周期为 $1\sim2\ \mathrm{s}$,而冲击电流计可达 $10\sim15\ \mathrm{s}$.从功能上说,灵敏电流计通常测量微弱的电流强度,而冲击电流计通常是感测电流脉冲,即在极短瞬间通过一份电量 $Q(Q=\int_0^\tau i\cdot\mathrm{d}t)$.线圈通过一个电脉冲 $Q(Q=\int_0^\tau i\cdot\mathrm{d}t)$ 时,它将获得冲量矩,

$$冲量矩=\int_0^\tau N\cdot SB\cdot i\mathrm{d}t=J\omega, \tag{4-65}$$

其中,N 是线圈匝数,S 是线圈平面面积,J 是线圈的转动惯量,ω 是线圈获得的角速度.由于转动惯量较大,电流计受到一个电脉冲冲击后会有比较缓慢、平稳的转动过程,这正是冲击电流计区别于一般灵敏检流计的特点.根据机械能守恒定律,线圈转到最大偏角 θ 时,

$$\theta_{\mathrm{m}}=\sqrt{\frac{J}{D}}\omega=\sqrt{\frac{J}{D}}\cdot\frac{NSB}{J}Q=\frac{NSB}{\sqrt{JD}}Q=KQ, \tag{4-66}$$

其中, $K = \dfrac{NSB}{\sqrt{JD}}$, 这是由仪器内部构造决定的恒量.

与灵敏电流计相同,冲击电流计实际上也是由"光线指针"显示偏转角的,即用右镜尺上的偏转格数 n 来量度. 偏转格与偏转角之间的关系是 $n = l \cdot 2\theta_\mathrm{m}$, 可改写为 $\theta = \dfrac{n}{2l}$. 引入常数 $\beta = \dfrac{1}{2Kl}$, β 称为冲击灵敏度,最终有

$$Q = \beta n. \tag{4-67}$$

显然冲击电流计受到一次电流脉冲冲击后,光指针偏转数即量度这一电流脉冲的电流 Q 的大小.

2. 冲击电流计测磁场的原理

如图 4 - 43 所示,在冲击电流计测量通电螺线管内磁场的实验中, L 为直螺线管, T 为探测线圈, BG 为冲击电流计, L_1 和 L_2 构成一个标准互感器, K_2 为双刀双掷开关. 实验中在螺线管通电或断电的瞬间,探测线圈 T 中会激发一瞬间感应电动势,从而在冲击电流计回路中产生一个电流脉冲,能够被冲击电流计测量确定.

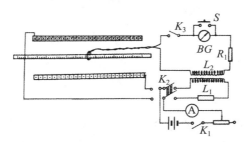

图 4 - 43　冲击电流计实验装置和电路

感应电动势 $\varepsilon_1 = -N \dfrac{\mathrm{d}\varphi}{\mathrm{d}t}$, 回路中电压方程为

$$-N \frac{\mathrm{d}\varphi}{\mathrm{d}t} = Ri + L \frac{\mathrm{d}i}{\mathrm{d}t}, \tag{4-68}$$

其中, N 为探测线圈匝数, R 为回路电阻, L 为回路自感系数. 将上式积分,可得

$$-N \int_{\varphi(0)}^{\varphi(x)} \frac{\mathrm{d}\varphi}{\mathrm{d}t} \mathrm{d}t = R \int_0^\tau i \, \mathrm{d}t + L \int_{i(0)}^{i(x)} \frac{\mathrm{d}i}{\mathrm{d}t} \mathrm{d}t,$$

得到

$$-N\Delta\varphi = RQ_1,$$

用" $\Delta B \cdot S$ "代换" $-\Delta\varphi$ ",则

$$NB \cdot S = RQ_1,$$

将(4-67)式代入,可得

$$B = \frac{R\beta}{NS} n_1, \tag{4-69}$$

其中,n_1 可由冲击电流计读出;N 和 S 是仪器的固定参数,事先由实验室给出;$R\beta$ 需要实验测量.切换开关 K_2,给互感器线圈通电或断电,在通断电瞬间冲击电流计回路中激发一个电流脉冲,能够被冲击电流计测定.

在互感电动势线圈中,

$$\varepsilon_2 = -M \frac{\mathrm{d}I}{\mathrm{d}t}.$$

回路中电流方程为

$$i = \frac{\varepsilon_2}{R} = -\frac{M}{R} \cdot \frac{\mathrm{d}I}{\mathrm{d}t},$$

积分可得

$$Q_2 = \frac{M}{R} \Delta I = \frac{M}{R} I (I \text{ 由电流表读出}).$$

由(4-67)式有 $\beta n_2 = \dfrac{M}{R} I$, 即

$$\beta R = \frac{MI}{n_2}. \tag{4-70}$$

因此,用冲击电流计测量磁场的计算公式为

$$B = \frac{MI}{NS} \cdot \frac{n_1}{n_2}. \tag{4-71}$$

实验内容及步骤

1. 了解冲击电流计及整套测量装置的构造和操作开关.连接电路,调整好冲击电流计的镜尺读数系统.

2. 逐点测量螺线管内的磁场.

(1)断开 K_3,将 K_2 倒向螺线管侧,接通 K_1.调节 R_2 使流过螺线管的电流达到规定值 I_1,而后切断 K_1.探测线圈到位,冲击电流计回零.

(2)操纵 K_1,先给螺线管通电冲击,记下电流计的最大偏转度 $n_{1左}$(或 $n_{1右}$).利用 K_4 使指针迅速回零,再给螺线管断电冲击,记下电流计的最大偏转度 $n_{1右}$(或 $n_{1左}$).

(3)探测线圈移至下一个测量点,重复步骤(2)的操作,记录第 2 组数据.依此类推,测完设定的各点,将数据填入自行设计的记录表.

3. 利用互感器测定磁通冲击常数 $(R \cdot \beta)$.

数据处理

自行设计数据记录表,将所测数据填入记录表.

（1）将所测数据依据(4 - 66)式计算 K,再由(4 - 71)式计算 B.

（2）作出螺线管沿轴方向的磁场分布曲线.

（3）计算螺线管中点和端点磁感应强度实验值与理论值的相对误差.

实验 23　▶　光电传感器的应用

PPT 课件 29
实验 23

　　光敏传感器是将光信号转换为电信号的传感器,又称光电式传感器.它可用于检测直接引起光强度变化的非电量,如光强、光照度、辐射测温、气体成分分析等,也可用来检测能转换成光量变化的其他非电量,如零件直径、表面粗糙度、位移、速度、加速度及物体形状、工作状态识别等.光敏传感器具有非接触、响应快、性能可靠等特点,在工业自动控制及智能机器人中得到广泛应用.

　　光敏传感器的物理基础是光电效应,即光敏材料的电学特性都因受到光的照射而发生变化.光电效应通常分为外光电效应和内光电效应两类.外光电效应是指在光照射下,电子逸出物体表面的外发射的现象,又称光电发射效应.基于这种效应的光电器件有光电管、光电倍增管等.内光电效应是指入射的光强改变物质导电率的物理现象,又称光电导效应.大多数光电控制应用的传感器,如光敏电阻、光敏二极管、光敏三极管、硅光电池等都是内光电效应类传感器.近年来新的光敏器件不断涌现,如具有高速响应和放大功能的 APD 雪崩式光电二极管、半导体光敏传感器、光电闸流晶体管、光导摄像管、CCD 图像传感器等,为光电传感器的应用打开新的一页.本实验主要研究光敏电阻、硅光电池、光敏二极管、光敏三极管这 4 种光敏传感器的基本特性,以及光纤传感器的基本特性和光纤通信的基本原理.

实验目的

(1) 了解光敏电阻的基本特性,测出它的伏安特性曲线和光照特性曲线.
(2) 了解光敏二极管的基本特性,测出它的伏安特性曲线和光照特性曲线.
(3) 了解硅光电池的基本特性,测出它的伏安特性曲线和光照特性曲线.
(4) 了解光敏三极管的基本特性,测出它的伏安特性曲线和光照特性曲线.
(5) 了解光纤传感器的基本特性和光纤通信的基本原理.

实验器材

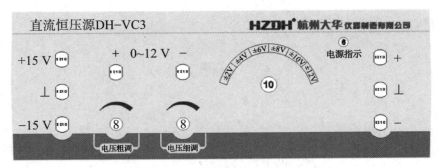

图 4-44　DH-VC3 型直流恒压源面板

DH－SJ3 型光电传感器设计实验仪.

DH－SJ3 型光电传感器设计实验仪由光敏电阻板、硅光电池板、光敏二极管板、光敏三极管板、红光发射管 LED3、接收管（包括 PHD 101 型光电二极管和 PHT 101 型光电三极管）、Φ2.2 和 Φ2 光纤、光纤座、测试架、DH－VC3 直流恒压源、九孔万用插板（九孔板）、万用表、电阻元件盒以及转接盒等. 如图 4－44 所示为 DH－VC3 型直流恒压源的面板. 实验元件及测试架如图 4－45 所示.

实验时，测试架中的光源电源插孔以及传感器插孔均通过转接盒与九孔板相连，其他连接都在九孔板中实现. 在测试架中可以更换传感器板.

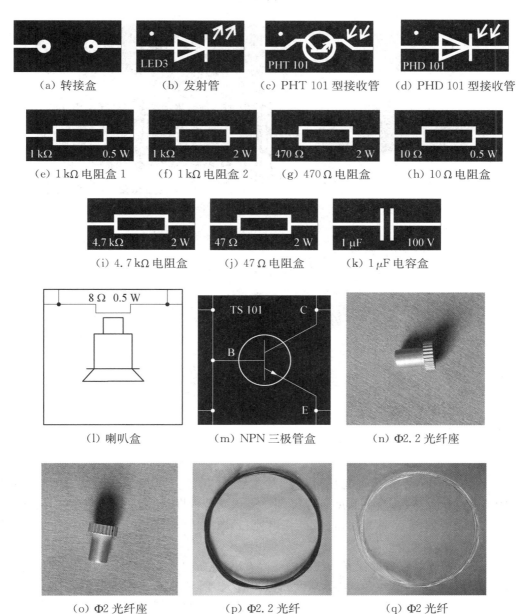

(a) 转接盒　　　　(b) 发射管　　　　(c) PHT 101 型接收管　　　(d) PHD 101 型接收管

(e) 1 kΩ 电阻盒 1　(f) 1 kΩ 电阻盒 2　(g) 470 Ω 电阻盒　(h) 10 Ω 电阻盒

(i) 4.7 kΩ 电阻盒　(j) 47 Ω 电阻盒　(k) 1 μF 电容盒

(l) 喇叭盒　　　　(m) NPN 三极管盒　　　(n) Φ2.2 光纤座

(o) Φ2 光纤座　　　(p) Φ2.2 光纤　　　(q) Φ2 光纤

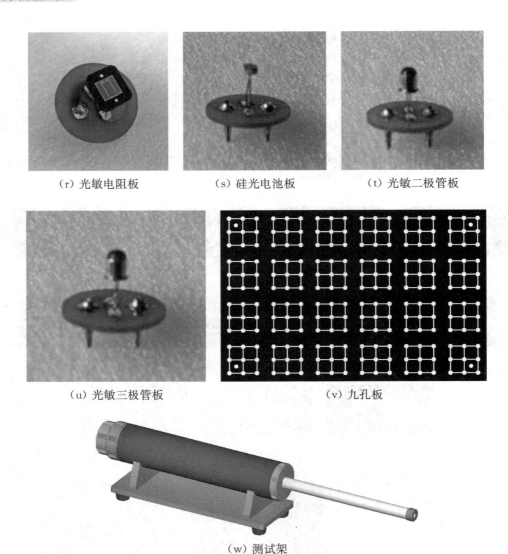

（r）光敏电阻板　　　　（s）硅光电池板　　　　（t）光敏二极管板

（u）光敏三极管板　　　　　　　　　（v）九孔板

（w）测试架

图 4 - 45　实验元件及测试架

实验原理

1. 伏安特性

光敏传感器在一定的入射光强照度下,光敏元件的电流 I 与所加电压 U 之间的关系称为光敏器件的伏安特性. 改变照度可以得到一组伏安特性曲线,它是传感器应用设计时选择电参数的重要依据. 某种光敏电阻、硅光电池、光敏二极管、光敏三极管的伏安特性曲线如图 4 - 46 所示.

从上述 4 种光敏器件的伏安特性曲线可以看出,光敏电阻类似一个纯电阻,其伏安特性曲线线性良好,在一定照度下,电压越大光电流越大,但必须考虑光敏电阻的最大耗散功率,超过额定电压和最大电流都可能导致光敏电阻的永久性损坏. 光敏二极管的伏安特性曲

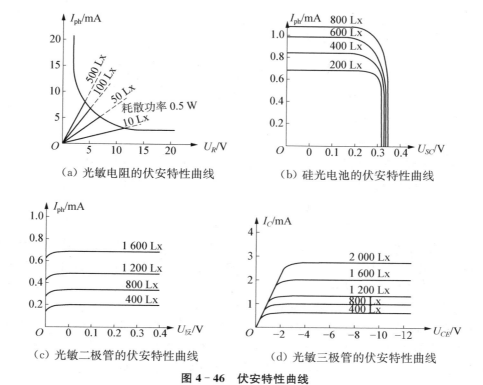

（a）光敏电阻的伏安特性曲线　　　　（b）硅光电池的伏安特性曲线

（c）光敏二极管的伏安特性曲线　　　　（d）光敏三极管的伏安特性曲线

图 4 - 46　伏安特性曲线

线和光敏三极管的伏安特性曲线类似,但光敏三极管的光电流比同类型的光敏二极管大好几十倍,在零偏压时,光敏二极管有光电流输出,而光敏三极管则无光电流输出. 在一定光照度下,硅光电池的伏安特性曲线呈非线性.

2. 光照特性

光敏传感器的光谱灵敏度与入射光强之间的关系称为光照特性,有时光敏传感器的输出电压或电流与入射光强之间的关系又称光照特性,它也是光敏传感器应用设计时选择参数的重要依据之一. 某种光敏电阻、硅光电池、光敏二极管、光敏三极管的光照特性曲线如图 4 - 47 所示.

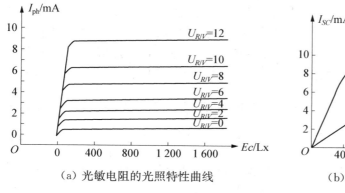

（a）光敏电阻的光照特性曲线

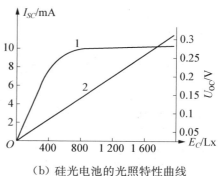

（b）硅光电池的光照特性曲线

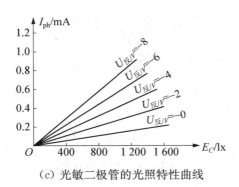
（c）光敏二极管的光照特性曲线

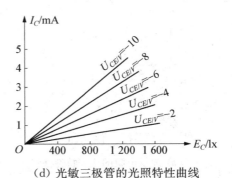
（d）光敏三极管的光照特性曲线

图 4‑47   光照特性曲线

从上述 4 种光敏器件的光照特性曲线可以看出，光敏电阻、光敏三极管的光照特性曲线呈非线性，一般不适合用作线性检测元件. 硅光电池的开路电压也呈非线性且有饱和现象，但硅光电池的短路电流呈良好的线性，故以硅光电池作测量元件应用时，应该利用短路电流与光照度的良好线性关系. 所谓短路电流，是指外接负载电阻远小于硅光电池内阻时的电流. 一般负载在 20 Ω 以下时，其短路电流与光照度呈良好的线性，且负载越小，线性关系越好、线性范围越宽. 光敏二极管的光照特性也呈良好的线性，而光敏三极管在大电流时会有饱和现象，故一般在用作线性检测元件时，可选择光敏二极管，而不能选用光敏三极管.

实验内容及步骤

实验中对应的光照强度均为相对光强，可以通过改变点光源电压或改变点光源到光敏电阻之间的距离来调节相对光强. 光源电压的调节范围为 0～12 V，光源和传感器之间的距离调节有效范围为 0～200 mm，实际距离为 50～250 mm.

1. 光敏电阻特性实验
（1）光敏电阻的伏安特性测试实验.

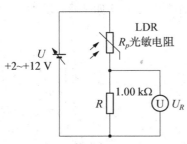

图 4‑48   光敏电阻伏安特性测试
电路

① 按照图 4‑48 接好实验线路. 将光源用的标准钨丝灯和光敏电阻板放在测试架中，电阻盒和转接盒插在九孔板中，电源由 DH‑VC3 型直流恒压源提供.

② 通过改变光源电压或调节光源到光敏电阻之间的距离以提供一定的光强. 每次在一定的光照条件下，测出加在光敏电阻上的电压 U. 当 U 为 +2 V，+4 V，+6 V，+8 V，+10 V 时，记录 5 个光电流，即 $I_{ph} = \dfrac{U_R}{1.00 \ \text{k}\Omega}$. 同时，计算此时光敏电阻的阻值，即 $R_p = \dfrac{U - U_R}{I_{ph}}$. 逐步调大相对光强，重复上述实验，进行 5～6 次不同光强实验数据测量，实验数据记入表 4‑5.

③ 根据实验数据画出光敏电阻的一组伏安特性曲线.

表 4 - 5　光敏电阻的伏安特性测试实验数据记录表

I/mA		\multicolumn{5}{c}{U/V}				
		2	4	6	8	10
S/cm	25					
	20					
	15					
	10					
	5					

（2）光敏电阻的光照特性测试实验.

① 按照图 4 - 48 接好实验线路. 将光源用的标准钨丝灯和检测用的光敏电阻放在测试架中, 电阻盒和转接盒插在九孔板中, 电源由 DH - VC3 型直流恒压源提供.

② 从 $U=0$ 开始到 $U=12\,\text{V}$, 每次在一定的外加电压下测出光敏电阻在相对光照强度从"弱光"到逐步增强的光电流, 即 $I_{ph}=\dfrac{U_R}{1.00\,\text{k}\Omega}$. 同时, 计算此时光敏电阻的阻值, 即 $R_p=\dfrac{U-U_R}{I_{ph}}$. 实验数据记入表 4 - 6.

③ 根据实验数据画出光敏电阻的一组光照特性曲线.

表 4 - 6　光敏电阻的光照特性测试实验数据记录表

I/mA		\multicolumn{5}{c}{S/cm}				
		25	20	15	10	5
U/V	2					
	4					
	6					
	8					
	10					

2. 硅光电池特性实验

（1）硅光电池的伏安特性测试实验.

① 将硅光电池板放在测试架中, 电阻盒插在九孔板中, 电源由 DH - VC3 型直流恒压源提供, R_X 接到暗箱边的插孔中, 以便与外部电阻箱相连. 按照图 4 - 49 连接实验线路. 当开关 K 指向"1"时, 用电压表测量开路电压 U_{oc}; 当开关指向"2"时, R_X 短路, 由电压表测量电压 U_R. 光源用钨丝灯, 光源电压为 $0\sim12\,\text{V}$ 可调, 串接电阻箱 $0\sim10\,000\,\Omega$ 可调.

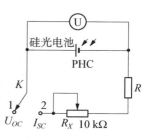

图 4 - 49　硅光电池特性测试电路

② 先将可调光源调至相对光强为"弱光"的位置.每次在一定的照度下,测出硅光电池的光电流 I_{ph} 与光电压 U_{SC} 在不同负载条件下的关系(0~10 000 Ω),其中, $I_{\text{ph}} = \dfrac{U_R}{10.00\ \Omega}$ (取样电阻阻值为 10.00 Ω).以后逐步调大相对光强 5~6 次,重复上述实验,实验数据记入表 4-7.

③ 根据实验数据画出硅光电池的一组伏安特性曲线.

表 4-7　硅光电池的伏安特性测试实验数据记录表

I/mA		U/V				
		0	0.1	0.2	0.3	0.4
S/cm	25					
	20					
	15					
	10					
	5					

(2) 硅光电池的光照度特性测试实验.

① 实验线路如图 4-49 所示,将电阻箱调到 0 Ω.

② 先将可调光源调至相对光强为"弱光"位置.每次在一定的照度下,测出硅光电池的开路电压 U_{oc} 和短路电流 I_S ,其中,短路电流为 $I_S = \dfrac{U_R}{10.00\ \Omega}$ (取样电阻阻值为 10.00 Ω).以后逐步调大相对光强 5~6 次,重复上述实验,实验数据记入表 4-8.

③ 根据实验数据画出硅光电池的一组光照特性曲线.

表 4-8　硅光电池的光照特性测试实验数据记录表

	S/cm				
	25	20	15	10	5
I/mA					
U/V					

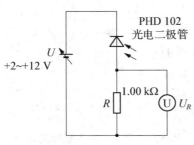

图 4-50　光敏二极管特性测试电路

3. 光敏二极管特性实验

(1) 光敏二极管的伏安特性测试实验.

① 按照图 4-50 接好实验线路.将光敏二极管板放在测试架中,电阻盒插在九孔板中,电源由 DH-VC3 型直流恒压源提供,光源电压为 0~12 V 可调.

② 先将可调光源调至相对光强为"弱光"的位置.每次在一定的照度下,测出加在光敏二极管上的反偏电压与产生的光电流,其中,光电流为 $I_{\text{ph}} = \dfrac{U_R}{1.00\ \text{k}\Omega}$ (取样电

阻阻值为 1.00 kΩ). 以后逐步调大相对光强 5～6 次,重复上述实验,实验数据记入表 4-9.

③ 根据实验数据画出光敏二极管的一组伏安特性曲线.

表 4-9　光敏二极管的伏安特性测试实验数据记录表

I/mA		S/cm				
		25	20	15	10	5
U/V	−0.5					
	−1.0					
	−1.5					
	−2.0					
	−2.5					

(2) 光敏二极管的光照度特性测试实验.

① 按照图 4-50 接好实验线路.

② 调节反偏压从 $U=0$ 开始到 $U=+12\,V$,每次在一定的反偏电压下测出光敏二极管在相对光照度为"弱光"到逐步增强的光电流,其中,光电流 $I_{ph}=\dfrac{U_R}{1.00\,k\Omega}$(取样电阻阻值为 1.00 kΩ),实验数据记入表 4-10.

③ 根据实验数据画出光敏二极管的一组光照特性曲线.

表 4-10　光敏二极管的光照特性测试实验数据记录表

I/mA		S/cm				
		25	20	15	10	5
U/V	−2					
	−4					
	−6					
	−8					
	−10					

4. 光敏三极管特性实验

(1) 光敏三极管的伏安特性测试实验.

① 按照图 4-51 接好实验线路.将光敏三极管板放在测试架中,电阻盒插在九孔板中,电源由 DH-VC3 型直流恒压源提供,光源电压为 0～12 V 可调.

② 先将可调光源调至相对光强为"弱光"的位置.每次在一定光照条件下,测出加在光敏三极管的偏置电压 U_{CE}

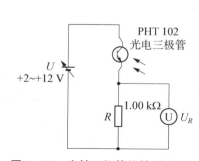

图 4-51　光敏三极管特性测试实验

与产生的光电流 I_C,其中光电流 $I_C = \dfrac{U_R}{1.00\,\mathrm{k\Omega}}$(取样电阻阻值为 $1.00\,\mathrm{k\Omega}$),实验数据记入表 4-11.

③ 根据实验数据画出光敏三极管的一组伏安特性曲线.

表 4-11　光敏三极管的伏安特性测试实验数据记录表

I/mA		S/cm				
		25	20	15	10	5
U/V	-0.5					
	-1.0					
	-1.5					
	-2.0					
	-2.5					

(2)光敏三极管的光照度特性测试实验.

① 实验线路如图 4-51 所示.

② 偏置电压 U_C 从 $0\,\mathrm{V}$ 开始到 $+12\,\mathrm{V}$,每次在一定的偏置电压下测出光敏三极管在相对光照度为"弱光"到逐步增强的光电流,其中,光电流 $I_C = \dfrac{U_R}{1.00\,\mathrm{k\Omega}}$(取样电阻阻值为 $1.00\,\mathrm{k\Omega}$),实验数据记入表 4-12.

③ 根据实验数据画出光敏三极管的一组光照特性曲线.

表 4-12　光敏三极管的光照特性测试实验数据记录表

I/mA		S/cm				
		25	20	15	10	5
U/V	-2					
	-4					
	-6					
	-8					
	-10					

5. 光纤传感器原理及其应用

(1)光纤传感器基本特性研究.

图 4-52(a)和(b)分别是用光电三极管和光电二极管构成的光纤传感器原理图.其中,LED3 为红光发射管,提供光纤光源;光通过光纤传输后由光电三极管或光电二极管接收. LED3,PHT 101,PHD 101 上面的插座用于插入光纤座和光纤.

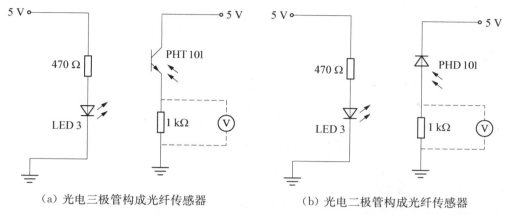

（a）光电三极管构成光纤传感器　　　　　　（b）光电二极管构成光纤传感器

图 4－52　光纤传感器原理

① 通过改变红光发射管供电电流的大小来改变光强,分别测量通过光纤传输后光电三极管和光电二极管上产生的光电流,得出它们之间的函数关系.注意:流过红光发射管LED3 的最大电流不要超过 40 mA;光电三极管的最大集电极电流为 20 mA,功耗最大为75 mW/25℃.

② 红光发射管供电电流的大小不变(即光强不变),通过改变光纤的长短来测量产生的光电流的大小与光纤长短之间的函数.

（2）光纤通信的基本原理.

实验时按照图 4－53(a)和(b)接线.把波形发生器设定为正弦波输出,幅度调到合适值,示波器将会有波形输出.改变正弦波的幅度和频率,接收的波形也将随之改变,喇叭盒也发出频率和响度不同的单频声音.注意:流过 LED3 的最高峰值电流为 180 mA/kHz.

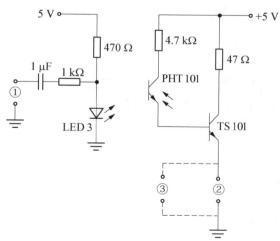

①为波形发生器,②为喇叭,③为示波器

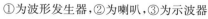

（a）光纤通信基本应用的原理图

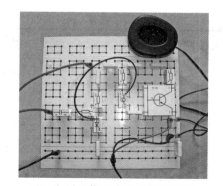

（b）光纤通信基本应用的接线图

图 4－53　光纤通信的基本应用

在实际实验过程中,可以用喇叭盒代替耳机听筒,光电三极管 PHT 101 也可以换成光电二极管 PHD 101.

思考题

1. 验证光照强度与距离的平方成反比(把实验装置近似为点光源).

2. 当光敏电阻所受光强发生改变时,光电流要经过一段时间才能达到稳态值. 光照突然消失时,光电流也不立刻为零,这说明光敏电阻有延时特性. 试研究这一特性.

3. 什么是光敏电阻的光谱特性和频率特性? 如何进行研究?

图 4-54   光电传感器更换示意图

实验说明

实验时需要更换各种光电传感器,只需拧开测试架,换上对应的传感器板即可. 光电传感器更换如图 4-54 所示.

表 4-13 和表 4-14 分别给出 DH-SJ3 型光电传感器设计实验仪小灯泡光强分布和光敏传感器光电特性试验仪相对照度的参考数据。

表 4-13   DH-SJ3 型光电传感器设计实验仪小灯泡光强分布参考数据

光照度 E/Lux		距离 S/cm				
		5	10	15	20	25
灯泡电压 U/V	4	46.8	16.2	9.8	7.1	5.4
	6	315.7	109.4	66.5	47.6	36.6
	8	1 099.0	380.8	231.4	165.8	127.3
	10	2 688.9	931.7	566.1	405.7	311.3
	12	5 436.7	1 883.8	1 144.6	820.3	629.5

表 4-14   光敏传感器光电特性试验仪相对照度参考数据

光源电压 U/V	距离 S/cm	光照度 E/lx	光源电压 U/V	距离 S/mm	光照度 E/lx
24.00	50	900	12.00	50	62
24.00	10	300	12.00	100	20
24.00	150	150	12.00	150	12
24.00	200	100	12.00	200	6.0
20.00	50	500	10.00	50	30.0
20.00	10	160	10.00	100	10.0
20.00	150	80	10.00	150	5.0

光源电压 U/V	距离 S/cm	光照度 E/lx	光源电压 U/V	距离 S/mm	光照度 E/lx
20.00	200	50	10.00	200	3.0
18.00	50	300	8.00	50	10.0
18.00	10	100	8.00	100	4.0
18.00	150	50	8.00	150	2.0
18.00	200	35	8.00	200	1.0
16.00	50	180	6.00	50	3.0
16.00	10	65	6.00	100	0.85
16.00	150	35	6.00	150	0.45
16.00	200	20	6.00	200	0.25
14.00	50	120	4.00	50	0.3
14.00	10	40	4.00	100	0.09
14.00	150	20	4.00	150	0.03
14.00	200	12	4.00	200	

实验拓展

实例:点钞机

在点钞机中光电传感器必不可少. 点钞机的计数器采用两组红外光电传感器. 每一个传感器由一个红外发光二极管和一个接收红外线的光敏三极管组成,两者之间留有适当距离. 点钞机的计数器采用非接触式红外光电检测技术,具有结构简单、精度高和响应速度快的优点.

实验 24 ▶ 基本传感器的应用

PPT 课件 30
实验 24

普通物理实验的方法和设备能够通过现代化的测量手段进行重新设计和改造.随着传感技术的迅速发展,越来越多的大学物理实验开始使用各种传感器进行测量,如利用温度、位移、压力等传感器能够改进传统实验装置,促进大学物理实验与高新技术的融合,提高大学物理实验的教学质量.

本实验采用 FB716 Ⅱ 型传感器自主设计性实验装置,设计了基于金属箔式应变片、霍尔式传感器、差动变压器、差动螺管式(自感式)传感器、磁电式传感器、压电传感器、差动面积式电容传感器、扩散硅压阻式压力传感器、气敏传感器、湿敏传感器、热释电传感器和光电传感器实验.在实验内容方面,学生不仅能够通过系列实验掌握传感器的基本原理、验证物理效应,还能了解传感器功能的应用演示;在实验仪器方面,可以将集成化的仪器设备转化为开放式的实验平台,便于学生直接观察实验现象和掌握实验原理.将传感器理论教学和实践应用相结合,能够让学生直观、深刻地了解传感器的原理、功能与特性,也加强学生创新和实践能力的培养.

实验目的

(1)了解霍尔式传感器的原理与特性.
(2)了解霍尔式传感器在静态测量中的应用.
(3)了解交流激励霍尔片的特性.

实验器材

FB716 Ⅱ 型传感器设计性实验装置,霍尔式传感器及磁场,霍尔片,电桥模块,差动放大器,万用表,JK-19 型直流恒压电源,测微头及连接件,FB716 Ⅱ 型传感器实验台和九孔板.

实验原理

1. 实验装置组成

如图 4-55 所示,FB716 Ⅱ 型传感器设计性实验装置主要由以下 5 个部分组成:

(1)传感器实验台.装有双平行振动梁(包括上下各 2 片应变片、梁自由端的磁钢)、双平行梁测微头、支架及振动盘(装有用于固定霍尔式传感器的 2 个半圆磁钢、差动变压器的可动芯子、电容传感器的动片组、磁电传感器的可动芯子和压电传感器).安装时可参考如图 4-56 所示的结构安装和各模块的电气连接示意图.

(2)九孔板.九孔板是实验的一个接口平台(桥梁).

(3)JK-20 型频率振荡器.含音频振荡器和低频振荡器.

(4)JK-19 型直流恒压电源.提供实验所必需的电源.

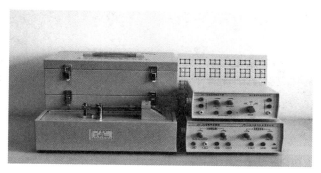

图 4-55　传感器设计性实验装置

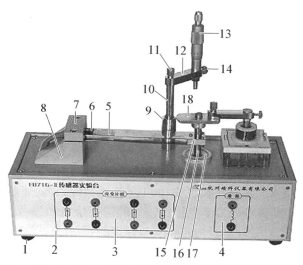

1-机箱底脚;2-机箱;3-应变片组信号输出插座;4-激励信号输入插座;5-双平行梁;6-应变片;7-平行梁压块;8-平行梁安装底座;9-测微头座;10-支杆;11-支杆锁紧螺钉;12-连接板;13-测微头;14-连接板锁紧螺钉;15-搁板及固定螺钉;16-磁棒;17-激励线圈及螺母;18-振动盘

（a）传感器实验台的各部分名称及安装

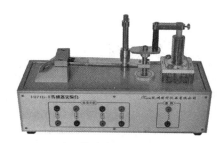

（b）差动变压器的安装

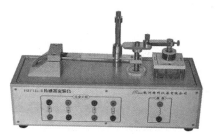

（c）磁电式传感器的安装

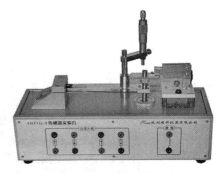

（d）压电传感器的安装　　　　　　　（e）变面积电容传感器的安装

图 4-56　实验安装示意图

说明：① 测微头只用于静态实验；
　　　② 使用振动盘时，需按顺序装卸部件

（5）处理电路模块.由电桥（实验中提供元件和参考电路，由学生自行搭建）、差动放大器、电容放大器、电压放大器、移相器、相敏检波器、电荷放大器、低通滤波器、调零、增益和移相等模块组成.

2. 实验特点

（1）利用 FB716Ⅱ型传感器设计性实验装置，可以完成 20 多个传感器实验项目.

（2）实验装置采用所有分立元器件封装成透明模块的方式，盒内元器件的实际形状可直接观察.可根据实验需要，在九孔板上自由组合各元器件，并用带插头接线连接（实验时备有大量带插头接线）.实验可以为学生提供较大的选择余地和思考空间，有利于培养和提高学生的动手操作能力，加深对仪器构造和实验原理的理解.

（3）实验装置采用布局较为合理、十分成熟的电路设计，同时采用性能比较稳定、品质较高的传感器.

3. 实验安装示意图

传感器实验台的各部分名称及实验仪器安装如图 4-56(a)所示.差动变压器、磁电式传感器、压电传感器、变面积电容传感器的安装分别如图 4-56(b)，(c)，(d)，(e)所示.

实验使用的电源和信号源如图 4-57 所示.

（a）传感器配套用直流电源　　　　　　　（b）传感器配套用频率振荡器

图 4-57　实验电源和信号源

实验使用的各种实验模块如图 4 - 58 所示.

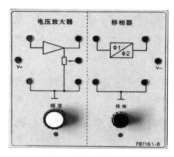

（a）电压放大器与移相器

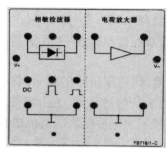

（b）相敏检波器与电荷放大器

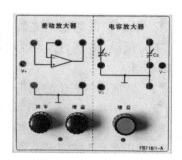

（c）差动放大器与电容放大器

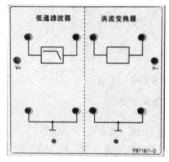

（d）低通滤波器与涡流变换器

（e）磁电式传感器

（f）差动式传感器

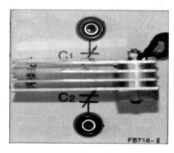

（g）电容式传感器

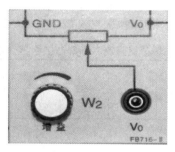

（h）电位器调节

（i）气敏电阻传感器

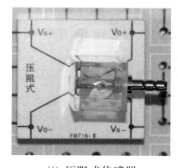

（j）压阻式传感器

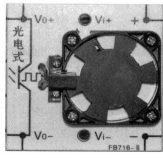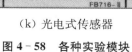

（k）光电式传感器

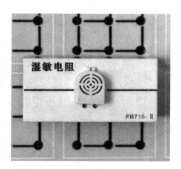

（l）湿敏电阻传感器

图 4 - 58 各种实验模块

实验内容及步骤

1. 霍尔式传感器的直流激励静态位移特性

实验预设:将差动放大器增益旋钮旋至最小,万用表置于"20 V"档,直流恒压电源置于"±2 V"档.

(1) 了解霍尔式传感器的结构,熟悉霍尔片的符号.将霍尔磁场固定在振动盘上,调节振动盘与霍尔片之间的位置(不可有任何接触,以免损坏霍尔传感器).

(2) 按照图 4-59 接线,W_1 和 r 为电桥模块的直流电桥平衡网络,霍尔片上的 A,B,C,D 与霍尔式传感器上的 A,B,C,D 一一对应.

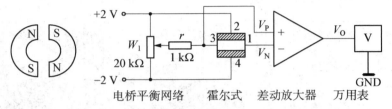

图 4-59 霍尔式传感器的直流激励静态位移特性实验线路

(3) 装好测微头,调节测微头与振动盘吸合,并使霍尔片置于磁场的正中位置.

(4) 打开直流恒压电源,调整 W_1 使万用表指示为零(要先将 W_1 调节好,再调整霍尔片的位置).

(5) 上下旋动测微头,记下万用表的读数 U.建议每隔 0.1 mm 读数,并将读数记入表 4-15.描绘 U-X 曲线并指出线性范围,求出灵敏度 $S = \Delta U / \Delta X$.

表 4-15 霍尔式传感器直流激励静态位移特性实验数据记录表

X/mm									
U/mV									

2. 霍尔式传感器的应用——电子秤

实验预设:将直流恒压电源置于"±2 V"档,万用表置于"2 V"档.

(1) 将霍尔磁场固定在振动盘上,调节振动盘与霍尔片之间的位置(不可有任何接触,以免损坏霍尔传感器),使霍尔片刚好处于磁场的中间位置.

(2) 按照图 4-59 接线,霍尔片上的 A,B,C,D 与霍尔式传感器上的 A,B,C,D 一一对应.打开直流恒压电源.

(3) 将差动放大器增益调至适中位置,调节调零旋钮使万用表显示为零.

(4) 在称重平台上放上砝码,将万用表的读数 U 记入表 4-16.

表 4-16 霍尔式传感器应用(电子秤)实验数据记录表

W/g					
U/V					

（5）在平面上放一个未知重量之物，记下表头读数. 根据实验结果作出 U-W 曲线，可求得未知物体的重量.

3. 霍尔式传感器的交流激励静态位移特性

实验预设：将差动放大器增益置于最大.

（1）将霍尔磁场固定在振动盘上，调节振动盘与霍尔片之间的位置（不可有任何接触，以免损坏霍尔传感器）. 装上并调节测微头与振动盘吸合，使霍尔片刚好处于磁场的中间位置.

（2）按照图 4-60 接线，霍尔片上的 A，B，C，D 与霍尔式传感器上的 A，B，C，D 一一对应. 打开直流恒压电源，将音频振荡器的输出幅度调到约 $5V_{\mathrm{p-p}}$，差动放大器增益调至合适位置. 利用示波器和万用表调整 W_1，W_2，以及移相器、振动盘与霍尔片之间的位置，再转动测微头，使其在某个位置时万用表指示为零，也可以调节音频幅度. 将万用表置于"$20\,\mathrm{V}$"档.

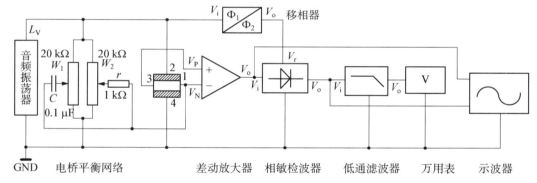

图 4-60 霍尔式传感器的交流激励静态位移特性实验线路

（3）旋动测微头，每隔 $0.1\,\mathrm{mm}$ 记下万用表的读数 U，并将读数记入表 4-17. 描绘 U-X 曲线并找出线性范围，求出灵敏度 $S = \Delta U/\Delta X$.

表 4-17 霍尔式传感器交流激励静态位移特性实验数据记录表

X/mm								
U/mV								

注意事项

（1）实验中使用的霍尔式传感器的线性范围较小，故砝码和重物不应太重.

（2）砝码应置于振动盘的中间部位．在装或卸砝码时，不要用力拉动．

（3）由于磁场的气隙较大，应使霍尔片尽量靠近极靴以提高灵敏度．

（4）激励电压不能过大，以免损坏霍尔片．

（5）交流激励信号的幅度应限制在 $5V_{\rm pp}$ 以下，以免霍尔片产生自热现象．

思考题

要将实验中的电子秤设计方案投入实际应用，应该如何改进？

实验说明

实验器材清单如表 4-18 所示。

表 4-18　实验器材清单

序号	器件名称	规格	单位	数量
1	FB716 II 型传感器实验台		台	1
2	差动变压器传感器		个	1
3	线性霍尔传感器		个	1
4	应变式传感器	已装在实验台上	个	1
5	磁电式传感器		个	1
6	压阻式传感器		个	1
7	电容式传感器		个	1
8	压电式传感器		个	1
9	光电式传感器		个	1
10	湿敏电阻传感器		个	1
11	气敏电阻传感器		个	1
12	热释电传感器		个	1
13	测微头		个	1
14	电位器	20 kΩ	个	2
15	固定电阻 1	10 Ω/2 W	个	1
16	固定电阻 2	350 Ω/2 W	个	3
17	固定电阻 3	1 kΩ/2 W	个	1
18	固定电容	0.1 μF	个	1
19	血压(气压)表		个	1
20	差动放大器与电容放大器		个	1
21	电压放大器与移相器		个	1
22	相敏检波器与电荷放大器		个	1

序号	器件名称	规格	单位	数量
23	低频滤波器与涡流变换器		个	1
24	振动台		个	1
25	短接桥		个	7
26	两头双头灯笼插头连接线 1	$L = 80\,cm$,红 3 根,黑 2 根,黄 2 根	根	7
27	两头双头灯笼插头连接线 2	$L = 30\,cm$,红 7 根,黑 7 根,黄 4 根	根	18
28	两头双头灯笼插头连接线 3	$L = 15\,cm$,红、黑、黄各 4 根	根	12
29	一头 Q9 插头、另一头灯笼插头	$L = 100\,cm$	根	2
30	测微头支杆、连接板		套	1
31	差动棒连接杆		套	1
32	霍尔式磁场、紧固架		套	1
33	电容式动片组、紧固架		套	1
34	磁电式动态棒、紧固架		套	1
35	砝码	20 g	个	6
36	砝码盘		个	1
37	振动棒		根	1
38	九孔板		块	1
39	JK‐20 型频率振荡器	专用	台	1
40	JK‐19 型直流恒压电源	专用	台	1
合计				89

实验 25 ▶ 交流电桥的原理和应用

PPT 课件 31
实验 25

交流电桥是一种比较式仪器,在电测技术中占有重要地位.它主要用于测量交流等效电阻及其时间常数、电容及其介质损耗、自感及其线圈品质因数和互感等电参数的精密测量,也可用于非电量变换为相应电量参数的精密测量.

常用的交流电桥分为阻抗比电桥和变压器电桥两类.在本实验中,交流电桥指的是阻抗比电桥.交流电桥的线路虽然与直流单臂电桥线路具有相同的结构形式,但因为它的 4 个臂是阻抗,所以,它的平衡条件、线路组成以及实现平衡的调整过程都比直流电桥要复杂.

实验目的

(1) 了解交流电桥的原理和特点.
(2) 掌握交流电桥调节平衡的方法.
(3) 学会用交流电桥测量电感、电容及其损耗.

实验器材

DH4518 型交流电桥实验仪.

实验原理

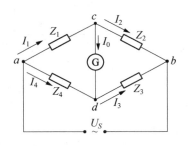

图 4-61   交流电桥原理

如图 4-61 所示是交流电桥的原理线路,它与直流单电桥原理相似.在交流电桥中,4 个桥臂一般是由交流电路元件(如电阻、电感、电容)组成;电桥的电源通常是正弦交流电源;交流平衡指示仪的种类很多,适用于不同频率范围.频率为 200 Hz 以下时,可采用谐振式检流计;在音频范围内可采用耳机作为平衡指示器;音频或更高的频率时,也可采用电子指零仪器;也有用电子示波器或交流毫伏表作为平衡指示器的.本实验采用高灵敏度的电子放大式指零仪,有足够的灵敏度.当指示器指零时,电桥达到平衡.

1. 交流电桥的平衡条件

在正弦稳态的条件下讨论交流电桥的基本原理.在交流电桥中,4 个桥臂由阻抗元件组成,在电桥的一个对角线 cd 上接入交流指零仪,另一对角线 ab 上接入交流电源.

当调节电桥参数使交流指零仪中无电流通过(即 $I_0 = 0$)时,cd 两点的电位相等,电桥达到平衡,这时有

$$U_{ac}=U_{ad},\ U_{cb}=U_{db},$$

即

$$I_1Z_1=I_4Z_4,\ I_2Z_2=I_3Z_3.$$

两式相除有

$$\frac{I_1Z_1}{I_2Z_2}=\frac{I_4Z_4}{I_3Z_3}.$$

当电桥平衡时，$I_0=0$，由此可得

$$I_1=I_2,\ I_3=I_4,$$

所以，

$$Z_1Z_3=Z_2Z_4, \tag{4-72}$$

上式就是交流电桥的平衡条件. 当交流电桥达到平衡时，相对桥臂的阻抗的乘积相等.

由图 4-61 可知，若第一桥臂由被测阻抗 Z_x 构成，则

$$Z_x=\frac{Z_2}{Z_3}Z_4.$$

当其他桥臂的参数已知时，就可决定被测阻抗 Z_x 值.

2. 交流电桥平衡的分析

下面对电桥的平衡条件作进一步的分析.

在正弦交流情况下，桥臂阻抗可以写成复数的形式，

$$Z=R+jX=Ze^{j\varphi}.$$

若将电桥的平衡条件用复数的指数形式表示，可得

$$Z_1e^{j\varphi_1}\cdot Z_3e^{j\varphi_3}=Z_2e^{j\varphi_2}\cdot Z_4e^{j\varphi_4},$$

即 $Z_1\cdot Z_3e^{j(\varphi_1+\varphi_3)}=Z_2\cdot Z_4e^{j(\varphi_2+\varphi_4)}$. 根据复数相等的条件，等式两端的幅模和幅角必须分别相等，故有

$$\begin{cases}Z_1\cdot Z_3=Z_2\cdot Z_4,\\ \varphi_1+\varphi_3=\varphi_2+\varphi_4,\end{cases} \tag{4-73}$$

上式就是平衡条件的另一种表现形式. 由此可见交流电桥的平衡必须满足两个条件：一是相对桥臂上阻抗幅模的乘积相等；二是相对桥臂上阻抗幅角之和相等.

3. 交流电桥的常见形式

交流电桥的 4 个桥臂要按一定的原则配以不同性质的阻抗，才有可能达到平衡. 从理论上讲，满足平衡条件的桥臂类型可以有许多种，但实际上常用的类型并不多.

桥臂尽量不采用标准电感. 由于制造工艺的原因,标准电容的准确度要高于标准电感,并且标准电容不易受外磁场的影响,因此,对于常用的交流电桥,不论是测电感和还是测电容,除了被测臂之外,其他 3 个臂都采用电容和电阻. 本实验由于采用开放式设计的仪器,也以标准电感作为桥臂,以便于使用者更全面地掌握交流电桥的原理和特点.

尽量使平衡条件与电源频率无关,这样才能发挥电桥的优点,使被测量只决定于桥臂参数,而不受电源的电压或频率的影响. 有些形式的桥路的平衡条件与频率有关,电源的频率不同将直接影响测量的准确性.

电桥在平衡中需要反复调节,才能使幅角关系和幅模关系同时得到满足. 通常将电桥趋于平衡的快慢程度称为交流电桥的收敛性. 收敛性愈好,电桥趋向平衡愈快;收敛性差,电桥不易平衡或者平衡过程时间很长、需要测量的时间也很长. 电桥的收敛性取决于桥臂阻抗的性质以及调节参数的选择. 收敛性差的电桥,因平衡比较困难故并不常用.

第 1 种　电容电桥

电容电桥主要用来测量电容器的电容量和损耗角. 为了弄清电容电桥的工作情况,首先对被测电容的等效电路进行分析,然后介绍电容电桥的典型线路.

(1) 被测电容的等效电路.

实际电容器并非理想元件,它存在介质损耗,所以,通过电容器 C 的电流和它两端的电压的相位差并不是 $90°$,而是比 $90°$ 要小一个 δ 角(又称介质损耗角). 具有损耗的电容可以用两种形式的等效电路表示:一种是理想电容和一个电阻相串联的等效电路,如图 4 - 62(a) 所示;另一种是理想电容与一个电阻相并联的等效电路,如图 4 - 63(a) 所示. 在等效电路中,理想电容表示实际电容器的等效电容,而串联(或并联)等效电阻则表示实际电容器的发热损耗.

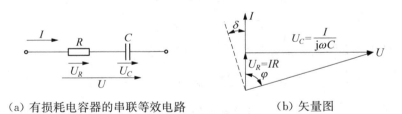

(a) 有损耗电容器的串联等效电路　　　　(b) 矢量图

图 4 - 62　理想电容和电阻串联的等效电路

图 4 - 62(b) 和图 4 - 63(b) 分别画出相应的电压、电流矢量图. 必须注意串联等效电路中的 C 和 R 与并联等效电路中的 C' 和 R' 是不相等的. 在一般情况下,当电容器介质损耗不大时,应当有 $C \approx C'$, $R \ll R'$. 所以,如果用 R 或 R' 来表示实际电容器的损耗时,还必须说明它是对于哪一种等效电路而言. 为了表示方便起见,通常用电容器的损耗角 δ 的正切 $\tan\delta$ 来表示它的介质损耗特性,这就是损耗因数,可以用符号 D 表示. 在串联等效电路中,

$$D = \tan\delta = \frac{U_R}{U_C} = \frac{IR}{\dfrac{I}{\omega C}} = \omega CR.$$

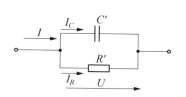
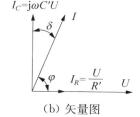

（a）有损耗电容器的并联等效电路　　　（b）矢量图

图 4-63　理想电容与电阻并联的等效电路

在并联等效电路中，

$$D = \tan\delta = \frac{I_R}{I_C} = \frac{\dfrac{U}{R'}}{\omega C'U} = \frac{1}{\omega C'U'}.$$

应当指出，在图 4-62(b) 和图 4-63(b) 中，$\delta = 90° - \varphi$ 对两种等效电路都是适合的，所以，不管使用哪种等效电路，求出的损耗因数是一致的.

（2）测量损耗小的电容电桥（串联电阻式）.

如图 4-64(a) 所示为适合用来测量损耗小的被测电容的电容电桥. 被测电容 C_x 接到电桥的第 1 臂，等效为电容 C_x' 和串联电阻 R_x'. 其中，R_x' 表示它的损耗；与被测电容相比较的标准电容 C_n 接入相邻的第 4 臂，同时与 C_n 串联一个可变电阻 R_n，桥的另外两臂为纯电阻 R_b 和 R_a. 当电桥调到平衡时，有

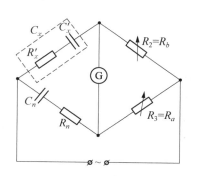
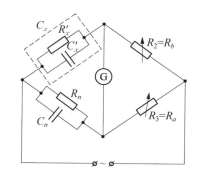

（a）串联电阻式电容电桥　　　　　（b）并联电阻式电容电桥

图 4-64　两种电容电桥

$$\left(R_x + \frac{1}{j\omega C_x}\right)R_a = \left(R_n + \frac{1}{j\omega C_n}\right)R_b.$$

令上式实数和虚数部分分别相等，有

$$\begin{cases} R_x R_a = R_n R_b, \\ \dfrac{R_a}{C_x} = \dfrac{R_b}{C_n}, \end{cases}$$

可得

$$R_x = R_n \frac{R_b}{R_a}, \tag{4-74}$$

$$C_x = \frac{R_a}{R_b} C_n. \tag{4-75}$$

由此可知,要使电桥达到平衡,必须同时满足上面两个条件,因此,至少需要调节两个参数.如果改变 R_n 和 C_n,便可以单独调节、互不影响地使电容电桥达到平衡.通常标准电容都是做成固定的, C_n 不能连接可变,这时可以调节 R_a/R_b 使(4-75)式得到满足,但调节 R_a/R_b 时又影响(4-74)式的平衡.因此,要使电桥同时满足两个平衡条件,必须对 R_n 和 R_a/R_b 等参数反复调节才能实现,在使用交流电桥时,必须通过实际操作获取经验,才能迅速调节电桥平衡.电桥达到平衡后, C_x 和 R_x 值可以分别按(4-74)和(4-75)式计算,其被测电容的损耗因数为

$$D = \tan\delta = \omega C_x R_x = \omega C_n R_n. \tag{4-76}$$

(3) 测量损耗大的电容电桥(并联电阻式).

假如被测电容的损耗大,在用上述电桥测量时,与标准电容相串联的电阻 R_n 必须很大,这将会降低电桥的灵敏度.因此,当被测电容的损耗大时,宜采用如图 4-64(b) 所示的另一种电容电桥来测量.它的特点是标准电容 C_n 与电阻 R_x 是并联的,根据电桥的平衡条件,可以写成

$$\left(\frac{1}{\frac{1}{R_n} + j\omega C_n}\right) R_b = \left(\frac{1}{\frac{1}{R_x} + j\omega C_x}\right) R_a,$$

整理后可得

$$C_x = C_n \frac{R_a}{R_b}, \tag{4-77}$$

$$R_x = R_n \frac{R_b}{R_a}. \tag{4-78}$$

损耗因数为

$$D = \tan\delta = \frac{1}{\omega C_x R_x} = \frac{1}{\omega C_n R_n}. \tag{4-79}$$

根据需要交流电桥测量电容还有其他形式,可参见相关资料.

第 2 种   电感电桥

电感电桥是用来测量电感的.电感电桥有多种线路,通常采用标准电容作为与被测电感相比较的标准元件,从前面的分析可知,这时标准电容一定要置于和被测电感相对的桥臂中.根据实际需要,也可采用标准电感作为标准元件,这时标准电感一定要置于和被测电感相邻的桥臂中,这里不再作为重点介绍.

一般实际的电感线圈都不是纯电感,除了电抗 $X_L = \omega L$ 外,还有有效电阻 R,两者之比称为电感线圈的品质因数 Q,即 $Q = \dfrac{\omega L}{R}$.

下面介绍两种电感电桥电路,它们分别适宜于测量高 Q 值和低 Q 值的电感元件.

(1) 测量高 Q 值电感的电感电桥.

测量高 Q 值电感的电感电桥原理线路如图 4 - 65(a)所示,该电桥又称海氏电桥.

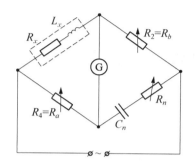
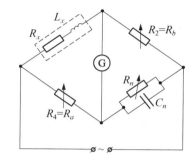

（a）测量高 Q 值电感的电桥　　　　　（b）测量低 Q 值电感的电桥

图 4 - 65　两种电感电桥

在电桥平衡时,根据平衡条件可得

$$(R_x + \mathrm{j}\omega L_x) \cdot \left(R + \frac{1}{\mathrm{j}\omega C_n}\right) = R_b R_a.$$

简化和整理后可得

$$\begin{cases} L_x = \dfrac{R_b R_a R_n}{1 + (\omega C_n R_n)^2}, \\ R_x = \dfrac{R_b R_a R_n (\omega C_n)^2}{1 + (\omega C_n R_n)^2}. \end{cases} \qquad (4-80)$$

由上式可知,海氏电桥的平衡条件与频率有关. 在应用成品电桥时,若改用外接电源供电,必须注意要使电源的频率与该电桥说明书上规定的电源频率相符,而且电源波形必须是正弦波,否则,谐波频率就会影响测量的精度.

用海氏电桥测量时,其品质因数为

$$Q = \frac{\omega L}{R_x} = \frac{1}{\omega C_n R_n}. \qquad (4-81)$$

由上式可知,被测电感 Q 值越小,要求标准电容 C_n 的值越大,但一般标准电容的容量不能做得太大. 此外,若被测电感的 Q 值过小,海氏电桥的标准电容的桥臂中所串联的 R_n 也必须很大,但当电桥中某个桥臂阻抗数值过大时,将会影响电桥的灵敏度,可见海氏电桥线路是宜于测量 Q 值较大的电感参数. 在测量 $Q < 10$ 的电感元件的参数时,需要用另一种电桥线路. 下面介绍这种适用于测量低 Q 值电感的电桥线路.

（2）测量低 Q 值电感的电感电桥.

测量低 Q 值电感的电感电桥原理线路如图 4-65（b）所示，该电桥又称麦克斯韦电桥.这种电桥与测量高 Q 值电感的电感电桥原理线路所不同的是，标准电容的桥臂中 C_n 和可变电阻 R_n 是并联的.在电桥平衡时，有

$$(R_x + \mathrm{j}\omega L_x) \cdot \left(\frac{1}{\frac{1}{R_n} + \mathrm{j}\omega C_n} \right) = R_b R_a.$$

相应的测量结果为

$$\begin{cases} L_x = R_b R_a C_n, \\ R_x = \dfrac{R_b}{R_a} R_a. \end{cases} \qquad (4-82)$$

被测对象的品质因数为

$$Q = \frac{\omega L_x}{R_x} = \omega C_n R_n. \qquad (4-83)$$

麦克斯韦电桥的平衡条件（4-82）式表明，它的平衡是与频率无关的，即：在电源为任何频率或非正弦的情况下，电桥都能平衡，故该电桥的应用范围较广.但是，由于电桥内各元件间的相互影响，交流电桥的测量频率对测量精度仍有一定影响.

第 3 种　电阻电桥

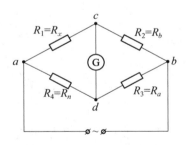

图 4-66　交流电桥测量电阻

测量电阻时采用惠斯通电桥，如图 4-66 所示.桥路形式与直流单臂电桥相同，只是这里用交流电源和交流指零仪作为测量信号.

当检流计 G 平衡时，G 中无电流流过，cd 两点为等电位，有

$$I_1 = I_2, \quad I_3 = I_4,$$

$I_1 R_1 = I_4 R_4，I_2 R_2 = I_3 R_3$ 式成立.于是，有 $\dfrac{R_1}{R_2} = \dfrac{R_4}{R_3}$，所以，

$R_x = \dfrac{R_4}{R_3} \cdot R_2$，即 $R_x = \dfrac{R_n}{R_a} \cdot R_b.$

由于采用交流电源和交流电阻作为桥臂，在测量一些残余电抗较大的电阻时不易平衡，这时可改用直流电桥进行测量.

实验视频 29
实验 25 交流
电桥的应用

实验内容及步骤

实验前应充分掌握实验原理.

接线前应明确桥路形式，错误的桥路可能会有较大的测量误差，甚至无法测量.

　　由于采用模块化设计,实验中连线较多.注意接线的正确性,这样可以缩短实验时间.文明使用仪器,正确使用专用连接线,不要拽拉引线部位,这样可以提高仪器的使用寿命.

　　交流电桥采用交流指零仪,电桥平衡时指针位于左侧零位.

　　实验时指零仪的灵敏度应先调至较低位置,待基本平衡时再调高灵敏度,重新调节桥路,直至最终平衡.

　　1. 用交流电桥测量电容.

　　根据实验原理,分别测量两个 C_x 电容,其中一个为低损耗的电容,另一个为有一定损耗的电容.试用合适的桥路测量电容的电容量及其损耗电阻,并计算损耗.

　　2. 用交流电桥测量电感.

　　根据实验原理,分别测量两个 L_x 电感,其中一个为低 Q 值的空心电感,另一个为有较高 Q 值的铁心电感.试用合适的桥路测量电感的电感量及其损耗电阻,并计算电感的品质因数.

　　3. 用交流电桥测量电阻.

　　用交流电桥测量不同类型和阻值的电阻,并与其他直流电桥的测量结果进行比较.

思考题

　　1. 为什么在交流电桥中至少需要两个可调参数? 根据什么原则选择这两个参量? 两个可调参量确定后,如何调节才能使电桥平衡?

　　2. 麦克斯韦电桥中 R_n 和 C_n 组成的桥臂为什么采用并联形式? 若改为串联形式,电桥的哪方面性能将受到影响? 电桥是否能达到平衡?

实验 26　▶　热敏电阻温度特性研究

　　热敏电阻是用半导体材料制成的热敏器件.根据其电阻率随温度变化的特性不同,大致可分为 3 种类型:①负温度系数(NTC)型热敏电阻;②正温度系数(PTC)型热敏电阻;③临界温度系数(CTC)型热敏电阻.其中,PTC 型和 CTC 型热敏电阻在一定温度范围内阻值随温度剧烈变化,因此,可用作开关元件.在温度测量中使用较多的是 NTC 型热敏电阻,本实验将测量其电阻的温度特性.

实验目的

(1) 学习用惠斯通电桥测电阻.
(2) 了解热敏电阻的电阻温度特性,掌握其测定方法.

实验器材

惠斯通电桥,水银温度计,烧杯,加热用电炉,热敏电阻,蒸馏水,直流稳压电源,等等.

实验原理

　　惠斯通电桥原理略,可参见"实验 14　用惠斯通电桥测电阻".

　　热敏电阻是用半导体氧化物(一般用 Fe_3O_4 和 $MgCr_2O_4$)制成的,也就是说,热敏电阻是半导体非线性电阻元件.

　　半导体的一个重要特点就是当温度升高时,其阻值急剧减小.这一点与金属不同.当温度增加时,金属的阻值不是减小而是增大,并且随温度变化很小.例如,当温度升高时,铜的电阻增加 0.4%,而半导体的阻值要减小 3%～6%.由此可见半导体阻值随温度变化的反应要灵敏得多,而且大多数的热敏电阻有负的温度系数.

　　NTC 型半导体热敏电阻的温度与阻值的关系为

$$R_T = A\exp(B/T), \tag{4-84}$$

其中,R_T 为温度是 T 时的电阻值;A 表示 $T\rightarrow\infty$ 时的电阻值,不仅与半导体材料的性质有关,而且与它的尺寸有关;B 为材料常数,对于陶瓷材料,B 往往随材料的成分、配比、烧结温度、烧结气氛等的变化而不同.利用(4-84)式,可求得

$$\ln R_T = \ln A + B/T. \tag{4-85}$$

　　在单对数坐标下,$\ln R_T$ 与 $1/T$ 成线性关系,B 值为直线的斜率,有

$$B = \frac{\ln R_1 - \ln R_2}{\left(\dfrac{1}{T_1} - \dfrac{1}{T_2}\right)} = 2.303\,\frac{\lg R_1 - \lg R_2}{\left(\dfrac{1}{T_1} - \dfrac{1}{T_2}\right)}, \tag{4-86}$$

其中, R_1 是温度 T_1 时的零功率电阻值, R_2 是温度 T_2 时的零功率电阻值. 通常取 $T_1 = 303\,\mathrm{K}(30℃)$, $T_2 = 363\,\mathrm{K}(90℃)$.

按照电阻温度系数的定义,

$$a_T = \frac{1}{R_T} \cdot \frac{\mathrm{d}R_T}{\mathrm{d}T} = \frac{\mathrm{d}\ln R_T}{\mathrm{d}T}. \tag{4-87}$$

将 (4-84) 式代入上式, 可得 $a_T = -\dfrac{B}{T^2}$.

显然, 电阻温度系数 a_T 并非常数, 它随着温度的升高而迅速减小. 因此, 温度系数只能表示 NTC 型热敏电阻在某个特定温度下的热敏性.

实验内容及步骤

1. 按原理图连线. 调节功率调节器控制温度, 从 30℃ 开始每隔 5℃ 测量一组 R_T, 直到 90℃ 为止. 撤去电炉, 使水温慢慢冷却, 在此降温过程中再测量一组 R_T.

实验视频 30
实验 26-1
热敏电阻操作

2. 计算升温与降温过程中在同一温度下 R_T 的平均值, 然后绘制热敏电阻的电阻温度特性曲线.

3. 在特性曲线上求出 $t = 50℃$ 点的斜率 $\dfrac{\mathrm{d}R_T}{\mathrm{d}T}$, 再代入 $\alpha = \dfrac{1}{R_T} \cdot \dfrac{\mathrm{d}R_T}{\mathrm{d}T}$, 计算电阻温度系数 α.

4. 绘制 $\ln R_T$-$1/T$ 曲线, 确定 A, B 值. 再由

实验视频 31
实验 26-2
热敏电阻电桥的使用

$$\alpha = \frac{1}{R_t} \cdot \frac{\mathrm{d}R_t}{\mathrm{d}t} = \frac{1}{R_T} \cdot \frac{\mathrm{d}R_T}{\mathrm{d}T} = -\frac{B}{T^2} \times 100\%,$$

求出 50℃ 时的电阻温度系数.

注意事项

(1) 由于热传导的滞后性, 在实验开始后请勿随意开关电炉, 否则将导致电炉温度难以控制.

(2) 由于电功率和散热因素, 功率过高会升温过速, 来不及记录数据; 功率过低会升温过慢, 浪费时间, 甚至可能达不到预定的温度. 建议在升温时逐步提高功率, 在降温时逐步降低功率.

(3) 由于实验要求记录特定温度下的实验数据, 实验时要多加注意温度计的读数, 以免错过.

思考题

1. 半导体热敏电阻为什么可用作测温元件?
2. 了解惠斯通电桥的原理, 分析应该如何提高它的灵敏度.

3. 除了电桥灵敏度造成的误差外,还有哪些实验误差?

4. 直角坐标和半对数坐标有何特点? 在本实验中应如何使用?

阅读材料 7
实验 26 阅读材料

第 5 章

光学实验

实验 27 ▸ 薄透镜焦距的测定

光学仪器种类繁多,透镜是光学仪器中最基本的元件. 反映透镜特性的一个重要参量是焦距. 在不同的使用场合,可以根据实际需要选择不同焦距的透镜或透镜组. 因此,了解并掌握透镜焦距的测量方法,掌握一些简单光路分析和调整方法,可以进一步理解几何光学中的成像规律,为正确使用光学仪器打下良好的基础.

PPT 课件 33
实验 27

实验目的

(1) 了解测量薄透镜焦距的几种方法.
(2) 掌握简单光路的分析、调整方法,并测量焦距.
(3) 了解透镜成像原理,观察透镜成像的球差和色差.

实验器材

光具座,钠光灯,薄透镜,物屏及像屏,平面镜,光阑,有色玻璃片,等等.

实验原理

透镜的厚度比它两个球面中任何一个曲面的曲率半径小得多,也比透镜的焦距 f 小得多的透镜称为薄透镜.

1. 透镜焦距的测量原理
(1) 物距像距法(公式法).

如图 5-1 所示的光路图,物体 A 发出的光线经过透镜折射后,将成像在透镜的另一侧 A'. 测出物距 u 和像距 v,代入薄透镜成像公式,有 $f = uv/(u+v)$,f 为透镜的焦距. 如果将窗外景物成像于屏上,或将阳光、灯光聚焦为一点,则此时的物距可视为无穷大,即 $u \approx \infty$,可以得到焦距等于像距,即 $f = v$. 物距像距法简单方便,但测量值是近似值(除阳光外).

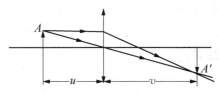

图 5-1   物距像距法测透镜焦距

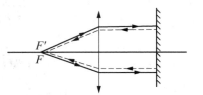

图 5-2   自准直法测透镜焦距

（2）自准直法（平面镜法）.

如图 5-2 所示的光路图，当发光物体处在凸透镜的焦平面上时，物体上任一点发出的光通过透镜后将成为一平行光. 若用与主轴垂直的平面镜将此平行光反射回去，反射光再通过透镜后仍将会聚在透镜的焦平面上，其会聚点与原物发光点以主轴呈对称分布，$u=f$，$V=\infty$. 形成的平行光经平面镜反射后，$u'=\infty$，$v'=f$. 物体到透镜主平面的距离就是焦距. 测出物体和透镜的位置 x_1 和 x_2，可得透镜的焦距 $f=x_2-x_1$.

（3）位移法（共扼法）.

以上两种测透镜焦距的方法均需测定物距，但实验中对较厚透镜或透镜组的主平面的位置往往较难精确地读出，或不易简单地确定，透镜焦距就不易准确测量. 采用位移法是把难以测准或不易测量的物理量转换成易于测准的物理量，这是一种常用的实验方法. 取物屏与像屏之间的距离 a 大于 4 倍的焦距 f，即 $a=u+v>4f$. 如图 5-3 所示，透镜在物屏与像屏之间移动，有两个位置可以在像屏上形成实像.

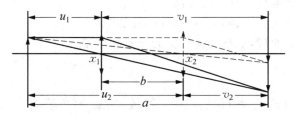

图 5-3   位移法测透镜焦距

透镜在 x_1 位置时（$u_1<v_1$），形成一放大的实像，有

$$f=\frac{u_1 v_1}{u_1-v_1}=\frac{(a-v_1)v_1}{a};\tag{5-1}$$

透镜在 x_2 位置时（$u_2>v_2$），形成一缩小的实像，有

$$f=\frac{u_2 v_2}{u_2-v_2}=\frac{(a-v_1+b)(v_1-b)}{a}.\tag{5-2}$$

联立（5-1）和（5-2）式，解得 $v_1=\dfrac{a+b}{2}$.   (5-3)

将（5-3）式代入（5-1）或（5-2）式，可得

$$f = \frac{a^2 - b^2}{4a},\qquad\qquad (5-4)$$

上式为应用位移法所得的结果,只要测出 a 和 b,即可算出焦距 f. 因为物屏与像屏固定在一定的位置上,其间距 a 可以准确地测量,而 b 只是透镜在 x_1 和 x_2 两个成像位置间的相对位移,与透镜主平面的位置无关,也可以准确测量,这样就整体上提高了测量的准确程度.

（4）望远镜法.

由凸透镜焦点发出的光,经过透镜后将沿光轴平行射出.先用望远镜瞄准室外的远处物体,使它无穷远聚焦,适合观看平行光线,然后把望远镜装在光具座上,在望远镜前放置物屏.前后移动物屏（或凸透镜）,使在望远镜中能清楚地看见物像,测出的物距就是被测凸透镜的焦距 f.

2. 透镜的球差和色差

理想的成像应该是物屏面上每一点发出的光,在像平面上会聚成一个相应的点,由这些相应的像点组成的物体的像应该清晰、没有像差.但简单透镜的成像总是存在各种像差,球差和色差较为明显、常见.为了消除各种像差,在光学仪器中一般常采用复合透镜组.

（1）球差.

球差的产生是因为简单的球面透镜不能把照于透镜各部位的光都会聚于一对应的像点.具体地说,就是由透镜主轴上某一物点 p 发出来的单色光,当以不同孔径角投射到透镜上时,近轴光线（孔径角较小的光）经透镜后会聚在较远处 p_1' 点成像,而通过透镜边缘的光线（孔径角较大的光）经透镜后会聚在较近处 p_2' 点成像,其他孔径角的光线通过透镜后会聚在 p_1' 和 p_2' 之间各点,如图 5-4 所示,这种像差称为球差.球差 $LA = p_1' - p_2'$.

（2）色差.

因透镜的光学材料对于不同颜色（波长）的光的折射率不同,透镜对于不同颜色的光就有不同的焦距.复色光经过透镜后会聚在不同的位置,形成各种带色的、大小不同的像,这种像差称为色差,如图 5-5 所示.色差 $lch = p_1' - p_2'$.

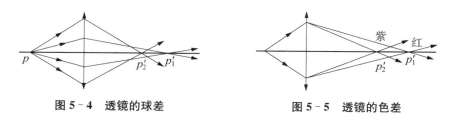

图 5-4　透镜的球差　　　　　　　　图 5-5　透镜的色差

实验内容及步骤

1. 调节光具座上各元件的共轴.

物距、像距和透镜移动的距离等都是沿着主光轴计算长度的.但长度是根据光具座上的刻度来读数,为了能够准确测量位置,透镜的主光轴应与光具座的导轨平行.如果实验中涉及多个透镜,应调节各个透镜的主光轴共轴,且与光具座导轨平行,这些调节统称为共轴调节.共轴调节分为粗调和细调.

(1)粗调.

把透镜、物屏、像屏等放于光具座的滑座中夹好,先把它们靠拢,调节左右、高低,使光源、物屏中心、透镜中心、像屏中心大致在平行导轨的一条水平直线上,并使物屏、透镜、像屏的平面互相平行,且垂直于导轨.

(2)细调.

细调是根据成像的规律来判断.将物屏和像屏的距离拉开,在其拉开的过程中,如果透镜的中心偏离共轴,则移动过程中像的中心位置会改变,即大像、小像中心不再重合.这时可以根据偏移的方向,判断透镜中心是偏上还是偏下、偏左还是偏右.反复细心调节,达到各种器件共轴、满足实验测量条件.

2. 用物距像距法、自准直法和位移法测凸透镜的焦距.

用物距像距法、自准直法和位移法分别测量凸透镜的焦距5次,将实验数据记录于自己设计的表内.

3. 测定透镜成像时的球差和色差(选做).

(1)球差的测量.

在透镜前分别放置不同孔径的光阑,使物屏成像在不同的位置 p_1',p_2',测量3次,计算球差.

实验中观察到用不同的光阑,成像的清晰范围不同,光阑越小,成像清晰范围越大. 在照相技术中,把底片上能够得到清晰像的最近与最远物体间的距离称为景深. 光阑(即照相机的光圈直径)越小,景深越大.

(2)色差的测量.

在透镜前放置一个小孔径的光阑,在物屏后放入紫、红两种颜色的滤光片.测出对应紫、红两光的像点位置 p_1',p_2',测量3次,计算透镜对紫光和红光的色差.

思考题

1. 用位移法测凸透镜焦距时,如果大像中心在上、小像中心在下,则物屏位置是偏上还是偏下? 画出光路图加以分析.

2. 怎样用自准直法测量薄凹透镜的焦距?

3. 为什么测量透镜焦距时最好用单色光源?

实验说明

薄透镜成像规律可以通过实验验证.凸透镜成像实验仪器装配如图5-6所示,用自准直法测量薄凸透镜焦距实验仪器装配可参见图5-7.

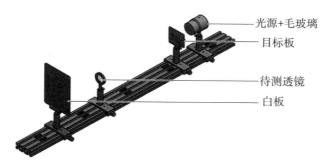

光源+毛玻璃
目标板
待测透镜
白板

图 5-6　凸透镜成像

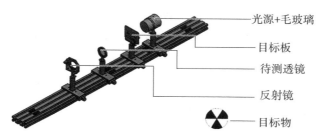

光源+毛玻璃
目标板
待测透镜
反射镜
目标物

图 5-7　自准直法测量薄凸透镜焦距

阅读材料 8
实验 27 阅读材料

实验 28 ▶ 衍射法测量微小长度

PPT 课件 34
实验 28

光在传播过程中遇到障碍物或小孔时,光将偏离直线传播的路径而绕到障碍物后面传播的现象,称为光的衍射.衍射时产生的明暗相间的条纹或光环,叫衍射图样.光的衍射现象是光的波动性的一种表现,它说明光的直线传播是衍射现象不显著时的近似结果.光的衍射有狭缝衍射、小孔衍射等.为了观察到狭缝衍射现象,缝的宽度要调到很窄,可以与入射光波长比拟.

测量如狭缝这样的微小长度,可以使用游标卡尺,还可以利用光的衍射,这种方法简单直观、精确度高.本实验将利用光的衍射现象测量微小长度,通过测量衍射条纹的宽度等物理量计算狭缝宽度.

实验目的

(1) 观察与分析单缝夫琅禾费衍射,加深对光的衍射理论的理解.
(2) 学会用衍射法测量微小长度——单缝的宽度.

实验器材

单缝夫琅禾费衍射仪,钠光灯.

实验原理

实验中为了观察到衍射现象,通常由光源、衍射屏和接收屏组成衍射系统.根据衍射系统中三者之间相互距离的大小,将衍射现象分为两类:一类称为菲涅耳衍射,另一类称为夫琅禾费衍射.当光源到衍射屏的距离或接收屏到衍射屏的距离不是无限大时,或两者都不是无限大时所发生的衍射现象叫做菲涅耳衍射.在菲涅耳衍射中,入射光或衍射光不是平行光,或两者都不是平行光.夫琅禾费衍射就是当光源到衍射屏的距离和接收屏到衍射屏的距离都是无限大时所发生的衍射现象.在夫琅禾费衍射中,入射光和衍射光到接收屏上任意一点的光都是平行光.

如图 5-8 所示,夫琅禾费衍射条件在实验室可借助于透镜实现.将单色光源 S 置于透镜 L_1 的前焦面上,光束经透镜 L_1 后形成平行光,垂直照射在宽度为 a 的单狭缝上.根据惠更斯-菲涅耳原理,狭缝上各点可视为新的波源,由这些点波源向各方向发出球面次波,这些次波再经透镜 L_2 后,在其后焦平面的观察屏上,就可以看到一组明暗相间、方向与狭缝平行、按一定规律分布的衍射条纹.这种衍射就是夫琅禾费衍射.由惠更斯-菲涅耳原理可知,沿垂直于单缝方向的光强分布规律为

$$I_\varphi = I_0 \frac{\sin^2 u}{u^2}, \ u = \frac{a\pi}{\lambda}\sin\varphi, \tag{5-5}$$

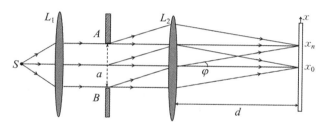

图 5-8 单缝衍射实验光路

其中, φ 是衍射角, I_{φ} 是衍射角为 φ 方向的光强, I_0 是中央方向($\varphi=0$)的最大光强, a 为单缝的宽度, λ 是入射单色光的波长.

当 $\varphi=0$ 时, $u=0$, $I_{\varphi}=I_0$ 为中央明条纹中心点的光强, 称为中央主极大.

当 $a\sin\varphi=\left(n+\dfrac{1}{2}\right)\lambda$, $n=\pm 1, \pm 2, \cdots$ 时, $u=\left(n+\dfrac{1}{2}\right)\pi$, 称为次级极大.

当 $a\sin\varphi=n\lambda$, $n=\pm 1, \pm 2, \cdots$ 时, $u=n\pi$, 此时, $I_{\varphi}=0$, 即出现暗条纹. 由于 φ 角很小, 故可近似地写成

$$\varphi=\frac{n\lambda}{a}. \tag{5-6}$$

当透镜 L_2 与观察屏的间距为 d 时, 对应的衍射角 φ 的 n 级暗条纹到中央明条纹中心点的间距为 x_n, 有

$$\varphi=\frac{x_n}{d}. \tag{5-7}$$

根据(5-6)式和上式, 可得单缝宽度为

$$a=\frac{n\lambda}{x_n}d. \tag{5-8}$$

由上述分析可以得到下面的规律.

(1) 对同一级暗条纹(n 相同), 衍射角 φ 与狭缝宽度 a 成反比. 狭缝越窄, 衍射角越大, 衍射效果越显著; 狭缝越宽, 衍射角越小, 条纹越密. 当狭缝足够宽($a\gg\lambda$)时, $\varphi\approx 0$, 衍射现象不显著, 这样可将光看作直线传播.

(2) 中央明条纹的宽度由 $n=\pm 1$ 级的两条暗条纹的衍射角所确定, 则中央明条纹的宽度为 $\varphi_0=\dfrac{2\lambda}{a}$. 而任意相邻两条暗条纹之间的角为 $\Delta\varphi$, 近似相等,

$$\Delta\varphi=\frac{\lambda}{a}=\frac{x_{n+1}-x_n}{d}. \tag{5-9}$$

(3) 根据计算可知, 两相邻暗条纹之间是各级次极大, 以衍射角表示对应各级次极大的位置, 则有 $\varphi=\pm 1.43\dfrac{\lambda}{a}, \pm 2.46\dfrac{\lambda}{a}, \pm 3.47\dfrac{\lambda}{a}, \cdots$. 它们相对应的相对光强为 $I_{\varphi}/I_0=0.047, 0.017, 0.008, 0.005, \cdots$. 单缝夫琅禾费衍射相对光强的分布如图 5-9 所示.

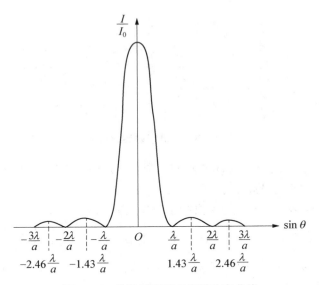

图 5-9　单缝衍射相对光强分布曲线

实验视频 32
实验 28 衍射
法测量微小
长度

实验内容及步骤

1. 观察单缝衍射现象

（1）将夫琅禾费单缝衍射仪对准光源，使得在目镜中能够看到一条竖直、足够明亮的条纹.

（2）调节调焦旋钮，将此亮条纹调节到最清晰.

（3）调节单狭缝的宽度，观察衍射现象的变化规律.

（4）调节出最佳待测衍射图像，使得中央明条纹两侧各有 5 条以上次明纹.

2. 用单缝衍射仪测量单狭缝的宽度

（1）测出 ± 5 级至 ± 1 级各暗条纹的位置，并将所记录的数值记入表 5-1.

表 5-1　用单缝衍射仪测量单狭缝的宽度实验数据记录　　　　　（单位：mm）

x	左侧	右侧	平均	狭缝宽(a)	平均值($\bar{a}$)
x_1					
x_2					
x_3					
x_4					
x_5					

（2）计算平均间距 $=\dfrac{x_{左}-x_{右}}{2}$.

（3）在侧面小窗口中读出单狭缝到测微目镜的距离 d 的读数并记录，$d=(125+$ 读数值＋2.5)(mm).

（4）由(5-8)式计算狭缝宽度 a，并计算其平均值.

注意事项

（1）为了消除回程差，暗纹要从右侧第 6 条开始向左调，从右侧第 5 条开始记数.

（2）注意主尺上的读数右小左大.

（3）读数时注意有效数字的保留问题.

思考题

1. 在单缝衍射实验中，如果用低压汞灯代替钠灯实验，将看到什么现象？如果在汞灯前加放绿色玻璃片，衍射图像与钠灯的衍射图像有何不同？为什么？

2. 用该实验方法是否可以测量细丝的直径？其原理和方法是否与单狭缝的宽度测量相同？

3. 如何正确测定狭缝到测微目镜的距离？

阅读材料 9
实验 28 阅读材料

实验 29 ▶ 用衍射光栅测光波波长

PPT 课件 35
实验 29

　　衍射光栅在光学上的重要应用是分光,具有较大的色散率和较高的分辨本领.它通过有规律的结构,使入射光的振幅或相位(或两者同时)受到周期性空间调制.本实验选用透射光栅,利用分光计测量其光栅常数,并用低压汞灯在可见光范围内测量光波波长.

实验目的

(1) 理解光栅衍射基本规律,观察光栅的衍射光谱.
(2) 学会测定光栅常数和光谱线的波长.
(3) 进一步熟悉分光计的调节与使用.

实验器材

分光计,透射光栅,低压汞灯.

实验原理

　　波的衍射是指波在其传播路径上如果遇到障碍物,它能绕过障碍物的边缘而进入几何阴影内传播的现象.光本身作为电磁波,当它遇到障碍物时,也会发生衍射现象,只是由于光的波长很短,要想见到明显的衍射现象,障碍物的尺寸一定要小.研究光的衍射,不仅有助于加深对光的波动性的理解,而且有助于学生进一步学习近代光学实验技术.

　　光栅是根据多缝衍射原理制成的一种分光元件,由一组数目很多、排列紧密且均匀的平行狭缝(或刻痕)构成,能产生谱线间距较宽的匀排光谱.所得光谱线的亮度比用棱镜分光时要小些,但光栅的分辨本领要比棱镜强,故常被用在各种光谱仪器中,如光栅色谱仪、光栅单色仪等.常用光栅有全息光栅和复制光栅.全息光栅是由激光全息照相法拍摄于感光玻璃板上制成.复制光栅则是把明胶或动物胶溶液倾注在母光栅上,等它变硬后剥下,形成光栅的复制品.母光栅由自动刻痕机在光学玻璃板或金属表面刻划等间距的平行细槽而制成.

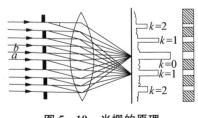

图 5-10　光栅的原理

　　在图 5-10 中,a 为透光狭缝宽度,b 为相邻两狭缝间的间距,$d=a+b$ 为相邻两狭缝相对应两点之间的距离,称为光栅常数,是光栅的基本参数之一.根据光栅衍射理论,当波长为 λ 的单色平行光束垂直投射到光栅面上时,光波将在各个狭缝处发生衍射,并彼此发生干涉,这种干涉条纹定域于无穷远处.若在光栅后放置一个会聚透镜,将衍射光会聚在它的焦平面上,就会得到如图

5-10 所示的衍射光的干涉条纹.

　　在图 5-11 中可以看到,衍射光谱中明条纹的位置应出现在振动加强点,其光程差应为波长的整数倍,即

$$(a+b)\sin\varphi_k = \pm k\lambda,$$
$$d\sin\varphi_k = \pm k\lambda, \quad k=0, 1, 2, \cdots, \tag{5-10}$$

其中,d 为光栅常数,λ 为入射光的波长,k 为明条纹(称为谱线)的级数,φ_k 是 k 级明条纹的衍射角.

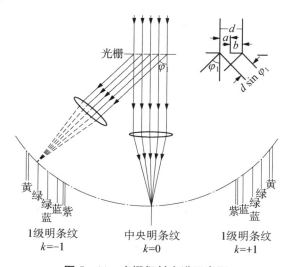

图 5-11　光栅衍射光谱示意图

　　如果入射光是复色光,由于各色光的波长各不相同,则由(5-10)式可以看出,其衍射角 φ_k 也各不相同,经过光栅后复色光被分解为单色光. 在中央 $k=0$,$\varphi_k=0$ 位置处,各色光仍将重叠在一起,形成 0 级亮条纹. 在中央亮条纹两侧,各种波长的单色光产生各自对应的谱线,同级谱线组成一个光带,这些光带的整体叫做衍射光谱. 如图 5-10 所示,它们对称地分布在中央亮条纹的两侧.

　　在同一级的光谱线中,由于波长短的光衍射角小,波长长的光衍射角大,因此,波长较短的紫光靠近中央明条纹,波长较长的则远离中央明条纹,各级光谱线按波长的大小依次排列成一组彩色谱线,如图 5-11 所示,这样就把复色光分解为单色光.

　　根据(5-10)式,若已知谱线的波长,只要测出与该谱线相关的 φ 角,就可以计算光栅常数. 同理,若光栅常数为已知,只要测出与待测谱线相关的 φ 角,也可以计算波长.

实验内容及步骤

　　1. 点燃汞灯,调整整体分光计. 首先可用目视法进行粗调,使望远镜、平行光管和载物台台面大致垂直于中心轴线,望远镜对准无穷远. 然后调整平行光管,使其出射平行光. 将平行光管前面的狭缝体位置固定合适,狭缝宽度调至 1~2 mm,并使"士"字形的叉丝竖线与狭缝平行,叉丝交点大约在狭缝像中心. 然后前后伸缩目镜调焦,固定望远镜.

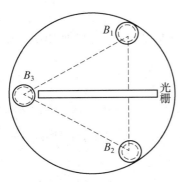

图 5-12   安放调节光栅

2. 安放调节光栅. 按照图 5-12 将光栅安装在载物台上,尽可能使光栅平面垂直平分 B_1B_2. 也就是说,光栅平面应调节到垂直于入射光. 可以调节光栅支架或载物台的两个螺丝 B_1 和 B_2,使得从光栅面反射回来的叉丝像与原叉丝重合,然后固定载物台.

3. 转动望远镜,一般可以看见 1 级和 2 级光谱线. 注意观察叉丝的交点是否在各条谱线的中央位置,如果有高低变化,可调节图 5-12 中的螺丝 B_3(B_1 和 B_2 不要再动)予以校正. 也可以调望远镜和平行光管上的高低调节螺钉.

4. 用望远镜对准汞光谱中的明亮绿谱线(绿谱线波长为 546.07 nm),分别记录左右 1 级两个角度位置. 当测右侧谱线时,分光计左右的两个窗口读数分别为 θ_+ 和 θ'_+;当测左侧谱线时,两个窗口读数分别为 θ_- 和 θ'_-. 由分光计原理可知

$$2\varphi = |\theta_+ - \theta_-| \ 或 \ 2\varphi = |\theta'_+ - \theta'_-|. \tag{5-11}$$

为了消除偏心差,可以得到

$$\varphi = \frac{1}{4}(|\theta_+ - \theta_-| + |\theta'_+ - \theta'_-|). \tag{5-12}$$

重复测量 θ 3 次以上,并将实验数据记入表 5-2. 把所得 φ 值的平均值和波长 λ 的值代入 (5-10)式,计算光栅常数. 若 $d = \frac{1}{6\,000}$ cm 或 $\frac{1}{3\,000}$ cm,求其百分误差.

5. 汞光谱还有蓝、黄(2 条)亮谱线,分别测出它们的 1 级衍射角,用已测得的光栅常数,求它们的谱线波长并将实验数据记入表 5-3. 根据已测定的光栅常数 d,测量其他各条谱线波长. 按误差传递公式计算波长的标准误差. 计算光波波长为

$$\lambda = d\sin\varphi_k/k.$$

计算误差为

$$\Delta\lambda = \left(\frac{a+b}{k}\sin\varphi\right)' \cdot \Delta\varphi = \frac{a+b}{k}\cos\varphi \cdot \Delta\varphi (a+b=d).$$

表 5-2   光栅常数 d 的测量   ($\lambda = 546.07$ nm)

次数 n	右(+1 级)		左(−1 级)		$\varphi = \frac{1}{4}(|\theta_+ - \theta_-| + |\theta'_+ - \theta'_-|)$
	θ_+	θ'_+	θ_-	θ'_-	
I					
II					
III					
光栅常数 d	$d = \dfrac{k\lambda}{\sin\varphi} =$				

表 5 - 3　汞光谱谱线波长的测定　　　　　　　　　　　($d =$ _____)

谱线	右(+1 级)		左(−1 级)		衍射角 $\varphi \pm \Delta\varphi$	$\lambda = \dfrac{d}{k}\sin\varphi$
	θ_+	θ'_+	θ_-	θ'_-		
蓝						
黄 1						
黄 2						

注意事项

（1）分光计的调节比较复杂、费时费力. 如果已经调好,实验时就不要随意移动,以免重新调节浪费时间,影响实验的进行.

（2）不要用手触摸分光计各个光学仪器表面. 实验室中学生用的光栅大多为由明胶印刷而成的复制光栅,因此,不能用手触及或擦拭光栅玻璃片的中央部位.

（3）分光计是精密的光学仪器,一定要小心使用. 转动望远镜前,要先拧松固定它的螺丝;转动望远镜时,手要握住它的支架转动,不能用手握住望远镜转动.

（4）不能用眼睛直视点燃的汞灯,以免紫外线灼伤眼睛.

思考题

1. 在调节光栅的过程中,如果发现光谱线倾斜,这说明什么问题? 应该如何调整?
2. 本实验对分光计的调整有何特殊要求? 如何调节才能满足测量要求?
3. 分析光栅和棱镜在分光方面的区别.
4. 如果光波波长都是未知的,能否用光栅测其波长?
5. 用白光做上述实验,可以观察到什么现象? 怎么解释这种现象?

阅读材料 10
实验 29 阅读材料

实验 30 ▶ 干涉法测量平凸透镜曲率半径

光的干涉现象证明光具有波动性. 为了实现光的干涉,需要频率和振动方向相同、相位差恒定的两束光(即相干光),获得相干光的方法有分振幅法和分波阵面法. 分振幅法是将一束光通过折射、反射分成两束后相遇形成的干涉,如迈克耳逊干涉仪、牛顿环等. 分波阵面法是把同一波振面分为两部分后再相遇而形成的干涉,如杨氏双缝干涉等.

在光的干涉实验中,两束相干光的光程差一般与光的波长同数量级. 如果相干光是可见光,光程差在 10^{-7} m 数量级,而实验中所产生的干涉条纹的间距一般在 $10^{-4} \sim 10^{-6}$ m 数量级,可用相应的光学仪器测得. 光程差一般与干涉装置中的介质折射率、条纹位置、真空中波长和干涉级次等有关. 本实验利用分振幅法形成的牛顿环干涉装置测量平凸透镜的曲率半径.

实验目的

(1) 观察光的等厚干涉现象.
(2) 掌握读数显微镜的原理和使用方法.
(3) 学会用牛顿环测定透镜的曲率半径.

实验器材

读数显微镜,钠光灯,牛顿环仪.

实验原理

利用透明薄膜上下两个表面对入射光的依次反射,将入射光分解成有一定光程差的两束光,从而获得相干光. 若两束反射光在相遇时的光程差仅取决于产生反射光的薄膜厚度,则同一条干涉条纹对应的薄膜厚度相同,这就是等厚干涉.

将一块曲率半径相当大的平凸透镜置于一块光学平玻璃板上,就构成牛顿环仪. 在透镜凸面和平面玻璃板之间,形成一层厚度从中心接触点到边缘逐渐增加的空气薄膜. 如果以平行单色光垂直入射,则在空气薄膜上下表面反射的两列光波就会发生干涉. 从透镜看到干涉图样是以接触点为中心的一系列明暗相间的同心圆环状的条纹,这些条纹就称为牛顿环,如图 5-13 所示. 由图 5-13 中的几何关系可知

$$R^2 = (R-d)^2 + r^2.$$

考虑到 $R \gg d$,可以略去二级小量 d^2,于是得到

$$d = r^2/2R. \tag{5-13}$$

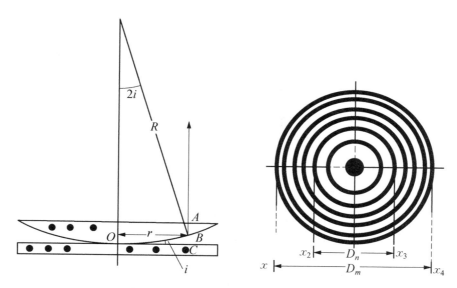

图 5 - 13　牛顿环及其形成光路示意图

图 5 - 13 中产生第 m 级干涉条纹的两束相干光的光程差为

$$\sigma = 2d + \lambda/2. \tag{5-14}$$

由光的干涉条件可知,产生暗纹的条件是

$$\sigma = (2m+1)\lambda/2,\ m = 0,\ 1,\ 2,\ \cdots, \tag{5-15}$$

其中,m 是干涉条纹的级数.将(5-13)、(5-14)、(5-15)3 式综合起来,可得到第 m 级暗环的半径

$$r_m = \sqrt{mR\lambda}. \tag{5-16}$$

如果已知入射光的波长,且测出第 m 级暗环半径 r_m,则可由(5-16)式求出平凸透镜的曲率半径 R.

由(5-13)至(5-16)式可以看出,在接触点 O 处,$\sigma = \lambda/2$,所以,中心应是暗点,而周围为同心的、明暗相间的干涉圆环,m 越大,两相邻环的半径差越小、环纹越密.

观察牛顿环图样时可以发现,其中心不是一个点,而是一个不很清晰的圆斑.其原因是玻璃的弹性形变使两镜的接触不是理想的点接触,或者镜面存在细微的尘埃,因而引起附加程差,这会给测量带来某种程度的误差.为了准确测出透镜的曲率半径,通常是利用任意两个环纹半径的平方差来计算 R,从而消除误差.

$$r_m^2 = mR\lambda,\ r_n^2 = nR\lambda,$$

两式相减得

$$r_m^2 - r_n^2 = R(m-n)\lambda,$$

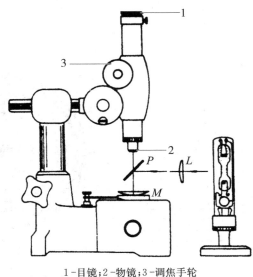

1-目镜;2-物镜;3-调焦手轮

图 5-14   测量牛顿环的装置

则

$$R = (r_m^2 - r_n^2)/(m-n)\lambda. \qquad (5-17)$$

又因为暗环圆心不易确定,故以暗环的直径替换,可得

$$R = (D_m^2 - D_n^2)/4(m-n)\lambda. \qquad (5-18)$$

实验内容及步骤

1. 将实验仪器按照图 5-14 装配. 在显微镜物镜前方安装一块玻璃片 p,调节 p 的方向,使光源发出的光以 45°角入射到 p 上,经 p 反射而垂直入射到牛顿环仪 M 上. 调整牛顿环仪边缘的 3 个调节螺丝,使干涉条纹的中心大致固定在牛顿环仪的中心,并且要移动牛顿环仪,使它与显微镜镜筒对正.

2. 调整读数显微镜. 转动目镜至看清楚叉丝,使"十"字叉丝中的一条与镜筒的移动方向垂直. 转动调焦鼓轮,调整物镜对牛顿环调焦,直至看到清晰的干涉图样为止. 移动牛顿环仪,使叉丝交点与牛顿环中心相重合.

3. 测量牛顿环直径,并计算透镜的曲率半径. 转动测微鼓轮,从牛顿环的中心向一侧移动显微镜,同时数出叉丝扫过的牛顿环数,且要比欲测的环数多数出几级. 改变测微鼓轮旋转的方向,依次记下欲测的各级条纹在中心两侧的位置,求出牛顿环的直径. 注意在记录数据的测量过程中鼓轮不改变方向. 计算各级牛顿环的直径的平方值,用逐差法处理所得数据,求出几组曲率半径 R_i,然后取其平均值,并根据误差公式计算误差. 实验数据记录表可参照表 5-4 设计.

表 5-4　用牛顿环仪测透镜曲率半径数据记录表

环数 m	牛顿环位置		牛顿环直径 D/mm	环数 n	牛顿环位置		牛顿环直径 D/mm	$(D_m^2 - D_n^2)/\text{mm}^2$
	$x_左$	$x_右$			$x_左$	$x_右$		
2				14				
4				16				
6				18				
8				20				
10				22				
12				24				

注意事项

（1）转动测微鼓轮，使叉丝向左移动 26 个暗纹，再向右移动至第 24 条暗纹（内切），记录标尺位置.继续右移每两条暗纹，记录一次标尺位置（左侧内切，右侧外切）.

（2）测量时先将叉丝交点对准待测的一点.读出主附尺上的数，再旋动鼓轮，使叉丝对准另一点，读出示数，两次读数之差就是两点间的距离.在测量过程中，鼓轮应始终向一个方向移动镜筒，以防止因螺旋空回而产生的螺距差.

思考题

1. 用牛顿环是否能测未知光波的波长？如何进行测量？

2. 牛顿环干涉图样形成在哪个面上？调整显微镜时应以哪个面聚焦？

3. 如何判断待测面是平面还是球面？若是球面，如何判定是凸面还是凹面？

阅读材料 11
实验 30 阅读材料

实验 31 ▶ 迈克尔逊干涉仪的使用

PPT 课件 37
实验 31

迈克尔逊干涉仪是 1881 年美国物理学家迈克尔逊为了研究光速问题而精心设计的,它是一种利用分振幅法产生双光束来实现干涉的精密光学装置. 19 世纪以来,为了解释电磁波的传播规律,曾经提出"以太"的理论,在证实"以太"存在的众多实验中,迈克尔逊用自己发明的光学干涉仪——迈克尔逊干涉仪进行了干涉实验. 1887 年迈克尔逊又与莫雷合作进行了更精密的研究,这就是著名的迈克尔逊-莫雷实验,实验结果证明光的传播速度不变性,从而否认了"以太"的存在,为爱因斯坦相对论的建立奠定了基础. 这个实验同氢光谱、夫兰克-赫兹实验等一样,都是物理学发展史上著名的实验,为近代物理学的兴起和发展开辟了道路. 迈克尔逊在 1907 年荣获了诺贝尔物理学奖.

本实验分为用迈克尔逊干涉仪测光波波长和用迈克尔逊干涉仪测定气体折射率两个部分.

一、用迈克尔逊干涉仪测光波波长

实验目的

(1) 了解迈克尔逊干涉仪的结构、原理和调节方法.
(2) 观察等倾干涉条纹.
(3) 测量 He - Ne 激光光源的波长.

实验器材

迈克尔逊干涉仪, He - Ne 激光器, 扩束透镜.

实验视频 33
实验 31 - 1
迈克尔逊干
涉仪

实验原理

1. 迈克尔逊干涉仪的结构
迈克尔逊干涉仪的结构如图 5 - 15(a)所示.

2. 迈克尔逊干涉仪的原理
迈克尔逊干涉仪采用分振幅法获得干涉图样. 分振幅法是利用同一原子的折射、反射经过不同的路径后在空间某点相遇形成干涉. 光的干涉条纹的位置决定于光程差,光程差的任何变化都将引起干涉条纹的移动. 从同一单色光源发出的两列相干波,在空间某一点因相对位置不同,将产生相长、相消的干涉现象. 一般可以通过让一列波比另一列波"走"的距离不同,改变两者的相位. 迈克尔逊干涉仪就是根据这一原理而设计的.

迈克尔逊干涉仪原理光路如图 5 - 15(b)所示. M_1 和 M_2 是两片精细磨光的反射镜,

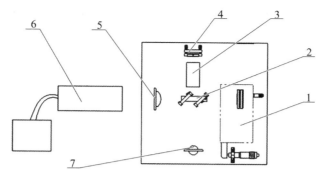

1-动镜部；2-分束板；3-气室部；4-定镜部；5-扩束镜；6-光源；7-观察屏

（a）迈克尔逊干涉仪的结构

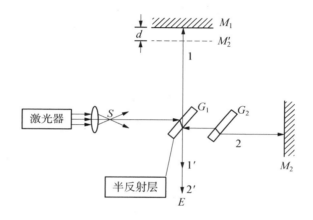

（b）迈克尔逊干涉仪原理光路

图 15-5　迈克尔逊干涉仪

M_1 是固定的，M_2 是用螺旋控制可以移动的. G_1 和 G_2 是两块材料相同、厚薄均匀且相等的平行玻璃板. 在 G_1 第 2 表面涂有半透射膜，使照射到 G_1 的光线一半透射、一半反射，故 G_1 板称为分光板. 分光板使入射光分成振幅近似相等的两束光. G_2 板的作用是补偿由 G_1 板分开的两束光之间所经光程不等而引起较大的光程差，故 G_2 板称为补偿板. G_1 和 G_2 两板互相平行，并与光束中心形成 45°角，M_1 和 M_2 互相垂直并与 G_1 和 G_2 板形成 45°角的平面反射镜.

　　来自 He-Ne 激光器的光线经扩束镜扩束后成为面光源. 射入 G_1 板的光束一部分在薄银层反射向 M_2 传播为光束 2，经 M_2 反射后再经 G_1 板向屏 E 处传播为光束 2′. 另一束透过薄银层和 G_2 板向 M_1 传播为光束 1，经 M_1 反射后再穿过 G_2 经薄银层反射，也向屏 E 处传播为光束 1′. 光束 1′和光束 2′是等相干涉的两束相干光线，在屏 E 处可以观察到干涉条纹.

　　为便于说明，图 5-15 中画出 M_2 的虚像 M_2'，在屏 E 处的干涉条纹可以等效地看作是由 M_1 和 M_2'反射的光线形成的. 因为虚像 M_2'和实物 M_2 相对银层的位置是对称的，所以，虚像 M_2'应在 M_1 附近. 如果 M_2 和 M_1 严格地互相垂直，相应地，M_2'和 M_1 严格地互相平行，那么,M_1 和 M_2' 之间就形成等厚的空气层,来自 M_1 和 M_2' 的光束 $1'$ 和 $2'$ 与在空气层两表面反射光束类似视场中的干涉条纹即为圆环形的等倾干涉条纹.

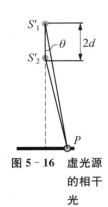

图 5 - 16　虚光源的相干光

如图 5 - 16 所示,对于光源发出的光线,可以等效为两个虚光源 S_1' 和 S_2' 发出的相干光.设 M_1 和 M_2' 的间距为 d,那么,S_1' 和 S_2' 的间距为 $2d$.两个虚光源发出的光束到达屏上,在某点时其光程差为 $\delta = 2d\cos\theta$.倾角 θ 相同的光线光程差必定相同,干涉条纹情况也相同.当 $\theta = 0$ 时,$\cos\theta$ 有最大值,这时光程差最大,零点处对应的干涉级别最高.这与牛顿环干涉条纹的情况恰好相反.

光源发出光,倾角为 θ 的入射锥形光束经 M_1 和 M_2 反射后形成的干涉光束的光程差相等,那么,所有入射相同角的干涉光线经透镜会聚后,在其焦平面屏上的点集合后会形成圆形条纹.而入射不同角的干涉光线经透镜后,在屏上形成半径不同的同心圆形条纹,每一圆形条纹对应一定的入射角将产生一定的光程差的两束光.

当 d 一定时,倾角为 θ 的入射锥形光束经 M_1 和 M_2 反射后,在观察屏上光程差为

$$\delta = 2d\cos\theta, \qquad (5-19)$$

它们在无限远处形成干涉图像.这种干涉称为等倾干涉,所产生的干涉图像为同心圆环的条纹.

在满足条件为

$$\delta = 2d\cos\theta = k\lambda , \ k = 0, 1, 2, 3, \cdots \qquad (5-20)$$

处因干涉相长而形成亮条纹.

在满足条件为

$$\delta = 2d\cos\theta = (2k+1)\frac{\lambda}{2} , \ k = 0, 1, 2, 3, \cdots \qquad (5-21)$$

处因干涉相消而形成暗条纹.

干涉条纹的变化决定于 d 的变化,也就是 M_2 沿光轴移动的微小距离,引起圆心处光程差的变化为 $\Delta\delta = 2d = N\lambda$,其中,$N$ 为在 M_2 移动过程中干涉条纹移动的数目,即此时圆心处干涉条纹的级数.

移动 M_2 使 M_1 与 M_2' 的距离增大,圆心处的干涉条纹级数随之增大,干涉圆环呈现从圆心处向外"涌出"的现象;反之,若使 M_1 与 M_2' 距离减小,干涉圆环呈现从圆心处向里"吞入"的现象.

所谓干涉条纹移动一个环,就是相当于在圆心处有一个干涉条纹的变化("吞入"或"涌出"),而 M_2 移动的距离 d 就使光程变化了一个波长,光程差必定是 $\frac{\lambda}{2}$(一个波长 λ 是指入射光与反射回来的光程差).

在一般的情况下,常把干涉环从圆心处"吞入"(或"涌出")的数目总数 ΔN 与 M_2 的位移量 Δd 之间的关系写成

$$\Delta d = \Delta N \frac{\lambda}{2}, \text{即 } \lambda = 2 \frac{\Delta d}{\Delta N}. \qquad (5-22)$$

上式表明,若同时读出 Δd 和 ΔN,即可计算入射光的波长;反之,当已知光源波长时,也可以根据 ΔN 计算 Δd 的值.这就是干涉仪测量长度的原理.

如果 M_2' 和 M_1 的间距很近,而且 M_1 和 M_2 不严格垂直,就可以观察到等厚干涉条纹.

实验内容及步骤

实验视频 34
实验 31 - 2
迈克尔逊干
涉仪的调节

1. 调整仪器.

调整激光器一维升降底座,使激光束刚好通过分束板分成两束激光,分别照射到动、定反射镜的正中心.调整动镜后的二维调节手钮,使反射后的光束正好照射到观察屏的中心.同样调整定镜后的 3 颗手钮,使反射后的光束也照射到观察屏的中心,并与动镜反射光斑重合(主要看两组中最亮的两个点重合).

2. 观察点光源非定域干涉.

将短焦距扩束镜放在激光器和出光点上,使激光束会聚成点光源照亮分束板,这时在观察屏处便可看到干涉条纹.仔细调节各旋钮,使干涉条纹呈圆环,并将圆环中心调到观察屏中心.轻轻转动微调手轮,使动镜前后移动,便可观察到干涉条纹"吞入"和"涌出"变化情况.相邻两条纹的角间距为

$$\Delta \theta = \frac{\lambda}{2d \sin \theta},$$

其中,d 为两反射镜间空气薄膜厚度,θ 为点光源发出的光线的倾角.

根据以上公式可以推出:d 愈小,条纹间距愈大;θ 愈小,条纹间距愈大,即干涉条纹中间疏、边缘密.靠边缘的干涉条纹级次低,愈向中心级次愈高,中心级次最高.

3. 测量 He - Ne 激光光波波长.

(1)在调出清晰的 He - Ne 激光非定域圆条纹的基础上,记录大测微螺旋初始读数 d_0. 沿同一方向转动测微螺旋,同时默数"涌出"或"吞入"的条纹数,每 50 环记录一次读数 d_i,直至测到第 400 环为止,用逐差法计算 Δd. 因为每个环的变化相当于动镜移动了半个波长的距离,若观察到 ΔN 个环的变化,则移动距离

$$\Delta d = d_1 - d_0, \ \Delta d = d_2 - d_1, \cdots,$$

有 $\Delta d = \frac{\Delta N \lambda}{2}$,故 $\lambda = \frac{2\Delta d}{\Delta N}$. 其中,$\Delta N$ 就是条纹变化的数目,将变量代入即可求出波长 λ.

注意:因 Δd 是通过大测微螺旋算出,则公式的右方还需要乘上比例系数 0.04.

(2)自己设计表格记录实验数据(参见表 5 - 5),用逐差法计算 He - Ne 激光的波长.

表 5 - 5　条纹"涌出"或"吞入"时测微螺旋读数　　　　　($\Delta d = 0.04\Delta L$)

条纹级数 N	50	100	150	200	250	300	350	400
测微螺旋读数 L								

注意事项

（1）保持各镜面和玻璃板的清洁,严格禁止用手触摸.

（2）在调节与测量的过程中,动作要稳,操作认真、仔细,读出准确的环数和测量值.

（3）为了得到正确的结果,转动粗调鼓轮和微调鼓轮时应严格防止空程.

思考题

1. 如何用迈克尔逊干涉仪测量长度?

2. 用迈克尔逊干涉仪测量时,如何观察到等厚干涉条纹?

二、用迈克尔逊干涉仪测定气体折射率

迈克尔逊干涉仪设计精巧、用途广泛,在许多科研领域都能看到它的身影,如研究光谱线的精细结构,标定米尺,测量固体材料的热膨胀系数,检查高质量表面的平整度、透明材料两表面的平行度和透镜的面型,测量透明物质的折射率,等等.迈克尔逊干涉仪不但在现代光学实验中大量使用,在近代物理及计量技术中也同样有应用价值.

迈克尔逊干涉仪可以使等厚干涉、等倾干涉及各种条纹的变动做到易于调整和进行各种精密测量,由于它可以将一路光分解成相互垂直的两路相干光,然后分别通过反射再重新会聚在另一个方向,使光源、两个反射镜和接收器(屏或眼睛)四者空间完全分立,因此可以很容易在光路中安放其他器件进行一些物理量的测量,如利用白光测玻璃折射率、测定气体折射率等.

实验目的

（1）了解迈克尔逊干涉仪的结构、原理和调节方法.

（2）学习一种测量气体折射率的方法.

（3）深入了解光的干涉现象和形成条件.

（4）学习调节光路的方法.

实验器材

迈克尔逊干涉仪,He-Ne 激光器,扩束透镜,气室组件,光阑,等等.

实验原理

1. 迈克尔逊干涉仪光路

如图 5-16 所示为迈克尔逊干涉仪光路图.其中,G 为平板玻璃,称为分束镜,它的一个表面镀有半反射金属膜,使光在金属膜处的反射光束与透射光束的光强基本相等.

M_1 和 M_2 为互相垂直的平面反射镜,M_1 和 M_2 的镜面与分束镜 G 均成 45°角,M_2 可以移动,M_1 固定.M_2' 表示 M_2 对 G 金属膜的虚像.

从光源 S 发出的一束光,在分束镜 G 的半反射面被分成反射光束 1 和透射光束 2.光束 1 从 G 反射后投向 M_1 镜,反射回来再穿过 G;光束 2 投向 M_2 镜,经 M_2 镜反射回来再

通过 G 膜面反射. 于是,反射光束 1 与透射光束 2 在空间相遇、发生干涉.

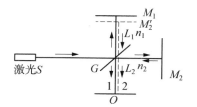

由图 5-16 可知,在迈克尔逊干涉仪中,当光束垂直入射至 M_1 和 M_2 镜时,两束光的光程差为

$$\delta = 2(n_1 L_1 - n_2 L_2), \qquad (5-23)$$

其中,n_1 和 n_2 分别是路程 L_1 和 L_2 上介质的折射率.

图 5-16 迈克尔逊干涉仪光路图

设单色光在真空中的波长为 λ,当

$$\delta = K\lambda, \quad K = 0, 1, 2, 3, \cdots \qquad (5-24)$$

时干涉相长,相应地,在接收屏中心的总光强为极大,即干涉明纹. 由(5-23)式可知,两束相干光的光程差不但与几何路程有关,还与路程上介质的折射率有关.

当 L_1 支路上介质的折射率改变 Δn_1 时,因光程的相应改变而引起干涉条纹的变化数为 N. 由(5-23)和(5-24)式可知

$$|\Delta n_1| = \frac{N\lambda}{2L_1}. \qquad (5-25)$$

例如,取 $\lambda = 633.0 \text{ nm}$ 和 $L_1 = 100 \text{ mm}$,若条纹变化 $N = 10$,可以测得 $\Delta n = 0.0003$. 由此可见,测出接收屏上某一处干涉条纹的变化数 N,就能测出光路中折射率的微小变化.

在正常状态($t = 15℃$,$P = 1.01325 \times 10^5 \text{ Pa}$)下,空气对在真空中波长为 633.0 nm 的光的折射率 $n = 1.00027652$,它与真空折射率之差为 $n - 1 = 2.765 \times 10^{-4}$. 用一般方法不易测出这个折射率差,用干涉法则能很方便地测量,并且准确度高.

2. 迈克尔逊干涉仪测量实验装置

迈克尔逊干涉仪实验装置如图 5-17 所示. 用 He-Ne 激光作光源(He-Ne 激光的真空波长为 $\lambda = 633.0 \text{ nm}$),并附加小孔光阑 H 及扩束镜 T. 扩束镜 T 可以使激光束扩束. 小孔光阑 H 是为调节光束使之垂直入射在 M_1 和 M_2 镜上. 另外,为了测量空气折射率,在一支光路中加入一个玻璃气室,其长度为 L. 气压表用来测量气室内气压. 在 O 处用毛玻璃作接收屏,在屏上可以看到干涉条纹.

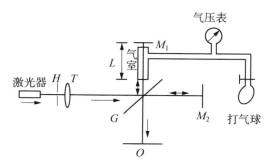

图 5-17 迈克尔逊干涉仪实验装置

3. 迈克尔逊干涉仪测量方法

调好光路后,先将气室抽成真空(气室内压强接近于零,折射率 $n=1$).然后向气室内缓慢充气,此时,在接收屏上看到条纹移动.当气室内压强由零变为大气压强 p 时,折射率由 1 变到 n.若屏上某一点(通常为观察屏的中心)的条纹变化数为 N,则由(5-25)式可知

$$n = 1 + \frac{N\lambda}{2L}. \tag{5-26}$$

但是,在实际测量时,气室内压强难以抽到真空,因此,利用(5-26)式对数据作近似处理所得结果的误差较大,应采用下面的方法比较合理.

理论证明,在温度和湿度一定的条件下,当气压不太大时,气体折射率的变化量 Δn 与气压的变化量 Δp 成正比,

$$\frac{n-1}{p} = \frac{\Delta n}{\Delta p} = 常数,$$

所以,

$$n = 1 + \frac{|\Delta n|}{|\Delta p|}p. \tag{5-27}$$

将(5-25)式代入上式,可得

$$n = 1 + \frac{N\lambda}{2L} \cdot \frac{p}{|\Delta p|}, \tag{5-28}$$

上式给出气压为 p 时的空气折射率 n.

由此可见,只要测出气室内压强由 p_1 变化到 p_2 时的条纹变化数 N,即可由(5-28)式计算压强为 p 时的空气折射率 n,气室内压强不必从零开始.

例如,取 $p=760$ mmHg,改变气压 Δp 的大小,测定条纹变化数目 N,用(5-28)式就可以求出一个大气压下空气折射率 n 的值.

实验视频 35
实验 31-3
用迈克尔逊
干涉仪测气
体折射率

实验内容及步骤

1. 按照如图 5-17 所示的实验装置示意图放置好仪器.打开激光光源.

2. 调节光路.光路调节要求如下:M_1 和 M_2 两镜相互垂直;经过扩束和准直后的光束应垂直入射到 M_1 和 M_2 的中心部分.

(1) 粗调.

H 和 T 先不放入光路,调节激光管支架,目测使光束基本水平并且入射在 M_1 和 M_2 反射镜中心部分.若不能同时入射到 M_1 和 M_2 的中心,可稍微改变光束方向或光源位置.注意操作要小心,动作要轻慢,防止损坏仪器.

(2) 细调.

① 放入 H,使激光束正好通过小孔 H.然后,在光源和干涉仪之间沿光束移动小孔 H.若移动后光束不再通过小孔而是位于小孔的上方或下方,说明光束未达到水平入射,应该缓慢调整激光管的仰俯倾角,使得移动小孔时光束总是正好通过小孔为止.此时,在小孔屏

上可以看到由 M_1 和 M_2 反射回来的两列小光斑.

② 用小纸片挡住 M_2 镜,H 屏上留下由 M_1 镜反射回来的一列光斑. 稍稍调节光束的方位,使该列光斑中最亮的一个正好进入小孔 H(其余较暗的光斑与调节无关). 此时,光束已垂直入射到 M_1 镜上. 调节时应注意尽量使光束垂直入射在 M_1 镜的中心部分.

③ 用小纸片挡住 M_1 镜,看到由 M_2 镜反射回来的光斑,调节 M_2 镜后面的 3 个调节螺钉,使最亮的一个光斑正好进入小孔 H. 此时,光束已垂直入射到 M_2 镜的中心部分. 记住此时光点在 M_2 镜上的位置.

④ 放入扩束镜,并调节扩束镜的方位,使经过扩束后的光斑中心仍处于原来它在 M_2 镜上的位置.

调节至此,通常即可在接收屏 O 上看到非定域干涉圆条纹. 若仍未见条纹,则应按②,③,④步骤重新调节.

条纹出现后,进一步调节垂直和水平拉簧螺丝,使条纹变粗、变疏以便于测量.

3. 测量. 测量时,利用打气球向气室内打气,读出气压表指示值 p_1. 然后缓慢放气,相应地,可以看到有条纹"涌出"或"吞入"(即前面所说的条纹变化). 当"涌出"或"吞入"$N=60$ 个条纹时,记录气压表读数 p_2 值. 重复前面的步骤,共取 6 组数据,求出移过 $N=60$ 个条纹所对应的气室内压强的变化值 p_2-p_1 的 6 次平均值 $\overline{\Delta p}$.

4. 计算空气的折射率. 气压为 p 时空气的折射率为

$$n=1+\frac{N\lambda}{2L}\frac{p}{\overline{\Delta p}},$$

要求测量 p 为 1 个大气压强时空气的折射率.

环境气压 P 从实验室的气压计读出(条件不具备时,可取 101.325 kPa;1.013 25×10^5 Pa=760 mmHg),代入公式即可求出空气折射率 n.

本实验宜进行多次测量,计算平均值(在计算中通常为 1 标准大气压=1.01×10^5 N/m²,100 kPa=0.1 MPa).

注意事项

(1) 保持各镜面和玻璃板的清洁,严格禁止用手触摸.

(2) 测量前应检查气室是否漏气. 关闭气阀,如果气压值下降或接收屏上干涉条纹有移动现象,说明气室漏气.

(3) 气压表量程为 300 mmHg,打气不要超过 180 mmHg,否则会损坏气压表.

(4) 为了得到正确的结果,转动粗调鼓轮和微调鼓轮时,应严格防止空程.

(5) 实验结束要将气阀打开,保持气室与外界无气压差.

思考题

1. 测量时,如何操作可以尽量消除空程差?

2. 本实验是否能用白炽灯做光源?

数据处理

在实验中,记录室温 $t =$ _____,大气压 $p_0 = 1.013\,25 \times 10^5\ \mathrm{Pa}$, $L = 65\ \mathrm{mm}$, $\lambda = 633\ \mathrm{nm}$, $N = 60$. 将实验数据记入表 5–6.

表 5–6　迈克尔逊干涉仪使用实验数据记录

被测量	次数					
	1	2	3	4	5	6
p_1/mmHg						
p_2/mmHg						
$(p_2 - p_1)/\mathrm{mmHg}$						
平均值 $\overline{\Delta p}/\mathrm{mmHg}$						
空气折射率 n						

实验说明

迈克尔逊干涉仪实物如图 5–17 所示.

1–He–Ne 激光电源;2–扩束镜;3–分光板;4–定镜 M_1;
5–补偿板;6–动镜 M_2;7–观察屏;8–读数装置

图 5–17　迈克尔逊干涉仪实物

实验 32　▶　分光计的调整与使用

分光计可测量光线偏转的角度,被广泛用于反射、折射、衍射、干涉和偏振等光学实验.作为一台复杂而精密的光学仪器,主要用于精确测量角度,在使用前必须经过严格的调整.

PPT 课件 38
实验 32

实验目的

(1) 熟悉分光计主要部件的结构和功能,特别要注意几个锁紧和止动螺钉的作用.
(2) 掌握分光计的调整方法,能够将分光计从无序状态调整到测量状态.
(3) 掌握分光计的读数方法,能够正确地测量光线的偏转角度.

实验仪器

分光计,汞灯,双面反射镜.

分光计结构如图 5 - 18 所示,可分为平行光管、望远镜、载物台和读数盘 4 个部分.平行光管的位置固定,望远镜、载物台、读数盘均可以绕中心转轴旋转.分光计各部件的名称和功能如表 5 - 7 所示.

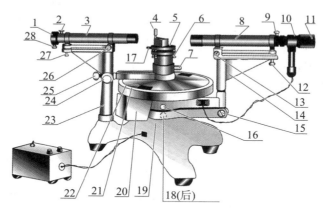

1-狭缝装置;2-狭缝锁紧螺钉;3-平行光管;4-光具夹;5-载物台;
6-载物台调平螺钉;7-载物台锁紧螺钉;8-望远镜筒;9-目镜锁紧
螺钉;10-目镜筒;11-视度手轮;12-望远镜光轴高低调节螺钉;
13-望远镜光轴水平调节螺钉;14-支臂;15-望远镜微动螺钉;
16-刻度盘止动螺钉;17-光具夹锁紧螺钉;18-望远镜止动螺钉;
19-底座;20-转台;21-刻度盘;22-游标盘;23-立柱;24-游标盘
微动螺钉;25-游标盘止动螺钉;26-平行光管光轴水平调节螺钉;
27-平行光管光轴高低调节螺钉;28-缝宽手轮

图 5 - 18　分光计的结构

表 5-7   分光计各部件的名称和功能

编号	名称	功能
1	狭缝装置	光线由此入射,相当于一个缝状光源
2	狭缝锁紧螺钉	松开后,可调整狭缝的位置和角度
3	平行光管	内有准直透镜,可使出射光为平行光
4	光具夹	带有簧片,可夹持光学元件
5	载物台	放置光学元件
6	载物台调平螺钉	调整载物台平面的倾角
7	载物台锁紧螺钉	锁紧后,载物台与游标盘固联
8	望远镜筒	内有物镜,接收平行光
9	目镜锁紧螺钉	松开后,可调整目镜筒的前后位置
10	目镜筒	内有分划板,平行光应当会聚于分划板
11	视度手轮	可使人眼通过目镜看到分划板的像
12	望远镜光轴高低调节螺钉	在垂直方向调整望远镜的轴线
13	望远镜光轴水平调节螺钉	在水平方向调整望远镜的轴线
14	支臂	
15	望远镜微动螺钉	止动望远镜后,仍可用它略微旋转望远镜
16	刻度盘止动螺钉	锁紧后,刻度盘与望远镜固联
17	光具夹锁紧螺钉	松开后,可以升降光具夹
18	望远镜止动螺钉	松开后,可以旋转望远镜
19	底座	
20	转台	
21	刻度盘	圆周等分为720格,分度值为30分
22	游标盘	有两个30格的圆游标,分度值为29分
23	立柱	
24	游标盘微动螺钉	止动游标盘后,仍可用它略微旋转游标盘
25	游标盘止动螺钉	松开后,可以旋转游标盘
26	平行光管光轴水平调节螺钉	在水平方向调整平行光管的轴线
27	平行光管光轴高低调节螺钉	在垂直方向调整平行光管的轴线
28	缝宽手轮	调整狭缝的宽度,范围为0~2 mm

1. 平行光管（主要部件有狭缝装置 1、狭缝锁紧螺钉 2、平行光管 3、缝宽手轮 28）

在平行光管的后端有一个准直透镜，前端通过狭缝锁紧螺钉 2 与一个狭缝装置 1 相连.松开狭缝锁紧螺钉后，狭缝可以绕轴线转动，也可以前后移动.当狭缝恰好位于准直透镜的焦平面上时，平行光管 3 出射平行光束.

旋转缝宽手轮 28 可以调节狭缝的宽度，调节范围为 0～2 mm.

调整平行光管的光轴高低调节螺钉 27 和光轴水平调节螺钉 26，可以使平行光管的轴线垂直于中心转轴.

2. 望远镜（主要部件有望远镜筒 8、目镜锁紧螺钉 9、目镜筒 10、视度手轮 11）

望远镜筒的一端是物镜，另一端通过目镜锁紧螺钉 9 与目镜筒 10 相连.松开目镜锁紧螺钉 9 后，目镜筒 10 可以绕轴线转动，也可以前后移动.目镜筒内安装有分划板，当分划板位于物镜的焦平面处时，平行光束会聚于分划板.

旋转视度手轮 11 可以调整分划板到目镜的距离，使人眼通过目镜看清分划板.这个过程称为视度调节，也被称为目镜调焦.

如图 5 - 19 所示，分划板的 3 条刻线分别称为上丝、中丝和竖丝：①上丝与竖丝相交处，为上"十"字叉丝，也称"上十字".②中丝与竖丝相交处，为中"十"字叉丝，也称"中十字".③下方绿光背景下的"十"字缺口是透光窗，也称"暗十字"."暗十字"与"上十字"的位置，关于中丝对称.

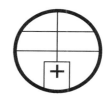

图 5 - 19　分划板

调整望远镜的光轴高低调节螺钉 12 和光轴水平调节螺钉 13，可以使望远镜的轴线垂直于中心转轴.

望远镜通过支臂 14 安装在转台 20 上，望远镜止动螺钉 18 位于转台右侧.

3. 载物台（主要部件有载物台 5、载物台调平螺钉 6、载物台锁紧螺钉 7）

载物台 5 可以放置光学元件，表面上的沟槽便于将光学元件放置在特定的位置和角度.光具夹 4 及其锁紧螺钉 17 可以用来夹持光学元件.

3 个载物台调平螺钉 6（以 a，b，c 相区别）可以调整载物台平面的倾角.

松开载物台锁紧螺钉 7，可以在一定范围内升降载物台，便于将光学元件调整到所需的高度.锁紧后，载物台与游标盘 22 固联（即两者只能同步旋转）.

4. 读数装置（主要部件有刻度盘 21、游标盘 22）

刻度盘 21 的圆周等分为 720 份，分度值为 0.5°（30′）.游标盘 22 上设置了两处圆游标，恰好位于游标盘同一直径的两端，望远镜的方位角为两个圆游标的平均值.

每个圆游标上有 30 个分度，与刻度盘 29 个分度相等，即圆游标的分度为 29′，因此，圆游标的读数精度为 30′ − 29′ = 1′.读数方法类似游标卡尺，如图 5 - 20 所示.主尺读数为看游标的零线位置（22°30′），游标读数为看哪条刻线对齐（9 格，即 9′），故整体读数为 22°39′.

刻度盘止动螺钉 16 位于转台左侧，锁紧后刻度盘与望远镜固联.游标盘止动螺钉 25 位

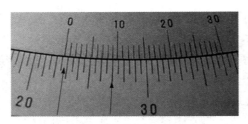

图 5 - 20   圆游标的读数

于立柱后面.

实验原理

1. 分光计调整目标

通过调整分光计,应达到"两平行":平行光管出射平行光,望远镜适于接收平行光,即:狭缝位于准直透镜的焦平面上,分划板位于物镜的焦平面上. 此时,狭缝的像恰好落在分划板上,如图 5 - 21 所示.

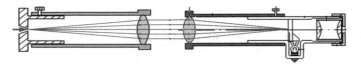

图 5 - 21   分光计的"两平行"

调整分光计,还应达到"三垂直",即平行光管的轴线、望远镜的轴线、载物台平面三者均与中心转轴垂直.

在实际调整中,载物台平面的方向通常是指所搭载的光学元件的方向.

2. 自准直望远镜的调整原理

由灯泡射出的光,经过一块 45°棱镜照射在透光窗("暗十字")上.

将一块平面镜放在载物台上,与望远镜相对放置. 此时,透光窗经物镜和平面镜所成的像,为绿色的"亮十字".

当平面镜的镜面与望远镜的轴线垂直,且分划板位于物镜的焦平面上时,透光窗经物镜和平面镜所成的像("亮十字")位于分划板的"上十字"叉丝处,如图 5 - 22 所示.

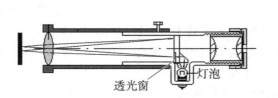

透光窗   灯泡

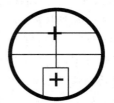

图 5 - 22   透光窗的成像

实验中可根据这一现象来调整望远镜：

（1）如果叉丝和"暗十字"清晰，但"亮十字"模糊，说明"亮十字"成像在分划板的前边或后边．此时，应当松开目镜锁紧螺钉，前后拉动目镜筒，对望远镜调焦．

（2）如果叉丝、"暗十字"和"亮十字"都很清晰，但稍微上下晃动眼睛时，"亮十字"与叉丝之间有相对移动，这就是所谓的视差．应当对望远镜仔细调焦，消除视差．

（3）如果"亮十字"不在"上十字"叉丝处，而是偏高或者偏低，甚至在视场之外，说明平面镜与望远镜的轴线不垂直．此时，应当调整载物台的倾角或者望远镜的轴线方向．

3. 载物台（双面反射镜）的调整原理

调整载物台需要用到双面反射镜．将双面反射镜放在载物台上，镜面与载物台垂直．

如果双面反射镜的镜面不垂直于中心转轴，则将载物台旋转 180° 后，双面反射镜的镜面仍然不垂直于中心转轴，如图 5-22 所示．这两次反射的透光窗的像（"亮十字"）不等高，如图 5-23 所示．

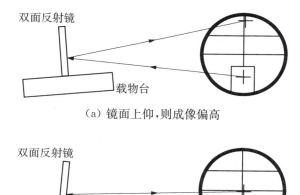

（a）镜面上仰，则成像偏高

（b）镜面下倾，则成像偏低

图 5-23　载物台水平的判断

调整载物台调平螺丝，使镜面垂直于中心转轴，则两次成像的"亮十字"等高．

4. 望远镜方位夹角的测量方法

使用分光计测量之前，应当先止动游标盘和刻度盘．也就是说，测量时游标盘静止不动，望远镜和刻度盘同步旋转．

规定左游标的读数为 θ，右游标的读数为 θ'，则方位夹角的计算如图 5-24 所示．如果望远镜处于方位 1 时，左读数为 θ_1，右读数为 θ_1'，而望远镜处于方位 2 时，左读数为 θ_2，右读数为 θ_2'，则方位 1 和方位 2 的夹角为

图 5-24　望远镜方位夹角的计算

$$\delta = \left| \frac{\theta_2 - \theta_1}{2} + \frac{\theta_2' - \theta_1'}{2} \right|.$$

注意:如果从方位 1 到方位 2,某个读数越过零度,则该读数需要加上 360°.

实验视频 36
实验 32 分光
计的调节

实验内容及步骤

1. 粗调"三垂直"

调整平行光管和望远镜筒的光轴高低调节螺钉、光轴水平调节螺钉,使两管的轴线大致垂直于中心转轴.

调整 3 个调平螺钉等高,使载物台水平.注意螺钉的高度要适中,上下均留有余量,如图 5 - 25(a)所示.

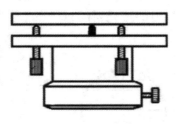
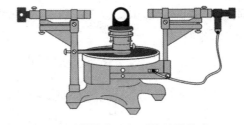

(a) 3 个调平螺钉等高   (b) 反射镜中心与两管轴线等高

图 5 - 25   载物台和双面反射镜的粗调

将双面反射镜摆放在载物台上,通过载物台锁紧螺钉升降载物台,使反射镜的中心与两管轴线等高,如图 5 - 25(b)所示.

2. 调整双面反射镜的位置

载物台的台面上有 3 条直线定位槽,与 3 个调平螺丝一一对应,如图 5 - 26(a)所示.利用直线定位槽,可将双面反射镜垂直于 bc 放置,如图 5 - 26(b)所示.

利用圆形定位槽,使双面反射镜位于载物台的中心.

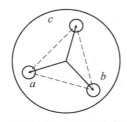
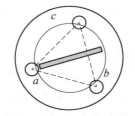

(a) 载物台台面的直线定位槽   (b) 载物台台面的圆形定位槽

图 5 - 26   双面反射镜的位置调整

3. 用光具夹固定双面反射镜

如图 5 - 27 所示,用光具夹固定双面反射镜.①松开光具夹锁紧螺钉;②将光具夹调整到适当的高度；③锁紧光具夹；④用光具夹的簧片夹持住双面反射镜；⑤将簧片锁紧（上方的螺钉）. 注意在固定过程中要保持双面反射镜位置不变.

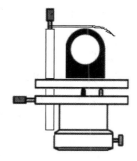

4. 调节目镜视度

调整视度手轮，使眼睛通过目镜能够清晰地观察到叉丝以及下方的"暗十字".

图 5‑27　光具夹的使用

5. 调整载物台

为降低难度，本实验使用标尺辅助调平载物台.

转动载物台，使由标尺出射的光，经镜面的反射进入人眼. 再将望远镜移动到眼睛的方位，前后拉动目镜筒，对望远镜调焦，使目镜中标尺的像清晰.

如图 5‑28 所示，以中丝为基准线，对标尺读数，记为 L_1. 将载物台旋转 $180°$，再对标尺读数，记为 L_2. 如果 $L_1 \neq L_2$，则载物台需要调平，方法如下：

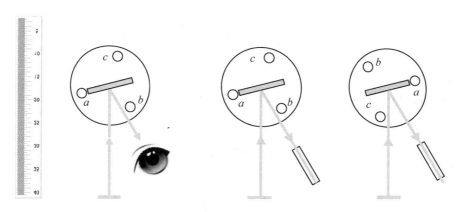

图 5‑28　寻找标尺的像

调整调平螺丝 b 或者 c，使读数为 $L_3 = \dfrac{L_1 + L_2}{2}$. 将载物台再次旋转 $180°$，再对标尺读数，记为 L_4. 如果 $L_3 \neq L_4$，则继续调整螺丝 b 或者 c，使读数为 $L_5 = \dfrac{L_3 + L_4}{2}$. 如此反复多次进行，直到 $L_n = L_{n+1}$.

需要说明，此时 b 和 c 两点等高，a 点与 b，c 两点可能仍然是不等高的. 请思考如何调节 a，b，c 这 3 个点等高.

图 5‑29　粗调两平行

6. 粗调两平行

如图 5‑29 所示，将目镜筒向里推到底，再向外拉出 $5\sim10\,\mathrm{mm}$，锁紧. 将狭缝向里推到底，再向外拉出 $10\sim20\,\mathrm{mm}$，锁紧.

7. 调整望远镜的轴线方向

旋转载物台,使望远镜正对双面反射镜,在视场中找到绿色光斑. 如果找不到,可以稍微旋转载物台或者调整望远镜的光轴高低调节螺钉. 找到光斑后,再前后移动目镜筒对望远镜调焦,使绿色光斑成为清晰的"亮十字".

将载物台旋转 180°,用双面反射镜的另一面也可以反射回"亮十字". 两个"亮十字"如果不等高,说明载物台和望远镜需要进一步微调. 微调可以使用各半调节法.

图 5 - 30   各半调节法

如图 5 - 30 所示,调整载物台调平螺钉,使"亮十字"到上叉丝的距离减少一半. 再调整望远镜光轴高低调节螺钉,使"绿十字"恰好与上叉丝重合. 然后,将载物台旋转 180°,用同样的方法,使另一个"绿十字"也与上叉丝重合. 上面的步骤要重复多次进行,直到两个"绿十字"都恰好位于上叉丝处. 此时,望远镜的轴线已与中心转轴垂直.

8. 调整叉丝平直

稍微旋转载物台,观察"亮十字"的移动. 通过转动目镜筒调整叉丝方向,使"绿十字"恰好沿着上丝移动,如图 5 - 31 所示,至此望远镜的调整完成.

图 5 - 31   叉丝平直的判断

9. 调整平行光管

取走双面反射镜,将望远镜对正平行光管. 前后移动狭缝,使狭缝清晰成像. 如图 5 - 32 所示,先转动狭缝,使狭缝的像水平. 再调整平行光管的光轴高低调节螺钉,使狭缝的像与中丝重合. 再转动狭缝,使狭缝的像与竖丝重合. 至此分光计的调整工作全部完成.

图 5 - 32   平行光管的调整

思考题

1. 为什么要先调整望远镜、后调整平行光管？这个顺序能不能反过来？

2. 本实验借助标尺辅助调平载物台，以降低调整的难度. 如果不用标尺，有没有其他方法解决这个问题？

阅读材料 12
实验 32 阅读材料

实验 33 ▶ 三棱镜折射率的测定

PPT 课件 39
实验 33

　　波长不同的光在真空中的速度相同,但在介质中的速度不同,两个速度的比值是介质对该波长光的折射率.也就是说,同一种介质对不同波长的光具有不同的折射率.利用这一点可以实现复色光的分解(即色散).本实验使用三棱镜作为色散元件,通过确定入射光与折射光的关系,可以测量三棱镜的折射率.

实验目的

(1) 进一步熟悉分光计的使用,并了解低压汞灯的光谱.
(2) 掌握最小偏向角方法,测量三棱镜折射率.

实验器材

分光计,低压汞灯,双面反射镜,等边三棱镜.

　　等边三棱镜由光学玻璃制成,其外形为等边三棱柱,如图 5 - 33(a)所示.等边三棱镜共有 3 个侧面和 2 个底面:3 个侧面是长方形,2 个底面是等边三角形,如图 5 - 33(b)所示.3 个侧面中的 AB 和 AC 面为光滑透光表面,称为光学面或者折射面;AB 和 AC 面的夹角,称为三棱镜的顶角;BC 面和上下两个底面是毛玻璃面,称为非光学面.

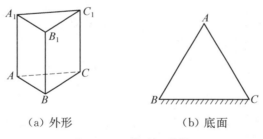

(a) 外形 　　　　　　　　(b) 底面

图 5 - 33　等边三棱镜

　　与 3 个侧面均垂直的截面称为三棱镜的主截面,本书用 ABC 代表主截面.在拿取和摆放三棱镜时,禁止触摸它的光学面,只能接触它的侧棱和非光学面.

　　低压汞灯光谱由一系列分立谱线组成,在可见光范围内可以看到如下谱线:①404.7 nm(暗紫色,不显著);②435.8 nm(明紫色,显著);③546.0 nm(绿色,显著);④577.0 nm(黄色,显著);⑤579.7 nm(黄色,显著).其中,577.0 nm 和 579.7 nm 的黄色谱线距离非常近,常被误认为是一条谱线.

实验原理

本实验是用最小偏向角法测量三棱镜的折射率.

如图 5-34(a)所示,一束单色光从棱镜 AB 面入射,入射角为 i_1,折射角为 i_2. 从棱镜 AC 面射出,两角分别为 i_3 和 i_4,则出射光相对入射光偏折了 δ 角,称为偏向角.

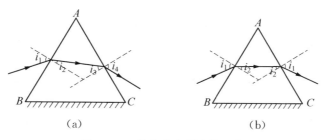

图 5-34　偏向角和最小偏向角

根据几何关系,偏向角 $\delta=(i_1-i_2)+(i_4-i_3)$. 因顶角 $A=i_2+i_3$,有

$$\delta=(i_1+i_4)-A. \tag{5-29}$$

对于给定的棱镜,折射率和顶角是定值,一旦入射角 i_1 确定,则 i_2,i_3 和 i_4 同时确定,δ 是入射角 i_1 的函数. 根据函数的极值条件可以确定,当 $i_1=i_4$,$i_2=i_3$ 时,偏向角取极小值,称为最小偏向角 $\sigma_{\min}$,如图 5-34(b)所示. 因此,

$$\sigma_{\min}=2i_1-A \tag{5-30}$$

或

$$i_1=\frac{1}{2}(\sigma_{\min}+A), \tag{5-31}$$

$$i_2=\frac{A}{2}. \tag{5-32}$$

因此,棱镜的折射率为

$$n=\frac{\sin i_1}{\sin i_2}=\frac{\sin\frac{1}{2}(\sigma_{\min}+A)}{\sin\frac{1}{2}A}. \tag{5-33}$$

等边三棱镜的顶角 A 按 $60°$ 计算.

实验内容及步骤

1. 调整实验仪器.

(1) 按照"实验 32　分光计的调整和使用"实验要求,调整好分光计.

(2) 将三棱镜按照"垂直放法"放置在载物台上,如图 5-35 所示. 这种放法的优点是,

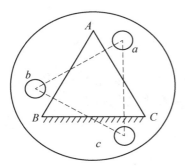

图 5－35　三棱镜的"垂直放法"

通过调节 a 螺钉可以改变 AC 面的方向,同时不会改变 AB 面的方向;通过调节 c 螺钉可以改变 AB 面的方向,同时不会改变 AC 面的方向. 如果调节螺钉 a 的高度,则载物台面将出现以 bc 为轴的转动. 由于平面 AB 垂直于 bc,因此,沿 bc 轴的旋转不会改变平面 AB 的方向. 类似地,如果调节螺钉 b 的高度,不会改变 BC 面的方向;如果调节螺钉 c 的高度,不会改变 AC 面的方向.

(3) 升降载物台,使三棱镜与望远镜和平行光管等高.

(4) 旋转载物台,以 AB 面为反射面,在望远镜中找到反射回来的"绿十字". 调节载物台调平螺钉 c,使"绿十字"位于上叉丝. 继续旋转载物台,以 AC 面为反射面,调节螺钉 a,使"绿十字"位于上叉丝. 耐心地重复以上过程,直到两个"绿十字"都恰好位于上叉丝.

2. 测量三棱镜折射率.

(1) 旋转载物台,使三棱镜与平行光管的关系大致如图 5－36 所示. 再旋转望远镜到图示位置附近,找到紫色、绿色和黄色谱线,将中丝对准黄色谱线.

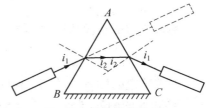

图 5－36　找最小偏向角

(2) 慢慢地旋转载物台,调整三棱镜角度,观察黄色谱线的移动. 继续旋转载物台,使黄色谱线尽可能向右侧(中央)移动. 确定其极限位置,在此过程中望远镜的中丝要随时跟踪谱线的移动.

(3) 测量黄色谱线的方位角,即对左右游标读数.

(4) 按照相同的方法,测量绿色和紫色谱线.

(5) 取下三棱镜,把望远镜移到中央,将中丝对准狭缝的像,然后测量望远镜的方位角.

(6) 计算各谱线的最小偏向角以及棱镜玻璃对该谱线的折射率.

思考题

1. 如果三棱镜的顶角未知,能否用分光计测量三棱镜的顶角?

2. 本实验的阅读材料给出掠入射法测量三棱镜折射率的原理,能否根据这一原理设计具体的实验方案? 实验中可能会遇到哪些困难? 准备如何解决?

阅读材料 13
实验 33 阅读材料

实验 34 ▶　全息照相及其应用

普通摄影(照相、电影、电视)只能记录物光的强度(振幅)信息,而不能记录物光的相位信息.1948 伦敦大学的伽博提出一种全新的照相理论(即全息照相),利用光的干涉原理将物光的振幅信息和相位信息形成全息图记录到全息片上,当再现光波照射全息片时就能再现十分逼真的立体像.由于全息照相对光的相干性要求很高,直到 1960 年激光问世以后,这种三维照相技术才得以实现.数字全息技术是由古德曼和劳伦斯在 1967 年提出的,其基本原理是用光敏电子成像器件代替传统全息记录材料,用计算机模拟再现取代光学再现,实现全息记录、存储和再现全过程的数字化,给全息技术的发展和应用增加了新的内容和方法.

PPT 课件 40
实验 34

实验目的

(1) 了解全息照相的基本原理和方法.
(2) 了解数字全息照相的基本技术要求和方法.
(3) 制作和观察全息图.

实验器材

He‑Ne 激光器,可变光阑,CMOS 数字相机,空间光调制器,分光棱镜,空间滤波器,反射镜,计算机,等等.

实验原理

1. 光学原理

光波是一种电磁波,波方程可表示为复数形式,

$$U = A e^{i(\omega t + \varphi)}. \tag{5-34}$$

显然决定一列光波动特性的参数是振幅 A 和相位 $(\omega t + \varphi)$,$(5-34)$式中的 A 和 φ 一般是位置的函数.振幅 A 表示光波振动的强弱,相位 $(\omega t + \varphi)$ 则表示光在传播过程中光振动状态和传播位置的关系.因此,光的全部信息应由振幅和相位来表示.

一般照相是以几何光学的折射定律为基础,利用透镜把物体成像在焦平面上,感光底片只记录了物点的光强信息.由于光强为 UU^*(U^* 为 U 的共轭复数),其大小正比于振幅的平方 A^2,底片记录的只是振幅平方的空间变化.于是,物光的相位信息就丢失了,得到的像只是一个平面像.如图 5‑37 所示,如果利用光的干涉原理,即:用一束具有稳定初相位的光作为参考光,使它与物光在全息干板 P 上进行干涉,在全息干板上的干涉条纹中就包含物光的振幅信息和相位信息.经显影、定影后,即可得到全息图.值得注意的是,全息图并不

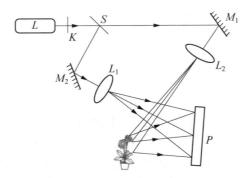

图 5-37   全息照相光路图

是被摄物体的像,而是记录物光振幅和相位信息的底版.底版上每一点的光强都是到达该点的参考光和物光干涉的结果.物体上的点发出的光只要能够到达底版上的这一点,就对这一点的光强有贡献.所以,底版上各点的光强与物点之间没有一一对应关系,底版上任一小部分都能包含整个被摄物体的信息.若要重现物像,需要重建波前(即用一定的再现光照射全息图),当条件合适时,就能观察到被摄物体的三维图像.其具体原理如下:令全息干板上某点的参考光 U_R 和物光 U_O 分别为

$$U_R = A_R e^{i(\omega t + \varphi_R)},\tag{5-35}$$

$$U_O = A_O e^{i(\omega t + \varphi_O)},\tag{5-36}$$

参考光和物光在感光底片上相干叠加.感光底片上该点的光强为

$$I = (U_R + U_O)(U_R^* + U_O^*) = A_R^2 + A_O^2 + U_R U_O^* + U_O U_R^*,\tag{5-37}$$

$$U_R U_O^* + U_O^* U_R^* = 2A_O A_R \cos(\varphi_O - \varphi_R),\tag{5-38}$$

在(5-37)式中, A_R^2 和 A_O^2 是参考光和物光照到感光底片上的光强,可记为 I_R 和 I_O,其余项是干涉项.按照(5-38)式,干涉相产生的明暗是以 $(\varphi_O - \varphi_R)$ 为变量、按余弦规律变化的干涉条纹,包含物光的相位信息.由此可见,到达全息干板的光强不但包含了物光的振幅信息,也保留了物光的相位信息.如果曝光时间 t 选择合适、冲洗过程适当,则制得的全息片上的曝光量 $E = I \cdot t$(即曝光量正比于光强),所以,全息片上每一点都记录了物光的全部信息.

一般说来,全息片经过曝光、冲洗以后,透光率形成一定空间分布.光透过这样的全息片时,振幅和相位都要生变化.如果在全息片上某点定义振幅透射率

$$T = \frac{透射光的复振幅}{入射光的复振幅},\tag{5-39}$$

则 T 一般为复数.对于平面吸收型全息片, T 为实数.如果曝光及冲洗条件合适,可以使得 T 与曝光时的光强成线性关系,

$$T = T_0 - \beta I,\tag{5-40}$$

其中, β 为比例常量.对于同一底版, T_0 和 β 都是常量.

全息照片再现时,一般选择与参考光相同的再照光、以相同的入射角照射全息片,这一过程称为波前重建. 此时,透过全息片的光波 U_T 为

$$U_T = U_R \cdot T. \tag{5-41}$$

将(5-37)和(5-40)式代入(5-41)式,可得

$$U_T = [T_0 - \beta(A_O^2 + A_R^2)]U_R - \beta A_R^2 U_O - \beta U_R U_R U_O^*. \tag{5-42}$$

上式右侧共有 3 项,每一项都是透过全息片的衍射光波,都很复杂. 如果参考光 U_R 是平面波或球面波,则 A_R^2 为常量或近似常量. 如果制作全息片时物体和照相底版足够远,则底版上 A_O^2 也近似为常量. 于是,U_T 的第一项只与参考光 U_R 有关,相当于直接透射的再照光. 这一部分即为零级衍射光,又称直透光. U_T 的第二项与制作全息片时的物光 U_O 成正比,是按照一定比例重建的物光,相当于一级衍射波. 这一部分透射光离开全息片以后遵循惠更斯-菲涅耳原理继续传播时,其行为与原物在原来位置发出的光波透过全息片以后的行为相比,只有振幅按一定比例发生变化,同时相位变化了 π,其余的行为都相同,因此,在全息片后面的观察者逆着这束衍射光观察时,就可以看到原来物体的三维虚像,这个像称为重建像. 观察重建像时,全息片相当于一个窗口,透过这个窗口可以看到原来的物体,而且改变观察方向还可以察觉物体各部分之间透视关系的变化;如果只利用全息片的一部分,也并不影响对全景的观察,只是看起来窗口变小了,观察受到了限制,同时视差效应变差了一些. U_T 的第三项与原物光的共轭光波有关,它是一束会聚光,相当于负一级衍射波,又称孪生波. 在一定条件下,孪生波可以形成一个实像,这个像称为共轭像.

制作全息片时,可使参考光与物光成一定角度,也可令参考光和物光在同一方向上. 前一种称为离轴全息,后一种称为共轴全息. 对于离轴全息再现全息像时,直透光、重建像和共轭像对应的光波将各沿不同的方向传播,可以有效减弱直透光和共轭像对重建像的影响;对于共轴全息再现全息像时,直透光、重建像和共轭像将重叠在同一方向上,这会影响对重建像的观察.

2. 数字全息记录和再现的基本原理

在光学全息记录的过程中,当物光与参考光照射在全息干板上时,参考光与物光进行相干叠加,叠加后形成的干涉条纹记录在全息干板上,曝光、冲洗后形成全息片. 全息干板的作用相当于一个线性变换器,它把曝光期间内的入射光强线性地变换为显影后负片的振幅透过率. 全息像再现时,用原参考光照射全息片,全息片将照射光衍射,这个衍射波就产生原始波前的所有光学现象. 数字全息和光学全息原理相同,只是在记录时用数字相机来代替全息干板,将全息图储存到计算机内,用计算机程序取代光学衍射来实现所记录物场的重现.

数字全息使用数字相机代替全息干板,因此,想要获得高质量的数字全息图并完好地重现物光波,必须保证全息图上光波的空间频率与记录介质的空间频率满足奈奎斯特(Nyquist)采样定理,即:记录介质的空间频率必须是全息图表面上光波的空间频率的两倍以上. 设物光和参考光在全息图表面上的最大夹角为 θ_{max},按照干涉原理,数字相机平面上

形成的最小条纹间距为

$$\Delta e_{\min} = \frac{\lambda}{2\sin(\theta_{\max}/2)}. \qquad (5-43)$$

若数字相机像素大小为 Δx，根据采样定理，一个条纹周期 Δe 要至少等于两个像素周期，即 $\Delta e \geqslant 2\Delta x$，这样记录的信息才不会失真. 由于在数字全息的记录光路中，所允许的物光和参考光的夹角(物参角) θ 很小，因此，$\sin\theta \approx \tan\theta \approx \theta$，代入(5-43)式，可得

$$\theta \leqslant \frac{\lambda}{2\Delta x}, \qquad (5-44)$$

即

$$\theta_{\max} = \frac{\lambda}{2\Delta x}. \qquad (5-45)$$

在数字全息图的记录光路中，物参角必须满足(5-44)或(5-45)式的要求，才能保证物光中的振幅和相位信息被全息图完整地记录下来. 数字相机像素的尺寸一般为 $5 \sim 10\,\mu m$，$\theta_{\max}$ 一般为 $2° \sim 4°$. 由于物参角很小，在重建波前时，除了重建像外，直透光和共轭像也同时在屏幕上以杂乱的散射光形式出现，而且扩展范围很宽. 两者的存在对重建像的清晰度造成很大影响，特别是直透光，由于占据了大部分能量而在屏幕的当中形成一个亮斑，致使重建像由于亮度相对较低、在屏幕上显示时因为太暗而使细节难以显示. 如果能将直透光和共轭像去除，重建像质量将会有大幅度的提高.

为了达到上述目的，目前主要有 3 类方法可供选择. 第一类方法是基于实验方案，如利用相移技术消除直透光和共轭像. 这种方法不但去除效果好，而且可以扩大再现的视场，但至少需要记录 4 幅全息图，而且实验装置比较复杂，同时对环境的稳定性要求也比较高，更重要的是这种方法不能适用于对生物细胞等非静止物体的记录，因而应用范围受到限制，在这里不做详细的介绍. 第二类方法是对数字全息图进行傅立叶变换和频谱滤波，将其中的直透光和共轭像的频谱滤除. 这种方法只需要记录一幅全息图，但由于要进行傅立叶变换和反变换，不仅浪费时间，而且在运算过程中有用信息也会丢失，会使再现结果产生较大的误差. 第三类方法就是应用数字图像处理技术，直接在空域对全息图进行处理. 这种方法不仅处理效果好，而且容易实现. 下面对后两类方法做详细分析.

(1) 频谱滤波法.

对于离轴数字全息图的频谱，如果载波的频率大于成像目标的最高频率的 3 倍，其零级亮斑、原始像和共轭像的频谱是彼此分开的，这也为应用频谱滤波法提供了可能. 具体的操作过程如图 5-38 所示.

在频谱滤波法中，滤波窗口的选择至关重要. 选取的原则如下：既要让物体的高频信息通过，又要最大限度地过滤噪声，尽量选取较窄的频谱宽度. 实际上，物体的频谱一般主要集中于低频部分，而且在频谱的中心部分强度很大，集中了很大一部分能量；相对而言，其他频谱成分集中的能量要小得多. 在滤波窗口中，往往噪声也被选中，作为物场的一部分得以重现，其结果会增加噪声对重现像的影响. 一般情况下，对数字全息图的频谱做二维滤波

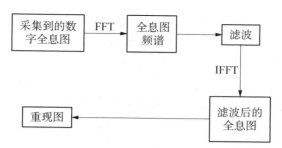

图 5 - 38　频谱滤波法的操作流程图

处理,滤波窗口必须是封闭的二维图形,通常用矩形窗口就能得到较好的结果. 当然,滤波窗口也可以是圆形或者椭圆形的,这需要根据物体频谱分布的实际情况来确定.

　　利用频谱滤波技术,只需要拍摄一幅全息图,如果只选择原始像的频谱部分用于数值重现,就可以削弱或消除零级亮斑、共轭像以及噪声的影响,有效改善重现像的质量. 但是,频谱滤波法需要预先设计滤波器,而且对不同的全息图,滤波器的参数也不相同. 一般这种滤波器的参数需要对全息图有先验认识或先对全息图进行频谱分析才能确定,操作过程比较复杂,并且要对全息图进行多次变换操作,容易造成数值误差.

　　(2) 数字相减法.

　　如果全息图频谱不满足频谱分离条件,那么,频谱滤波法就无法得到不受干扰的重建像. 在这种情况下,可以采用全息数字相减法成功地将直透光消除. 其基本过程如下:首先,用数字相机记录全息图的光强分布 I,把离散化的数据输入计算机存储;然后,保持光路不变,分别挡住参考光和物光,用同一数字相机记录它们各自的强度分布(I_R 和 I_O),即(5 - 37)式中的 A_R^2 和 A_O^2,将相应数据输入计算机存储;最后,利用计算机程序对上述 3 组数据进行数字相减,得到的 I' 即为消除直射光后的衍射光信息. 用 I' 进行数字再现时,就可以消除直射光的影响.

　　数字相减法对参考光没有什么要求,不论是球面参考光还是平面参考光,都可以达到很好的效果. 数字相减法最大的缺点就是需要分别采集和存储全息图、物光图和参考光图 3 幅强度图像,而且在采集 3 幅图像的过程中,物光、参考光和记录光路都不能发生变化,这对于快速变化的物场来说是相当困难的.

　　3. 空间光调制器(SLM)在光学再现上的应用

　　在全息技术发展很长一段时间内,人们都是通过全息干板来记录全息干涉图样,需要经过曝光、显影、定影等化学处理,过程费时且复杂,最大的缺陷是干板的不可重复性. 即便是在计算机制全息图技术出现后很长一段时间内,也需要用绘图仪或激光扫描记录装置等设备,将计算结果制作成全息图进行再现,仍然存在无法实时显示的缺陷. 因此,空间光调制器的出现为数字全息技术打开了新思路.

　　空间光调制器是一类能将信息加载于一维或二维光学数据场上的器件. 在主动控制下,它可以通过液晶分子调制光场的某个参量,将一定的信息写入光波中,从而达到光波调制的目的. 这类器件可以在随时间变化的电驱动信号或其他信号的控制下,改变光振幅或强度、相位、偏振态以及波长的空间分布,或者把非相干光转化成相干光. 由于它的这种性质,可以将其作为实时光学信息处理、光计算等系统中的构造单元或关键器件.它是实时光学信息处理、自适应光学和光计算等现代光学领域的关键器件.目前主流的液晶显示器组成比较复杂,主要是由荧光管、导光板、偏光板、滤光板、玻璃基板、配向膜、液晶材料、薄膜式晶体管等构成.作为空间光调制器使用时,通常只保留液晶材料和偏振片.液晶被夹在两个偏振片之间,就能实现显示功能,光线入射面的偏振片称为起偏器,出射面的偏振片称为检偏器.实验时通常将这两个偏振片从液晶屏中分离出来,取而代之的是可旋转的偏振片,这样方便调节角度.

在全息记录的过程中,利用空间光调制器来代替传统的全息干板,可以实现传统全息实验中无法实现的实时全息再现功能.由于液晶空间光调制器的空间分辨率有限,全息记录的条件也因此受到限制.在利用空间光调制器实现全息再现的系统中,物参角不能大于由液晶芯片空间调节器分辨率决定的最大值,对物体和全息面的距离、物体尺寸也都有较高的要求.

实验视频 37
实验 34 数字
全息实验及
应用

实验内容及步骤

1. 数字记录,数字再现

本实验利用计算机模拟全息图的记录过程,生成理想物体的离轴菲涅耳数字全息图,并由所生成的全息图重现物体的三维像,实现数字全息图记录和重现整个过程的计算机模拟.具体的操作流程如图 5-39 所示.

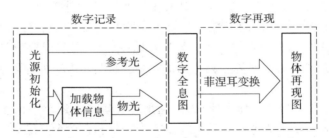

图 5-39   数字全息记录和重现流程图

(1)点击"读图",加载物体信息,物体图片尺寸不要超过 $1\,024\,\text{B} \times 1\,024\,\text{B}$.

(2)选择算法方式.设置记录时虚拟光路的参数、衍射距离及参考光夹角.点击"生成全息图",观察数字全息图.

(3)设置数字再现时的再现距离,点击"仿真再现".对比再现图是否与原图一致、有何区别.

(4)修改各个参数,重复以上步骤,观察每个参数对再现效果的影响.

数字相机像素的尺寸一般为 $5 \sim 10\,\mu\text{m}$,故所能记录的最大物参角为 $2° \sim 4°$.本实验所采用的 CMOS 像素尺寸为 $5.2\,\mu\text{m}$,为了与真实的物理过程对应起来,在模拟的过程中最大物参角为 $3.4°$.

(5)在模拟再现的过程中,利用数字相减法,并与之前不做任何处理的模拟结果进行对比.可以看到,数字相减法能够有效地消除重建像中的零级亮斑,改善重现像的质量.如果利用傅立叶变换算法对数字全息图进行重现,当重现距离和记录距离不相等时,则看不清重建像;当重现距离和记录距离相等时,重现像的显示大小与记录距离之间的关系如下:重现距离越大,重现像的像素尺寸就越大,相应地,所显示出来的重现像就越小.

2. 光学记录,数字再现

本实验用 COMS 相机代替传统全息中的干板作为记录介质,在计算机中进行再现.实验光路如图 5 - 40 所示.具体实验步骤如下:

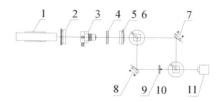

1 - He - Ne 激光器;2 - 衰减片;3 - 高倍扩束镜;4 - 凸透镜($f=150$);5 - 可变光阑;6 - 分光棱镜;7 - 平面反射镜;8 - 平面反射镜;9 - 目标物;10 - 分光棱镜;11 - 数字相机和光阑

图 5 - 40　透射物体的数字全息记录光路图

(1) 按照实验光路图从激光器开始逐一摆放各个实验器件,确保光路水平、光学器件同轴.目标物和 CMOS 数字相机先不放入光路.

(2) 调节光路.光路搭建完成后,调节两路光使其合成一束同轴光,能够出现同心圆环干涉条纹.此时,可以认为光路基本完成初步调节.

(3) 放入衰减片,使整个系统中的光强减弱.然后,将数字相机放入系统,实时记录干涉条纹图案.调节数字相机软件,使采集到的干涉条纹光强合适,不能曝光过度.

(4) 调节分光棱镜处的光栅转台,让两束光有轻微的夹角,能够产生离轴全息,方便后期再现.图像显示为较为密集的竖条纹.

(5) 将目标物放入光路,在参考光中加入适当的衰减片,减弱参考光光强,使得物光和参考光光强相差不大.

(6) 放入相机,使其紧贴光刻板放置.打开相机采集软件,依次点击"打开"、"开始",通过调整相机的增益和曝光时间,使图片对比度鲜明.等观测到条纹稳定时,勾选"软件触发","保存"全息图案.

(7) 打开数字全息软件,选择"光学→数字",点击"读入全息图",读取刚才采集的全息图案.用"频域分析"观测频域中的 ±1 级是否和 0 级条纹分开.如果未分开,需继续调整参考光和物光的夹角,直到 ±1 级和 0 级充分分开.

(8) 在数字全息软件"频谱分析"界面中,点击频谱图 0 级条纹的峰值位置,获取坐标,将 x 轴坐标填入"峰值点"输入框.输入合适的滤波窗口大小值(参考值为"20").测量目标物和数字相机之间的距离,输入到"再现距离"处,点击"数字再现",便可得到数字再现的全息图.

在实验中有以下 3 点注意事项:

(1) 用可调衰减片调节物光与参考光的光强比,增强干涉条纹的对比度.

（2）通过采集图像的干涉条纹间距来调整物光和参考光的夹角,物光和参考光的角度要控制在最大夹角内以保证物光和参考光的干涉场在被数字相机记录时,满足奈奎斯特采样定理. 否则,在进行重现时,重现像将会失真,甚至导致实验失败.

（3）在通过软件重现的过程中,分别进行不做任何处理的重现、对采集的全息图做频率滤波之后再重现,可以发现频率滤波的方法能够同时消除零级亮斑和共轭像,使重建像的质量得到明显的改善. 在做频率滤波时,要根据采集到的全息图选择合适的滤波窗口,以便准确地选取物光信息.

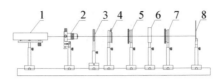

1-He-Ne 激光器;2-高倍扩束镜;3-凸透镜($f=150$);4-可变光阑;5-偏振片;6-空间光调制器、分光棱镜;7-偏振片;8-白屏

图 5-41　利用空间光调制器进行数字全息再现的光路图

3. 数字记录,光学再现

在本实验中,通过软件生成全息图,然后读入空间光调制器中,用空间光调制器代替传统光学全息中的再现介质. 实验光路示意图如图 5-41 所示. 具体实验步骤如下:

（1）打开数字全息软件,选择"数字→光学",点击"读图",加载物体信息,物体图片尺寸不要超过 1 024 B×1 024 B.

（2）设置记录时虚拟光路的参数、衍射距离及参考光夹角. 点击"生成全息图",观察数字全息图.

（3）按照光路图搭建实验光路,将空间光调制器与计算机连接. 点击软件中的"输出SLM",将生成的数字全息图写入空间光调制器中.

（4）将观察屏放置到对应的再现位置,调节偏振片的角度和空间光调制器与光路的夹角,直至在观察屏上观察到最好的再现效果.

在实验过程中,调节空间光调制器前后偏振片的角度,使空间光调制器处于强度调制状态(空间光调制器不会对重建像的相位进行大的改变),提高重建像的对比度.

思考题

1. 简述全息图的记录与重现.

2. 制作菲涅耳全息图应满足哪些条件?

实验 35 ▶ 法布里-泊罗标准具干涉仪

法布里-泊罗(F-P)标准具干涉仪的工作原理为多光束干涉.这种干涉仪分辨本领很高,可用于光谱超精细结构研究,也可以作为一种窄频滤镜,精准筛选谱线.在激光器的设计中,激光谐振腔就应用了法布里-泊罗标准具干涉仪的原理.

PPT 课件 41
实验 35

实验目的

(1) 了解法布里-泊罗标准具干涉仪的构造和原理,学习它的调节方法.
(2) 熟悉法布里-泊罗标准具干涉仪的主要性能,观察某些谱线的精细构造.
(3) 使用法布里-泊罗标准具干涉仪观察多光束等倾干涉,加深对多光束干涉理论的理解.

实验器材

汞灯,滤光片,聚光透镜,法布里-泊罗标准具干涉仪,消色差透镜,读数显微镜.

实验原理

如图 5-42 所示,L_1 是聚光透镜,L_2 是消色差透镜.在 L_2 的后焦平面上发生多光束干涉,形成干涉条纹.F 是位于 L_2 后焦平面上的读数显微镜,从读数显微镜中可以观察到干涉条纹.

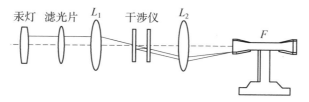

图 5-42　法布里-泊罗标准具干涉仪实验原理图

法布里-泊罗标准具的实验原理如下:法布里-泊罗标准具是由平行放置的两块玻璃或石英板组成,在两板背面镀有薄银膜或其他有较高反射率(>90%)的薄膜.为消除两平板背面反射光的干涉,每块都做成楔形.两平行的镀银平面玻璃之间夹有一个间隔圈,用膨胀系数很小的石英或铟钢精加工成一定厚度,用以保证两块平面玻璃之间有固定的间距.玻璃板带有 3 个螺丝,可以调节两玻璃板内表面之间精确的平行度.

法布里-泊罗标准具的光路如图 5-43 所示.自扩展光源 S 上任意一点发出的单色光,射到标准具板的平行平面上,经过 M_1 和 M_2 表面的多次反射和透射,分别形成一系列相互平行的反射光束 1,2,3,4,…和透射光束 1′,2′,3′,4′,….在透射光束中,相邻两光束的

光程差 $\Delta = 2nd\cos\theta$，这一系列平行并有一定光程差的光束在无穷远处或透镜的焦平面上发生干涉. 当光程为波长的整数倍时，产生干涉极大值. 一般情况下，法布里-泊罗标准具反射膜之间是空气介质，$n=1$，因此，干涉的极大值为 $2d\cos\theta = K\lambda$，K 为整数，称为干涉级. 由于标准具的间隔 d 是固定的，在波长不变的情况下，不同的干涉级对应不同的入射角. 在使用扩展光源时，法布里-泊罗标准具产生等倾干涉，其干涉条纹为一组同心圆环，中心处 $\theta = 0$，$\cos\theta = 1$，级次 K 最大，

$$K_{\max} = \frac{2d}{\lambda}. \tag{5-46}$$

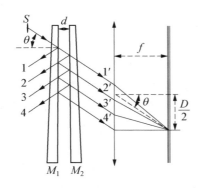

图 5-43　法布里-泊罗标准具光路图

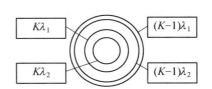

图 5-44　干涉条纹示意图

向外不同半径的同心圆环依次为 $K-1$，$K-2$，…. 考虑同一光源发出的两束具有微小波长差的单色光 λ_1，λ_2（设 $\lambda_1 < \lambda_2$）入射的情况，它们将分别形成一套圆环花纹. 对于同一干涉级，波长越大的干涉环直径越小，如图 5-44 所示. 如果 λ_1 和 λ_2 的波长差逐渐增大，使得 λ_1 的第 K 级亮环与 λ_2 的第 $K-1$ 级亮环重叠，有

$$2d\cos\theta = K\lambda_1 = (K-1)\lambda_2. \tag{5-47}$$

若保证所有干涉级都不重合，则必须满足

$$\Delta\lambda = \frac{\lambda^2}{2d}, \tag{5-48}$$

用波数表示为

$$\Delta\tilde{\nu} = \frac{1}{2d}, \tag{5-49}$$

$\Delta\lambda$ 或 $\Delta\tilde{\nu}$ 定义为标准具的自由光谱范围. 它表明在给定间隔圈厚度 d 的标准具中，若入射光的波长为 $\lambda \sim \lambda + \Delta\lambda$（或波数为 $\tilde{\nu} \sim \tilde{\nu} + \Delta\tilde{\nu}$），所产生的干涉圆环不重叠. 若被研究的谱线波长大于自由光谱范围，两套花纹之间就要发生重叠或错级，给分析辨认带来困难. 因此，在使用标准具时，应根据被研究对象的光谱波长范围来确定间隔圈的厚度.

应用法布里-泊罗标准具测量各分裂谱线的波长或波长差，是通过测量干涉环的直径实现的. 如图 5-43 所示，用透镜把法布里-泊罗标准具的干涉圆环成像在焦平面上，则出射

角为 θ 的圆环其直径 D 与透镜焦距 f 之间的关系如下：$\tan\theta = \dfrac{D}{2f}$. 对于中心处圆环，$\theta$ 很小，可以认为 $\theta \approx \sin\theta \approx \tan\theta$，而 $\cos\theta = 1 - 2\sin^2\dfrac{\theta}{2} = 1 - \dfrac{\theta^2}{4} = 1 - \dfrac{D^2}{8f^2}$. 由于 $2d\cos\theta = K\lambda$，有 $2d\cos\theta = 2d\left(1 - \dfrac{D^2}{8f^2}\right) = K\lambda$. 从上式可推得同一波长 K 和 $K-1$ 相邻两级圆环直径的平方差为

$$\Delta D^2 = D_{K-1}^2 - D_K^2 = \frac{4f^2\lambda}{d}. \tag{5-50}$$

由此可见，对中心处的圆环，ΔD^2 是与干涉级无关的常数.

实验内容及步骤

1. 实验要求. 测量 10 个连续的干涉圆环半径，并记录数据. 测量时用鼠标选中读数显微镜进行观察，选中刻度尺并转动把手进行测量.

2. 数据处理.

（1）利用测得的数据计算两个相邻干涉圆环直径的平方差，计算其平均值和标准方差.

（2）已知消色差透镜 L 的焦距为 98.3 mm，波长为 546.1 nm，利用公式计算：①法布里-泊罗标准具的板间距及其标准方差；②计算法布里-泊罗标准具干涉仪的自由光谱范围.

表 5-8　法布里-泊罗标准具干涉仪实验数据记录表

	D/mm									
	D_1	D_2	D_3	D_4	D_5	D_6	D_7	D_8	D_9	D_{10}
右侧										
左侧										
直径										
ΔD^2	$\Delta D_{1,2}^2 = $ ___		$\Delta D_{3,4}^2 = $ ___		$\Delta D_{5,6}^2 = $ ___		$\Delta D_{7,8}^2 = $ ___		$\Delta D_{9,10}^2 = $ ___	

思考题

1. 当人眼自上而下移动时，若发现有条纹从视场中心不断"涌出"，试分析法布里-泊罗标准具中空气膜厚度分布情况. 应该如何调节才能使条纹稳定不变？

2. 如何用法布里-泊罗标准具测定 He-Ne 激光的波长？

实验 36 ▶ 显微镜与望远镜的设计与组装

PPT 课件 42
实验 36

　　人眼无法分辨极远处细微的物体细节,在一般照明情况下,正常人的眼睛在明视距离(25 cm)能分辨相距约 0.05 mm 的两个光点.当两光点间距小于 0.05 mm 时就无法分辨,这个极限称为人眼的分辨本领.此时,两光点对人眼球中心的张角约为 $1'$,这个张角称为视角.观察物体要想能分辨细节,最简单的方法是扩大视角.显微镜和望远镜就是能够扩大人眼视角的助视光学仪器.

　　显微镜是用来观察和测量有限远微小目标的工具.光学显微镜根据具体用途可以分为许多种,在实验中经常遇到的是生物显微镜、体视显微镜、工具显微镜、偏光显微镜和读数显微镜等.

　　望远镜是用来帮助人们观察远处物体的工具.当位于远处物体的细节对眼睛的视角小于人眼的分辨极限时,人们必须借助望远镜才能分辨.望远镜有开普勒望远镜和伽利略望远镜两种.

实验目的

(1) 学习显微镜的原理以及使用显微镜观察微小物体的方法.
(2) 学习测定显微物镜的垂轴放大率以及显微系统视角放大率的方法.
(3) 学习搭建开普勒望远镜以及视角放大率的计算.

实验器材

RLE - ME02 几何光学实验系统.

实验原理

1. 显微镜的原理

最简单的显微镜由两个凸透镜构成,物镜的焦距很短,目镜的焦距较长.简单显微镜的光路如图 5 - 45 所示.其中,L_o 为物镜(焦点在 F_o 和 F_o'),其焦距为 f_o;L_e 为目镜,其焦距为 f_e.将长度为 y 的被观测物体 AB 放在 L_o 的焦距外且接近焦点 F_o 处,物体通过物镜成一放大的倒立实像 $A'B'$(其长度为 y_2),此实像在目镜的焦点以内,经过目镜放大,结果在明视距离 D 处得到一个放大的虚像 $A''B''$(其长度为 y_3).虚像 $A''B''$ 对于被观测物 AB 来说是倒立的.由图 5 - 45 可见,显微镜的视角放大率为

$$\gamma = \frac{\tan \Psi}{\tan \varphi} = \frac{\dfrac{-y_3}{-l_2'}}{\dfrac{y_1}{-l_2'}} = \frac{-y_3}{-y_2} \cdot \frac{-y_2}{y_1}, \tag{5-51}$$

其中,φ 为明视距离处物体对眼睛所张的视角,Ψ 为通过光学仪器观察时在明视距离处的

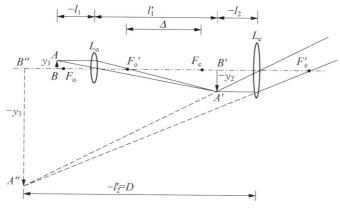

图 5-45　简单显微镜的光路图

成像对眼睛所张的视角,在图 5-45 中 φ 和 Ψ 未标出; $\dfrac{-y_3}{-y_2} = \dfrac{-l_2'}{-l_2} \approx \dfrac{D}{f_e} = \beta_e$ 为目镜的视角放大率; $-\dfrac{y_2}{y_1} = -\dfrac{l_1'}{l_1} \approx \dfrac{\Delta}{f_o} = \beta_o$ (因 l_1' 比 f_o 大得多)为物镜的垂轴放大率. Δ 为显微物镜焦点 F_o' 到目镜焦点 F_e 之间的距离,称为物镜和目镜的光学间隔.因此,(5-51)式可改写成

$$\gamma = -\dfrac{D}{f_e} \cdot \dfrac{\Delta}{f_o} = -\beta_e \beta_o. \tag{5-52}$$

由上式可见,显微镜的视角放大率等于物镜垂轴放大率和目镜视角放大率的乘积.在 f_o、f_e、Δ 和 D 为已知的情形下,可以利用(5-52)式计算显微镜的视角放大率.

现代显微镜的光学间隔均有定值,通常为 17 cm 或 19 cm.一般在用显微镜观察时,D 约为 25 cm,改变物镜和目镜的焦距可得各种不同的放大率.当物镜和目镜都是组合系统时,在放大率很高的情况下,仍能获得清晰的像.

分辨力板广泛用于光学系统的分辨率、景深、畸变的测量及机器视觉系统的标定中.本实验用到的是国标 A3 分辨力板,如图 5-46 所示,它有根据国际分辨力板相关标准设计的

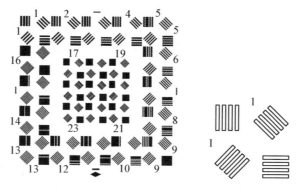

图 5-46　国标 A3 分辨力板及部分放大图

分辨力测试图案.一套 A 型分辨力板由图形尺寸按一定倍数关系递减的 7 块分辨力板组成,其编号为 $A_1 \sim A_7$.每块分辨力板上有 25 个组合单元,每一线条组合单元由相邻互成45°、宽等长的 4 组明暗相间的平行线条组成,线条间隔宽度等于线条宽度.分辨力板相邻两单元的线条宽度的公比为 $1/\sqrt[12]{2}$(近似为 0.94).在分辨力板各单元中,每一组的明暗线条总数以及 A3 分辨力板所有单元的线条宽度详见表 5 – 9.

表 5 – 9　国标分辨力板对照表

单元编号	国际 A3	单元编号	国际 A3
	线宽/μm		线宽/μm
1	40.0	14	18.9
2	37.8	15	17.8
3	35.6	16	16.8
4	33.6	17	15.9
5	31.7	18	15.0
6	30.0	19	14.1
7	28.3	20	13.3
8	26.7	21	12.6
9	25.2	22	11.9
10	23.8	23	11.2
11	22.4	24	10.6
12	21.2	25	10.0
13	20.0		

2. 望远镜的原理

望远镜是帮助人眼对远处物体进行观察的光学仪器,观察者以对望远镜像空间的观察代替对本来物空间的观察.由于望远镜像空间的像对人眼瞳孔的张角比在物空间的共轭角大,通过望远镜观察时,远处的物体似乎被移近,原来看不清楚的物体能被看清楚.望远镜由两个共轴的光学系统组成,其中,向着物体的系统称为物镜,接近于人眼的系统称为目镜.当望远镜用于观看无限远的物体时,如天文望远镜,物镜的第二焦点与目镜的第一焦点重合,即两系统的光学间隔为零;当望远镜用于观看有限远的物体时,如大地测量用的望远镜或观剧望远镜,两系统的光学间隔是一个不为零的小数量.作为一般的研究,可以认为望远镜是由光学间隔为零的两个共轴光学系统组成的.

若物镜和目镜的第二焦距均为正,就是开普勒望远镜,其成像原理如图 5 – 47(a)所示;若物镜的第二焦距为正,而目镜的第二焦距为负,就是所谓的伽利略望远镜,其成像原理如图 5 – 47(b)所示.

开普勒望远镜由两个凸透镜构成,物镜是直径大、焦距长的凸透镜,目镜的直径小、焦

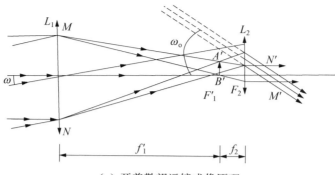

（a）开普勒望远镜成像原理

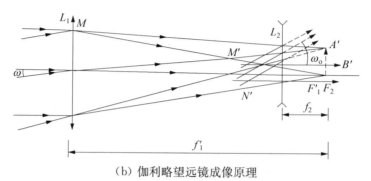

（b）伽利略望远镜成像原理

图 5 - 47　两种望远镜的成像原理

距短. 物镜把来自远处景物的光线, 在它的后面汇聚成倒立、缩小的实像, 相当于把远处景物一下子移近到成像的地方. 而这景物的倒像又恰好落在目镜的前焦点处, 这样对着目镜望去, 就好像拿放大镜看东西一样, 可以看到一个放大了许多倍的虚像. 于是, 很远的景物在望远镜里看来就仿佛近在眼前.

　　当观测无限远处的物体时, 物镜的焦平面和目镜的焦平面重合, 物体通过物镜成像在它的后焦面上, 也处于目镜的前焦面上, 如图 5 - 48 所示.

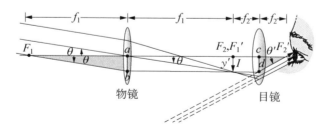

图 5 - 48　观测无限远处的物体

（1）视角放大率.

视角放大率的理论值（适用条件为物体在无穷远）为

$$\Gamma = \frac{\tan \theta'}{\tan \theta} = \frac{y'/f_2}{y'/f_1} = \frac{f_1}{f_2},$$

其中,f_1为物镜焦距,f_2为目镜焦距.由此可见,理论上望远镜的视角放大率Γ等于物镜和目镜焦距之比.若要提高望远镜的放大率,可增大物镜的焦距或减小目镜的焦距.

（2）测量视角放大率的方法.

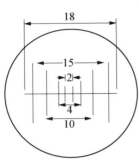

图 5 - 49　平行光管内多缝板分划线

在测量望远镜系统放大率之前,需要搭建观测显微系统.根据系统的光瞳衔接原则,观测显微系统的入瞳应与望远系统的出瞳重合.观测显微系统的物镜应放置在望远系统出瞳位置（望远镜目镜后即可）.可变光阑应调到比较小的状态,然后放入显微目镜（观测目镜）,通过显微目镜观察平行光管里的目标物（多缝板）来调整目镜位置,直至在目镜的标尺上清晰成像为止.通过观测目镜上的刻度,测出多缝板上任意两条线之间的距离L'（目镜刻度单位为厘米）,该长度L'需要除以目镜的放大倍数（10 倍）以得到实际像的大小.L为多缝板上两条线间的实际距离（由图 5 - 49 查阅）.由于加入观测系统,因此,其放大率计算公式为

$$\gamma = \frac{平行光管焦距}{观测物镜焦距} \cdot \frac{L'}{L \cdot 10}.$$

其中,平行光管、观测物镜焦距查看仪器器件标注.

实验视频 38
实验 36 显微镜与望远镜的设计与组装

实验内容及步骤

1. 显微镜

（1）调整物镜.打开光源,依次放置国标 A3 分辨力板、显微物镜和白屏,如图 5 - 50 所示.调整显微物镜的高度,使得 A3 板中的图案能够清晰成像在白屏上.在调整过程中,可以将白屏放置在 A3 板后观察.前后小心移动显微物镜,待白屏上的图案清晰可见即调整完毕.

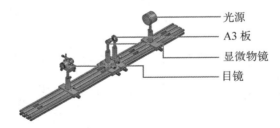

图 5 - 50　显微系统的物镜垂轴放大率测量实验装配图

（2）调整目镜.取下白屏,在显微物镜后加入目镜,调整目镜高度使之同轴.人眼通过目镜观察 A3 板的图案.前后移动目镜使成像最清晰即调整完毕.旋转 Y 向旋钮,让 A3 板上的一个或多个数字出现在视野中,直至可以分辨所测量的是哪一个编号的图案,以便查出对应的线宽.

（3）旋转显微目镜,使叉丝中一轴与待测图案的线条平行,另一轴穿过待测图案.记录像高.

（4）测量目镜的视角放大率，从目镜可以直接读出．

（5）测量物镜的垂轴放大率．通过系统读取物体的像，利用像高与物高的比得到显微系统的视觉放大率（物体的实际尺寸可根据 A3 板的序号查表得到单个线宽）．根据（5-52）式，系统的视觉放大率可根据目镜的视角放大率和物镜的放大率计算得到．

（6）线视场．如图 5-51 所示，用一维测微尺更换 A3 板．松开滑块旋钮，将夹持 A3 板的滑块小心地移动到远离显微物镜的位置．将 A3 板取下，换上一维测微尺．用干板夹夹好一维测微尺后，小心移动滑块至刚才放置 A3 板的位置附近．小心调整一维测微尺的高度，使之穿过显微物镜镜头的中心区域．再通过目镜观察并缓慢调整一维测微尺，直至得到清晰的成像并且横穿视场中心为止．读取视场两边刻度小格数（0.025 mm/div），即可得到显微系统的线视场．为了保证系统的一致性，在更换一维测微尺的过程中，应尽量避免碰触或调整显微物镜及目镜．

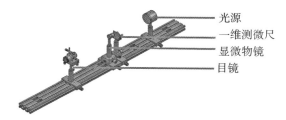

光源
一维测微尺
显微物镜
目镜

图 5-51　显微系统的线视场测量实验装配图

2. 望远镜

在测量望远系统放大率之前，需要搭建观测显微系统，如图 5-52 所示．根据系统的光瞳衔接原则，观测显微系统的入瞳应与望远系统的出瞳重合．观测显微系统的物镜应放置在望远系统出瞳位置（望远镜目镜后即可）．可变光阑应调到比较小的状态，然后放入显微目镜（观测目镜）．通过显微目镜观察平行光管里的目标物（多缝板）来调整目镜位置，直至在目镜的标尺上清晰成像为止．通过观测目镜上的刻度，测出多缝板任意两条线之间的距离 L'（目镜刻度单位为厘米），该长度 L' 需要除以目镜的放大倍数（10 倍）以得到实际像的大小．L 为多缝板上两条线间的实际距离．由于加入观测系统，因此，其放大率计算公式为

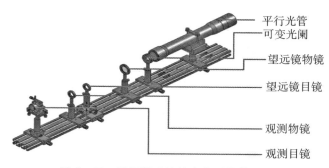

平行光管
可变光阑
望远镜物镜
望远镜目镜
观测物镜
观测目镜

图 5-52　望远镜系统放大率测量装配图

$$\gamma = \frac{平行光管焦距}{观测物镜焦距} \cdot \frac{L'}{L \cdot 10}.$$

其中,平行光管、观测物镜焦距查看仪器器件标注.

计算完毕即可与系统的理论放大倍率公式的计算结果进行比较.

思考题

1. 将望远镜倒转(即以目镜为物镜、物镜为目镜),可否用作显微镜? 这样做会有何问题?

2. 将一显微镜倒置使用,会出现什么现象?

阅读材料 14
实验 36 阅读材料

第 6 章

综合与近代物理实验

实验 37 ▶ 报警器的设计与制作

设计方案 1

PPT 课件 43
实验 37

报警器又称防盗器,是在发生警情、危险、紧急情况等状况下,以声音、光线、电波等形式发出警报的电子产品的统称,经常应用于系统故障、安全防范、交通运输、医疗救护、应急救灾等领域,与社会生产、生活密不可分.报警器分为机械式报警器和电子报警器.随着科技的发展和进步,机械式报警器越来越多地被电子报警器代替.

电子报警器主要利用现有的电话网络或者无线手机 GSM 网络,通过无线或者有线的方式,连通主人电话或者手机,实现远程防盗功能.目前市面上流行的电子报警器主要由一个接收信号的防盗主机和一系列警情探测头(如红外探测器、门磁、烟雾探测器、红外栅栏等)组成.电子报警器的传输信号和接收信号主要以传感器为主.本实验方案研究以各种传感器为主要元件的报警器的设计和制作.

实验目的

(1) 了解报警器的基本原理以及一些基本电子元器件的测量方法、特性和用途.

(2) 设计报警器电路图并组装报警器.

(3) 掌握简单的焊接技术以及示波器、万用表的使用.

实验器材

万用表,示波器,电烙铁,VT_1 三极管 3DG201,VT_2 三极管 9015,R_1 电阻(100 kΩ),R_2 电阻(2.7 kΩ),C 耦合电容(0.022 μF),BL 扬声器(8 W),GB 电源(1.5 V,2 个).

实验原理

按照图 6-1 连接元器件.接通电源,VT_1 的 b 极加

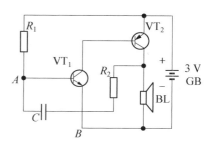

图 6-1 报警器的实验原理图 1

压,e 极接负电位,VT_1 导通.VT_2 的 b 极接低电位,VT_2 导通.此时,电容 C 两端有交变的电流,通过 R_2 到扬声器,使扬声器发出声音.在 A,B 两端可以接上开关性组件或传感器,闭合时无声,断开后报警.

实验内容及步骤

1. 查阅资料,了解报警器的基本原理,并自行设计电路图.

2. 根据电路图把所需元器件焊接在电路板上.接通电源进行调试,使扬声器发出声音.根据实验原理,研究报警器的声音变化情况.

3. 进行实验测量和数据处理,写出设计性实验报告.

4. 改变图 6-1 中的 C 和 R_2,研究报警器的声音变化情况,将研究结果记入表 6-1.

表 6-1   改变 C 和 R_2 的报警器声音变化的研究

不变量	变化量		效果	结论
瓷介电容器(C) 0.022 μF	R_2	510 Ω		
		2.7 kΩ		
		10 kΩ		
电阻器(R_2) 2.7 kΩ	C	4 700 pF		
		0.022 μF		
		0.047 μF		

注意事项

(1) 注意传感器的使用,以及三极管的 b,c,e 极不要接错.

(2) 防止虚焊和假焊.

思考题

1. 在什么情况下开关组件或传感器会使报警器报警? 在什么情况下报警器恢复监控无声状态? 为什么?

2. 如果报警器的声音太小,应该如何调节?

实验说明

本实验供选用的 5 种传感器如图 6-2 所示.

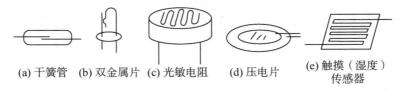

(a) 干簧管   (b) 双金属片   (c) 光敏电阻   (d) 压电片   (e) 触摸(湿度)传感器

图 6-2   5 种传感器

设计方案 2

由于红外线是不可见光,有很强的隐蔽性和保密性,因此,在防盗、警戒等安保装置中红外线得到广泛的应用.此外,在电子防盗、人体探测等领域中,被动式热释电型红外探测器也以其价格低廉、技术性能稳定等特点而受到欢迎.

红外报警器功能非常先进,有被动式热释电型红外报警器、红外监控无线报警器、超声波防盗报警器、红外线防盗报警器、高灵敏红外报警器、触摸式延时防盗报警器、触摸式防盗报警器、红外线声光报警器等.另外,可用红外报警器原理控制各种电器的运行.

报警器被广泛地应用于住宅、办公室、金融场所、机动车辆等的防盗.它的主要原理是通过电路的通断使串联于电路中的扬声器或蜂鸣器发出声响来达到报警的目的.

实验目的

(1) 了解报警器的基本原理以及一些基本电子元器件的测量方法、特性和用途.
(2) 设计红外线报警器电路图并组装报警器.
(3) 掌握简单的焊接技术以及示波器、万用表的使用.

实验器材

万用表,示波器,电烙铁,VT_1 光敏三极管 3DU,VT_2 三极管 9011,VT_3 和 VT_5 三极管 9013,VT_4 三极管 3AX83,R_1 电阻($47\,k\Omega$),R_2 电阻($1\,k\Omega$),R_p 微调电位器($100\,k\Omega$),C_1 电解电容($100\,\mu F/10\,V$),C_2 电容($0.033\,\mu F$),B 扬声器($8\,\Omega$),G 电源($1.5\,V$,2 个).

实验原理

如图 6-3 所示为报警电路.光敏三极管 VT_1、三极管 VT_2 和三极管 VT_3 等组成光控开关.当门窗闭合时,光敏器件受到强烈的近红外辐射,内阻很小,三极管 VT_2 和 VT_3 均截止,由三极管 VT_4 和 VT_5 等组成的报警电路不工作;当门窗打开时,近红外光线受阻消失,光敏管内阻增大,致使三极管 VT_2 和 VT_3 导通,接通报警电路的电源,扬声器立即发出报警声.调节微调电位器 R_p 可以获得合适的报警灵敏度.

如图 6-4 所示为报警器在门上的实际应用.当门打开时,门遮住光源,报警器报警;当

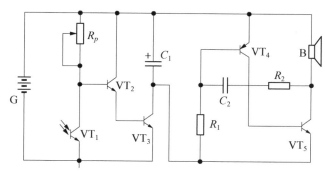

图 6-3 报警器的实验原理图 2

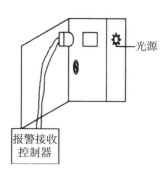

图 6-4 报警器在门上的
实际应用

门关闭时,接收头接收到光源,报警器恢复监控无声状态.

实验内容及步骤

1. 查阅资料,了解红外线报警器的基本原理,并自行设计电路图.
2. 根据电路图把所需元器件焊接在电路板上.
3. 接通电源进行调试,使扬声器发出声音.
4. 设计数据记录表,研究报警器的声音变化情况.

调节电阻($R_p = 100\,\mathrm{k\Omega}$, $50\,\mathrm{k\Omega}$, $10\,\mathrm{k\Omega}$),观察报警器的灵敏程度,并将实验结论记入表 6 - 2.

表 6 - 2   报警器音调的高低(声音频率)的研究

$R_p/\mathrm{k\Omega}$	效果	结论
100		
50		
10		

注意事项

(1)在连接时注意光敏元件极性,注意三极管的 b, c, e 极不要接错.
(2)防止虚焊和假焊.

思考题

1. 在什么情况下红外线报警器的灵敏度最好? 为什么?
2. 如果红外线报警器的声音太小,应该如何调节?

阅读材料 15
实验 37 阅读材料

实验 38 ▶ 普朗克常量的测定

　　1887 年,赫兹发现电火花的紫外线照射在火花缝隙的电极上有助于放电.此后不久,又有几位研究者通过实验详细研究了光电效应现象.1905 年,爱因斯坦在普朗克量子假说的基础上圆满地解释了光电效应.其中,普朗克常量关系到微观世界普遍存在的波粒二象性和能量交换量子化规律,在近代物理学中有着重要的地位.通过测量这一物理常数不仅有助于理解光的量子性,对掌握微弱电流测量等实验技术也是有意义的.

PPT 课件 44
实验 38

实验目的

(1) 利用爱因斯坦方程测量普朗克常量.
(2) 了解光电效应的基本规律.
(3) 深入理解光的量子性及光电效应.

实验器材

GD–4 型普朗克常数测定仪.

GD–4 型普朗克常数(智能光电效应)测定仪由光电检测装置和实验仪主机两部分组成.如图 6–5 所示,光电检测装置包括光电管暗箱 GDX–1、高压汞灯 GDX–2、高压汞灯电源 GDX–3、实验基准平台 GDX–4、滤色片组.实验仪主机为 GD–4 型普朗克常数测定仪,内部含有微电流放大器和扫描电压发生器.

实验视频 39
实验 38–1
普朗克常量
测定实验
装置

实验视频 40
实验 38–2
普朗克常量
测定实验仪
主机面板

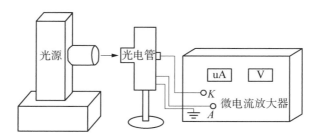

图 6–5　GD–4 型普朗克常数测定仪实验装置图

　　1. GD–4 型普朗克常数测定仪的构成

(1) 光源.GDX–2 型高压汞灯.预热,点燃约 20 min 让其稳定后,有几条分离的线状光谱,较强的谱线分别为 365.0 nm,404.7 nm,435.8 nm,546.1 nm,578.0 nm.

(2) 光电管.采用 GDX–1 型光电管,其阴极是银氧钾阴极、阳极为镍圈,光谱响应范围为 340～700 nm,暗电流为 $i \leqslant 2 \times 10^{-12}$ A.

（3）滤色片组.滤色片可以使光源中某种谱线的光通过,不允许其他谱线通过,因而可通过滤色片获得单色光.本仪器配有 5 种滤色片,波长分别为 365.0 nm, 404.7 nm, 435.8 nm, 546.1 nm, 577.0 nm.

2. GD-4 型微电流测量放大器

该微电流放大器的电流测量分为 6 档十进变换,测量范围为 $10^{-13} \sim 10^{-8}$ A,3 位半数显,最小显示位为 10^{-14} A.

实验原理

1. 光电效应的实验规律

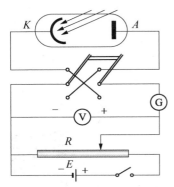

图 6-6　光电效应实验装置

当用适合频率的光照射在金属表面上时,电子从金属表面逸出的现象称为光电效应,发射出的电子称为光电子.光电效应实验装置如图 6-6 所示,K 为光电管阴极,A 为光电管阳极,G为微电流计,V为电压表,滑线变阻器 R 用来调节光电管两端的电压.当光照射在光电管阴极时,阴极将发射电子,并在回路中形成光电流.

光电效应的实验规律可归纳如下:

（1）当光强一定时,若光电管两端加正向电压,即 A 的电位高于 K 的电位,光电子在电场的作用下向阳极迁移,并在回路中形成光电流.随着光电管两端电压增加,光电流趋于饱和值 i_m,对于不同的光子强度 I,饱和电流 i_m 与光子强度 I 成正比,如图 6-7 所示.

（2）当光电管两端加反向电压时,光电流迅速减少,但不能立即降为零,直至反向电压达到某一值时,光电流才为零,此时的电压值称为截止电压,用 u_a 表示.这表明此时具有最大初动能的光电子被反向电压所阻挡,并有

$$\frac{1}{2}mv_{\max}^2 = eu_a. \qquad (6-1)$$

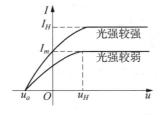

图 6-7　光电效应实验规律

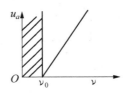

图 6-8　红限

（3）对于一定的金属阴极,无论光有多么强,只有当入射光的频率 ν 大于某个频率时才能发生光电效应,此频率称为该金属光电效应的截止频率（或红限）.实验表明,改变入射光的频率时,截止电压随之改变,且与 ν 成线性关系,如图 6-8 所示.

(4) 光照射到金属表面,几乎在开始照射的同时就有光电子产生,延迟时间最多不超过 10^{-9} s.

2. 爱因斯坦光电效应方程

金属受光照射吸收光能释放出电子的现象叫做光电效应.经典的电磁理论无法解释光电效应的规律.例如,对于某一金属材料,只有用频率超过临界值的光照射时,才能释放出电子(这个临界值即最小频率 ν_0,称为该金属表面的频率).再如,逸出电子的动能与光强无关,与光的频率成线性关系.

爱因斯坦突破了光的能量连续分布于波阵面上的观念,认为光与电子的能量交换是一份一份的,光子的这一份能量 $E=h\nu$(h 是普朗克常数, ν 是光的频率)是不可分割的最小单位,或者被电子全部吸收,或者完全不被吸收.电子吸收了一份一份能量后,如果在途中不因碰撞而损失能量,则一部分用于逸出功 W,剩下的就是电子逸出金属表面后具有的最大动能,

$$\frac{1}{2}mv_{\max}^2 = h\nu - W, \tag{6-2}$$

这就是爱因斯坦光电效应方程.由(6-2)式可知,电子从金属表面逸出所需吸收的最小能量为

$$h\nu_0 = W. \tag{6-3}$$

对于给定的金属, ν_0 为一定量,就是该金属光电效应的截止频率.将(6-1)和(6-3)式代入(6-2)式,爱因斯坦光电效应方程可以改写为 $h\nu = h\nu_0 + eu_a$,即

$$u_a = \frac{h}{e}(\nu - \nu_0), \tag{6-4}$$

上式表明 u_a 和 ν 成线性关系.若用不同频率表示 ν 的光照射光电管阴极 K,分别测出光电管的伏安特性曲线,就可以找出相应的截止电压 u_a,再作出 u_a 与 ν 的关系曲线.如果这条曲线是直线,就验证了爱因斯坦光电效应方程的正确性,并可以根据直线的斜率 k,求出普朗克常数 h,即

$$h = k \cdot e. \tag{6-5}$$

3. 实际测量中截止电压的确定

实际测量的光电管伏安特性曲线如图 6-9 所示,要比图 6-7 复杂,其中有以下两个原因.

(1) 受暗电流和本底电流的影响.

暗电流是指光电管在不受光照而极间加有电压的情况下产生的微弱电流.这种电流是由阴极材料的热电子发射、管壳漏电等因素引起的,并且其值随电压的变化而变化.本底电流则是由周围杂散光线入射光电管形成的.实验时需要将它们测出,并在作伏安特性曲线时消除其影响.

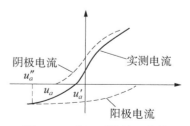

图 6-9　实际测量的光电管伏安特性曲线

（2）受阳极电流的影响.

从理论上说,光电管阳极材料的逸出功足够高,受光照射不会产生光电效应. 但是,由于在制造光电管时,阳极难免沾染微量阴极材料,在使用过程中,这种沾染会日趋严重. 因此,当光照射到阳极上时,也将有光电子逸出形成阳极电流,其方向与阴极电流相反,如图 6-9 所示.

由于上述原因,实际测得的 I_{KA}-U_{KA} 曲线与横轴交点的电压值并不等于截止电压 u_a. 实验中根据实测电流特性曲线,对不同特性的光电管采用不同的方法确定截止电压. 对于正向电流上升很快、反向电流很小的光电管,可用光电流特性曲线与暗电流曲线交点的电压值,近似地当作截止电压 C（交点法）. 若特性曲线中反向电流较大,而且反向电流饱和很快,可用反向电流开始饱和时所对应的电压值 u'_a 近似地代替 u_a（拐点法）.

实验视频 41
实验 38-3
普朗克常量
测定实验仪
自动测试伏
安特性

实验内容及步骤

1. 按照图 6-5 安装 GD-4 型普朗克常数测定仪. 用遮光罩盖住光电管暗窗.

2. 开机和调零.

依次打开汞灯电源和实验仪电源,光电管与汞灯距离为 40 cm,预热 20 min. 选择适当的电流量程后,可以按照下述过程调零.

（1）将测试信号输入线与光电管暗盒断开.

（2）缓慢旋转"调零"旋钮,直到电流指示值为"000.0".

（3）调零完成后,按下"调零确认/系统清零"键,进入手动测试状态.

（4）将测试信号输入线与光电管暗盒连接.

注意:每次开机或者改变电流量程,都需要重新调零.

3. 手动测试截止电压.

（1）选择电流量程为"10^{-13} A",并按照上述过程调零.

（2）安装适当的光阑和滤色片.

（3）逐渐升高测试电压,直到电流指示值在"000.0"附近. 电压调节区的"←/→"键可以改变闪烁位,"↑/↓"键可以增加或减少一个单位. 测试电压初始值为"-1.998",先每次增加 0.1 V,观察光电流的变化情况. 等到光电流接近零后,再每次增加或减少 0.01 V 或 0.002 V,直到光电流为零.

注意:"-1.998"增加 0.1 V 后为"-1.898".

（4）记录此时的测试电压值,即为此波长的截止电压.

（5）将电压调回"-1.998",更换滤色片,重复（3）和（4）的过程.

4. 自动测试伏安特性.

（1）选择电流量程为"10^{-10} A",并按照前述过程调零.

（2）安装适当的光阑和绿色片.

（3）按下相应键,使伏安特性测试灯亮、自动测试灯亮. 此时,两个数码指示区分别指示测试的起始电压和终止电压. 默认为从"-1.00"到"35.0",在电压调节区可以设置测试的起始电压和终止电压.

（4）选择一个存储区,按下对应的按键,倒计时 30 s 后开始自动测试.

（5）自动测试正常结束后,"查询"灯亮,实验仪进入数据查询状态.在电压调节区设置电压,即可查询对应的光电流测试值.记录实验数据.

数据处理

1. 在坐标纸上绘制 u-ν 关系曲线,用两点法求出斜率 k.再求出普朗克常数 $h=ek$,将 h 与公认值 $h_0=6.626\times10^{-34}$ J·s 比较,求出 h 的绝对误差和相对误差.

2. 选择合适的坐标纸,作出不同频率下的 i-u 曲线.从曲线中找出电流开始变化的起始点,确定截止电压.

注意事项

（1）更换滤色片时要将汞灯用遮光罩罩住,防止强光直射光电管.

（2）汞灯关闭后需待其冷却后方可重新开启电源,否则将影响光电管的寿命.

思考题

1. 能否用最小二乘法处理实验数据? 若能够使用,请对实验数据进行处理.

2. 若某一金属光电阴极的逸出功为 2.0 eV,问其所能探测到的入射光波长极限是多少?

实验拓展　光电效应伏安特性曲线的说明

光电效应具有如下实验事实:

（1）截止电压与频率成线性关系,光子频率越高,截止电压越高.

（2）对同一频率的光,饱和光电流的大小与入射光强成正比,如图 6-6 所示.

（3）对不同频率的光,饱和光电流的大小取决于入射光强与光电管阴极材料在该频率的光谱灵敏度.饱和光电流大小与频率无直接的联系.

对于光电管常用的阴极材料,365~577 nm 的光谱灵敏度相差不大.在做 5 条谱线的伏安特性曲线时,哪条谱线位置高主要取决于该条谱线的入射光强度.

应该说明的是,图 6-7 只是用于说明对于不同频率的光,截止电压不同.图 6-7 中频率高的光饱和光电流大,只是因为在用于举例的两条谱线中,频率高的谱线光更强.假如频率低的光更强,则频率低的光的饱和光电流当然会大于频率高的光的饱和光电流.

在光阑大小一致时,不同波长的光的强度由汞灯光源在该波长处的相对强度以及该波长滤光片的透过率共同决定.

图 6-10 为汞灯谱线典型的相对强度,表 6-3 为滤色片的透过率.

表 6-3　各滤光片的透过率

滤光片/nm	365	405	436	546	577/579
透过率/%	35	38	53	15	20

综合考虑汞灯谱线强度和滤色片透过率,光电管接收到的谱线强度依次是 365 nm,

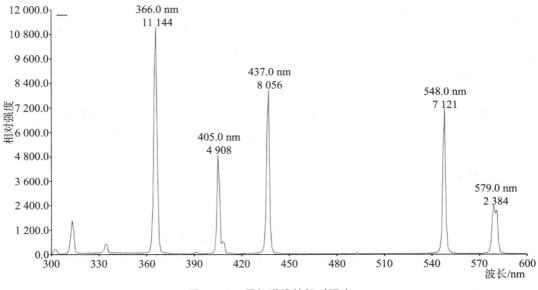

图 6 − 10   汞灯谱线的相对强度

436 nm，405 nm，546 nm，577 nm. 典型情况下各谱线的高低也依此排序.

需要说明的是，由于汞灯在生产过程中的差别或在使用过程中发生条件改变，同一批次的各只汞灯或同一只汞灯在使用一段时间后，光谱都可能不同，导致不同频率伏安特性曲线的高低排序发生改变.

不论各条谱线高低如何排序，只要证明饱和光电流大小与光强成正比，就与光电效应的基本实验事实相符，本实验正好证明了这一点.

阅读材料 16
实验 38 阅读材料

实验 39 ▶ 核磁共振的研究

早在 1924 年,泡利就提出核磁矩与核自旋的概念,并将之用于某些元素光谱精细结构的研究. 由于受到光学仪器分辨本领的限制,当时没能实现对核磁矩的精确测量. 直到 1939 年,拉贾比改进了奥托·斯特恩首创的分子束实验,提出了一种更为精确的测量核磁矩的方法. 近代的核磁共振技术是在 1946 年由美国的普西尔和布洛赫同时独立设计的,这些设计不但简化了设备和方法,还有效地提高了测量精度,对深入了解原子核结构具有十分重要的意义. 为此他们两位获得了 1952 年诺贝尔物理学奖.

PPT 课件 45
实验 39

实验目的

(1)熟悉仿真实验操作系统.
(2)了解核磁共振的原理.
(3)掌握旋磁比 γ 和原子核的朗德因子 g 的测量方法.

实验仪器

大学物理仿真实验 v2.0 系统(中科大奥锐科技有限公司研制开发).

实验原理

1. 半经典观点
核子数和质子数不全为偶数的原子核其自旋不为零,自旋量子数为整数或半整数(核子数和质子数全为偶数的自旋量子数为零). 其自旋磁矩 $\boldsymbol{\mu}$ 与自旋角动量 $\boldsymbol{p}$ 之间的关系为

$$\boldsymbol{\mu} = \frac{e}{2m_{\mathrm{N}}} g \cdot \boldsymbol{p} = \gamma \cdot \boldsymbol{p}, \tag{6-6}$$

其中,m_{N} 为核质量,g 为原子核的朗德因子,γ 为旋磁比.

按照经典理论,在外磁场 $\boldsymbol{B}$ 中,原子核会因自旋磁矩而受到一个力矩的作用,力矩为

$$\boldsymbol{L} = \boldsymbol{\mu} \times \boldsymbol{B}. \tag{6-7}$$

由角动量定理得

$$\frac{\mathrm{d}\boldsymbol{p}}{\mathrm{d}t} = \boldsymbol{L} = \boldsymbol{\mu} \times \boldsymbol{B}, \tag{6-8}$$

则

$$\frac{\mathrm{d}\boldsymbol{\mu}}{\mathrm{d}t} = \gamma \boldsymbol{\mu} \times \boldsymbol{B}. \tag{6-9}$$

所以,在外磁场 $\boldsymbol{B}$ 中,自旋磁矩是围绕外磁场 $\boldsymbol{B}$ 进动的,如图 6 – 11(a)所示,进动的角速度为 $\gamma\boldsymbol{B}$.

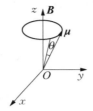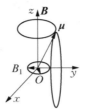

（a）自旋磁场进动   （b）自旋磁矩进动的叠加

图 6 – 11   核磁共振原理

在垂直于 $\boldsymbol{B}$ 的方向加一个旋转磁场 $\boldsymbol{B}_\perp$,若能保证 $\boldsymbol{B}_\perp$ 旋转的角速度大小 $\omega = \gamma B$,此时,自旋磁矩 $\boldsymbol{\mu}$ 在围绕外磁场 $\boldsymbol{B}$ 做进动的同时,也会绕旋转磁场 $\boldsymbol{B}_\perp$ 做进动,它的运动状态将是这两种进动的叠加,如图 6 – 11(b)所示.很明显,第 2 种情况体系的能量要比第 1 种情况体系的能量高,高出的这部分能量是体系从旋转磁场吸收过来的.这部分能量在撤去旋转磁场后,会以电磁波的形式辐射出去,这种现象就是核磁共振.

2. 扫场法

常用的实现核磁共振的方法有调节外磁场的扫场法和调节旋转磁场频率的扫频法.本实验采用的是扫场法.

采用扫场法时,外磁场不是稳恒磁场,而是一个稳恒磁场 $\underline{\boldsymbol{B}}$ 和一个正弦磁场 $\dot{\boldsymbol{B}}'$ 的叠加,即

$$\boldsymbol{B} = \underline{\boldsymbol{B}} + \dot{\boldsymbol{B}}'. \tag{6 – 10}$$

由于交变磁场的磁感应强度是随时间变化的,这样就实现了对磁场的扫描.

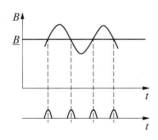

图 6 – 12   核磁共振波形

旋转磁场是由一个射频场充当的.射频场的频率为 ν,当 $2\pi\nu = \gamma B$ 时就会发生核磁共振,如图 6 – 12 所示.

如果能保证稳恒磁场的大小 $\underline{B} = 2\pi\nu/\gamma$,则发生核磁共振的时刻刚好对应着 $\dot{B}'$ 为零的那些时刻,此时的信号是均匀的,即为稳态的核磁共振.调节方法如下:

可以固定稳恒磁场的磁感应强度的大小,然后调节频率;也可以固定射频场的频率,然后调节稳恒磁场的大小,直至出现稳态核磁共振的波形.计算公式如下:

旋磁比

$$\gamma = 2\pi\nu/\underline{B}, \tag{6 – 11}$$

原子核的朗德因子

$$g = \gamma h / 2\pi\mu, \qquad\qquad (6-12)$$

其中, $\mu = 3.1524515 \times 10^{-14}$ MeV/T.

核磁矩

$$\mu_z = \gamma I \frac{h}{2\pi}. \qquad\qquad (6-13)$$

实验内容及步骤

1. 用纯水观察核磁共振信号.
2. 测量 ^{1}H 的 γ 和 g.
3. 测量 ^{19}F 的 γ 和 g.

数据处理

将实验中测量 ^{1}H 的 γ 和 g 的实验数据记入表 6-4,测量 ^{19}F 的 γ 和 g 的实验数据记入表 6-5.

表 6-4　测量 ^{1}H 的 γ 和 g 的实验数据记录

^{1}H	1	2	3	4	5	6
ν/kHz						
d/mm						
$\underline{B}$/G						
γ/(MHz/T)						
g						

$\gamma = $ _____ $\pm$ _____ MHz/T, $g = $ _____ $\pm$ _____ .

表 6-5　测量 ^{19}F 的 γ 和 g 的实验数据记录

^{19}F	1	2	3
ν/kHz			
d/mm			
$\underline{B}$/G			
γ/(MHz/T)			
g			

$\gamma = $ _____ $\pm$ _____ MHz/T, $g = $ _____ $\pm$ _____ .

注意事项

本实验共有 3 个可调节的量:①稳恒磁场的磁感应强度 $\underline{B}$(调节磁铁上的螺旋);②射频

场的振幅(调节边限);③射频场的频率(调节频率).

思考题

1. 是否任何原子核系统都能产生核磁共振现象？为什么水的核磁共振信号只代表氢、不代表氧？为什么聚四氟乙烯的核磁共振信号只代表氟、不代表碳？

2. 在由扫场法进行核磁共振实验时，射频场频率满足什么条件时，才会看到稳态的核磁共振？

3. 不加扫场电压能不能观察到核磁共振现象？

实验 40 ▶ 用油滴仪测量电子电荷

一个电子所带的电荷值称为基本电荷,它是重要的物理量之一.著名的美国物理学家密立根在 1909—1917 年间所做的测量微小油滴所带电荷的工作(即油滴实验),是物理学发展史上具有重要意义的实验.这一实验的设计思想简明巧妙、方法简单,结论却具有不容置疑的说服力,因此,这一实验堪称物理实验的精华和典范.密立根在这一实验工作上花费了近 10 年的心血,取得了具有重大意义的结果:①证明了电荷的不连续性;②测量并得到了元电荷(即电子电荷)值为 1.60×10^{-19} C.对 e 值的测量精度不断提高,目前给出的结果为 $e = (1.602\,177\,33 \pm 0.000\,000\,49) \times 10^{-19}$ C.正是由于油滴实验的巨大成就,密立根荣获了 1923 年的诺贝尔物理学奖.

PPT 课件 46
实验 40

实验目的

(1) 学习密立根巧妙的实验设计方案,了解如何在微观和宏观之间搭建桥梁.
(2) 学会使用油滴仪测量油滴所带电量,验证电荷的量子化.
(3) 通过仔细调整仪器、耐心选择油滴并跟踪测量,培养严谨的科学态度.

实验仪器

油滴仪.

油滴仪由主机、CCD 成像系统、油滴盒、监视器等部件组成,如图 6-13 所示.其中,主机包括可控高压电源、计时装置、A/D 采样、视频处理等单元模块.CCD 成像系统包括 CCD 传感器、光学成像部件等.油滴盒包括高压电极、照明装置、防风罩等部件.监视器是视频信号输出设备.

CCD 模块及光学成像系统用来捕捉暗室中油滴的像,同时将图像信息传给主机的视频处理模块.在实验过程中,可以通过调焦旋钮来改变物距,使油滴的像清晰地呈现在 CCD 传感器的窗口内.

平衡电压调节旋钮可以调整极板之间的电压,用来控制油滴的平衡、下落及提升.

极性切换键用来切换上、下极板的正负极性;工作状态切换键用来切换仪器的工作状态;平衡、提升切换键可以控制油滴平衡或提升;确认键可以将测量数据显示在屏幕上,从而省去每次测量完成后手工记录数据的过程,使操作者把更多的注意力集中到实验本质上来.

油滴盒是一个关键部件,具体构成如图 6-14 所示.

上、下极板之间通过胶木圆环支撑,三者之间的接触面经过机械精加工后,可以将极板间的不平行度、间距误差控制在 0.01 mm 以下.这种结构基本上消除了极板间的"势垒效应"和"边缘效应",较好地保证了油滴室处于匀强电场中,从而有效地减小了实验误差.

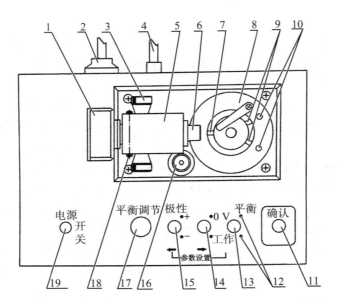

1-CCD盒;2-电源插座;3-调焦旋钮;4-Q9视频接口;5-光学系统;6-镜头;7-观察孔;8-上极板压簧;9-进光孔;10-光源;11-确认键;12-状态指示灯;13-平衡、提升切换键;14-工作状态切换键;15-极性切换键;16-水准仪;17-电压平衡调节旋钮;18-紧定螺钉;19-电源开关

图6-13   实验仪部件示意图

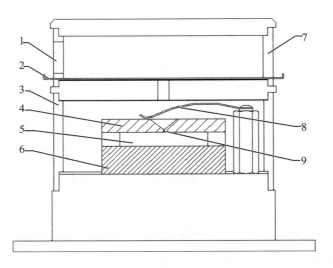

1-喷雾口;2-进油量开关;3-防风罩;4-上极板;5-油滴室;6-下极板;7-油雾杯;8-上极板压簧;9-落油孔

图6-14   油滴盒装置示意图

胶木圆环上开有两个进光孔和一个观察孔.光源通过进光孔给油滴室提供照明,成像系统则通过观察孔捕捉油滴的像.

照明由带聚光的高亮发光二极管提供,其使用寿命长、不易损坏. 油雾杯可以暂存油雾,使油雾不至于过早地散逸. 进油量开关可以控制落油量. 防风罩可以避免外界空气流动对油滴的影响.

实验原理

密立根油滴实验测定电子电荷的基本设计思想是使带电油滴在测量范围内处于受力平衡状态. 按照运动方式,油滴法测电子电荷可以分为动态测量法和平衡测量法.

1. 动态测量法(选做)

考虑重力场中一个足够小油滴的运动. 设此油滴半径为 r,质量为 m_1,空气是粘滞流体,故此运动油滴除重力和浮力外还受粘滞阻力的作用. 由斯托克斯定律,粘滞阻力与物体运动速度成正比. 设油滴以速度 v_f 匀速下落,有

$$m_1 g - m_2 g = K v_f, \tag{6-14}$$

其中,m_2 为与油滴同体积的空气质量,K 为比例系数,g 为重力加速度. 油滴在空气及重力场中的受力情况如图 6-15(a) 所示.

(a) 重力场中油滴受力示意图　　(b) 电场中油滴受力示意图

图 6-15　油滴受力情况

若此油滴带电荷为 q,并处于场强为 E 的均匀电场中. 设电场力 qE 方向与重力方向相反,如图 6-15(b) 所示. 如果油滴以速度 v_E 匀速上升,则有

$$qE = (m_1 - m_2)g + K v_E. \tag{6-15}$$

由 (6-14) 和 (6-15) 式消去 K,可解出

$$q = \frac{(m_1 - m_2)g}{E v_f}(v_E + v_f). \tag{6-16}$$

由喷雾器喷出的小油滴的半径 r 是微米数量级,直接测量其质量 m_1 也是困难的,因此,希望消去 m_1,代之以容易测量的量. 设油与空气的密度分别为 σ 和 ρ,于是,半径为 r 的油滴的视重为

$$m_1 g - m_2 g = \frac{4}{3}\pi r^3 (\sigma - \rho)g. \tag{6-17}$$

由斯托克斯定律,粘滞流体对球形运动物体的阻力与物体速度成正比,其比例系数 K 为 $6\pi\eta r$,其中,η 为粘度,r 为物体半径.可将(6-17)式代入(6-14)式,有

$$v_f = \frac{2gr^2}{9\eta}(\sigma - \rho). \tag{6-18}$$

因此,

$$r = \left[\frac{9\eta v_f}{2g(\sigma - \rho)}\right]^{\frac{1}{2}}. \tag{6-19}$$

把(6-19)式与(6-17)和(6-16)式相结合,整理后得到

$$q = 9\sqrt{2}\pi\left[\frac{\eta^3}{(\sigma - \rho)g}\right]^{\frac{1}{2}}\frac{1}{E}\left(1 + \frac{v_E}{v_f}\right)v_f^{\frac{3}{2}}. \tag{6-20}$$

考虑油滴的直径与空气分子的间隙相当,空气已不能看成连续介质,其粘度 η 需作相应的修正 $\eta' = \dfrac{\eta}{1 + \dfrac{b}{pr}}$,其中,$p$ 为空气压强,b 为修正常数,$b = 0.00823\,\mathrm{N/m}$,(6-20)式变为

$$q = 9\sqrt{2}\pi\left[\frac{\eta^3}{(\sigma - \rho)g}\right]^{\frac{1}{2}}\frac{1}{E}\left(1 + \frac{v_E}{v_f}\right)v_f^{\frac{3}{2}}\left(\frac{1}{1 + \dfrac{b}{pr}}\right)^{\frac{3}{2}}. \tag{6-21}$$

实验中常常固定油滴运动的距离,通过测量油滴在距离 s 内所需要的运动时间来求得其运动速度,且电场强度 $E = \dfrac{U}{d}$,d 为平行板间的距离,U 为所加的电压,因此,(6-21)式可写成

$$q = 9\sqrt{2}\pi d\left[\frac{(\eta s)^3}{(\sigma - \rho)g}\right]^{\frac{1}{2}}\frac{1}{U}\left(\frac{1}{t_E} + \frac{1}{t_f}\right)\left(\frac{1}{t_f}\right)^{\frac{1}{2}}\left(\frac{1}{1 + \dfrac{b}{pr}}\right)^{\frac{3}{2}}. \tag{6-22}$$

上式中有些量与实验仪器和实验条件相关,选定之后在实验过程中保持不变,如 d,s,$(\rho_1 - \rho_2)$ 和 η 等,将这些量与常数一起用 C 代表,称为仪器常数,于是,(6-22)式简化成

$$q = C\frac{1}{U}\left(\frac{1}{t_E} + \frac{1}{t_f}\right)\left(\frac{1}{t_f}\right)^{\frac{1}{2}}, \tag{6-23}$$

其中,

$$C = 9\sqrt{2}\pi d\left[\frac{(\eta s)^3}{(\sigma - \rho)g}\right]^{\frac{1}{2}}\left(\frac{1}{1 + \dfrac{b}{pr}}\right)^{\frac{3}{2}}.$$

由此可知,测量油滴上的电荷,只体现在 U,t_f,t_E 的不同.对同一油滴,t_f 相同,U 与 t_E 的不同标志着电荷的不同.

2. 平衡测量法

平衡测量法的出发点是使油滴在均匀电场中静止在某一位置,或在重力场中做匀速运动.当油滴在电场中平衡时,油滴在两极板间受到的电场力 qE、重力 m_1g 和浮力 m_2g 达到平衡,从而静止在某一位置,即

$$qE = (m_1 - m_2)g. \tag{6-24}$$

油滴在重力场中做匀速运动时,情形同动态测量法,(6-14)式仍成立.

因为油滴在电场中静止,所以速度为零,相当于(6-22)式中的 $\dfrac{1}{t_E} = 0$,所以,

$$q = C\frac{1}{U}\left(\frac{1}{t_f}\right)^{\frac{3}{2}}, \tag{6-25}$$

其中,

$$C = 9\sqrt{2}\,\pi d\left[\frac{(\eta s)^3}{(\sigma - \rho)g}\right]^{\frac{1}{2}}\left(\frac{1}{1+\dfrac{b}{pr}}\right)^{\frac{3}{2}}.$$

3. 元电荷的测量方法

测量油滴所带电荷的目的是找出电荷的最小单位 e. 因此,可以对不同的油滴,分别测出其所带的电荷值 q_i,它们应近似为某一最小单位的整数倍,即油滴电荷量的最大公约数,或油滴带电量之差的最大公约数. 实验中常采用紫外线、X 射线或放射源等改变同一油滴所带的电荷,测量油滴上所带电荷的改变值 Δq_i,而 Δq_i 值应是元电荷的整数倍,即

$$\Delta q_i = n_i e, \tag{6-26}$$

其中,n_i 为一整数. 也可用作图法求 e 值. 根据(6-26)式,e 为直线方程的斜率,通过拟合直线即可求 e 值.

实验内容及步骤

1. 开机. 点击桌面上的"仿真实验 2.0",翻页后点击"油滴实验",再点击"开始实验".

2. 调节油滴仪.

(1) 单击水准泡调节水平. 调整 3 个调平旋钮(左键点击,旋钮逆时针升高;右键点击,旋钮顺时针下降),将水准仪中的气泡移到水准仪的圆圈以内.

(2) 单击显微镜调焦,调整显微镜焦距,使视野中铜丝的像清晰.

(3) 单击电压表,打开电源开关,再点击显微镜显示"喷油、复位、计时等"实验界面.

3. 练习控制油滴.

(1) 喷油后,平衡电压调整为 200 V 左右,平衡电压极性切换至"＋",观察油滴的运动

实验视频 42
实验 40 用油
滴仪测量电
子电荷

情况. 选择几颗位于中心区域缓慢运动的油滴,作为预实验对象.

(2) 选择某一颗油滴,调节平衡电压,使这颗油滴静止不动. 将平衡电压极性切换至"0"(去掉平衡电压),让油滴自由下降. 下降一段距离后再加上平衡电压,使油滴静止.

(3) 将升降电压极性切换至"+",增大升降电压使油滴上升. 当油滴上升至需要位置时,将升降电压极性切换至"0"(去掉升降电压),使油滴静止.

反复练习,掌握控制油滴的方法.

4. 平衡面法测量油滴电量.

(1) 将上一步骤中控制成已经静止的油滴,利用升降电压将油滴提升至视野上方后,将升降电压极性切换至"0"(去掉升降电压),使油滴再次静止. 记录此时的平衡电压 U.

(2) 将平衡电压极性切换至"0",油滴开始下落. 当油滴下落至第 1 格线时,单击秒表开始计时. 当油滴下落至第 3 格线时,单击秒表停止计时,并快速地将平衡电压极性切换至"+",油滴将立即静止. 记录下落时间 t_f. 将秒表复位. 重复以上过程,再次测量 t_f.

(3) 重新喷油,并控制 1 颗油滴重复上面的测量过程,共测 5 个油滴.

注意事项

(1) 做好本实验很重要的一点就是选择合适的油滴. 选的油滴体积不能太大,太大的油滴虽然比较亮,但带的电荷比较多,下降速度也比较快,时间不容易测准. 油滴也不能选得太小,太小则布朗运动明显.

(2) 测量油滴匀速下降一段距离 L 所需要的时间 t_f 时,应先让油滴下降一段距离后再测量时间. 选定测量的一段距离 L 应该在平行板之间的中央部分,即视场中分划板的中央部分. 若太靠近上极板,小孔附近有气流,电场也不均匀,会影响测量结果. 若太靠近下极板,测量完时间 t_f 后,油滴容易丢失,也会影响测量.

思考题

1. 若平行极板不水平,对测量会有什么影响?

实验说明

实验中有几个重要参量:

d 为极板间距,	$d = 5.00 \times 10^{-3}$ m;
η 为空气粘滞系数,	$\eta = 1.83 \times 10^{-5}$ kg·m^{-1}·s^{-1};
s 为下落距离,	$s = 2.0 \times 10^{-3}$ m;
σ 为油的密度,	$\sigma = 981$ kg·m^{-3} (20℃);
ρ 为空气密度,	$\rho = 1.293$ kg·m^{-3};
g 为重力加速度,	$g = 9.794$ m·s^{-2};
b 为修正常数,	$b = 0.008\,23$ N/m;
p 为标准大气压强,	$p = 101\,325$ Pa;
U 为平衡电压;	
t_f 为油滴的下落时间.	

油的密度随温度变化的关系如表 6 - 6 所示.

表 6 - 6　油的密度随温度变化的关系

$T/℃$	0	10	20	30	40
$\rho/(\text{kg} \cdot \text{m}^{-3})$	991	986	981	976	971

计算出各油滴的电荷后,求它们的最大公约数,即为基本电荷 e 值(需要足够的数据统计量).

阅读材料 17
实验 40 阅读材料

实验 41 ▶ 振动及压电陶瓷特性研究

PPT 课件 47
实验 41

压电陶瓷是一种具有电致伸缩特性的功能陶瓷,在电场的作用下,材料几何尺寸会发生变化(一般变化量非常微小),这种微小的变化量非常适合微小位移量的控制、操作和微细加工.因此,压电陶瓷被广泛地用于生物医学、超精密机械等微小尺寸操控领域.

实验目的

(1)本实验采用激光干涉原理,通过光干涉条纹的变化对压电陶瓷的压电特性进行观察和研究.

(2)通过本实验可以对压电陶瓷的压电特性和微小位移量的测量手段及方法有比较深入的了解和认识.

实验器材

迈克尔逊干涉仪,He-Ne 激光器,扩束透镜,光探头,压电陶瓷附件,压电陶瓷驱动电源,示波器.

实验原理

1. 干涉测长原理

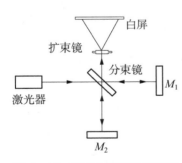

图 6-16 迈克尔逊干涉仪测量位移

测量位移是迈克尔逊干涉仪的典型应用,测量原理如图 6-16 所示.

从 He-Ne 激光器发出的一束相干光经分束镜一分为二,分为两束.一束透射光落在反射镜 M_1 上,另一束反射光落在反射镜 M_2 上,M_1 和 M_2 分别将这两束光沿原路反射回来,在分束镜上重合后射入扩束镜,最后投影在白屏上.对光路进行调整,将在白屏上看到一系列明暗相间的干涉条纹,这些干涉条纹会随着 M_1 或 M_2 的移动而移动.通过测出条纹的移动数就可以计算位移量,这就是干涉测长的基本原理.

2. 压电陶瓷电致伸缩原理

压电陶瓷的特点是在直流电场下对铁电陶瓷进行极化处理,使之具有压电效应.一般极化电场为 3~5 kV/mm,温度为 100~150℃,时间为 5~20 min,这三者是影响极化效果的主要因素.压电陶瓷具有敏感的特性,可以将极其微弱的机械振动转换成电信号.本实验采用如图 6-17 所示的管状压电陶瓷,长度为 40 mm,壁厚为 1 mm,在内外壁分别镀有金属电极以便施加电压,在陶瓷管的一端装有激光反射镜,在迈克尔逊干涉仪中充当反射镜. 当在它的内表面加上电压(外表面接地)时,圆管伸长;加上负电压时,圆管缩短.

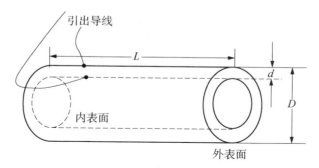

图 6 - 17　管状压电陶瓷

实验内容及步骤

1. 压电陶瓷压电常数的测量及特性研究.

(1) 将光学隔振平台放置在一个坚固、平稳的桌面上,除 4 个隔振垫外,四周不要和任何物体相接触.

(2) 按照图 6 - 18 在平台上搭制一套迈克尔逊干涉仪,其中的一个反射镜采用压电陶瓷附件.

(3) 将驱动电源分别与光探头、压电陶瓷附件和示波器相连,其中,压电陶瓷附件接驱动电源插口,示波器 CH1 接驱动电压波形插口. 光电探头接光探头插口,示波器 CH2 接光探头波形插口,如图 6 - 19 所示. 整体光路系统连接如图 6 - 20 所示.

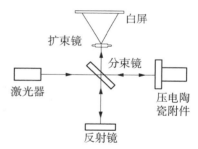

图 6 - 18　压电陶瓷特性研究实验系统光路图

(4) 调整半导体激光器,观察激光束距平台的高度,使各点的高度尽量相等,光束尽量平行于平台表面.

(5) 调整光路中各光学元件,使两束反射光回到分束镜合并后尽量重合,且不要回到激光器出光孔中(进入激光谐振腔的激光会使激光器工作不稳定).

观察白屏上的干涉条纹,反复调整光学元件,尽量使干涉条纹变宽(两光束基本重合后,夹角越小,条纹越宽),最好能达到扩束光斑中有 2~3 条干涉条纹.

(6) 用笔在白屏上标记一个参考点,作为记录干涉条纹移动数的基准.

(7) 将驱动电源面板上的"波形"开关打到左边直流"—"状态,打开驱动电源的电源开关(在后面板).

(8) 慢慢旋转"电源电压"旋钮,观察白屏上条纹的变化,可以观察到条纹的移动,表头表示的驱动电压大小值也将变化.

(9) 将直流电压降到最低,平静一段时间,等干涉条纹稳定后,缓慢转动"电压调节"旋钮,观察条纹的移动. 条纹每移动过参考点一条,就记录下相应的电压值;每移动一条干涉

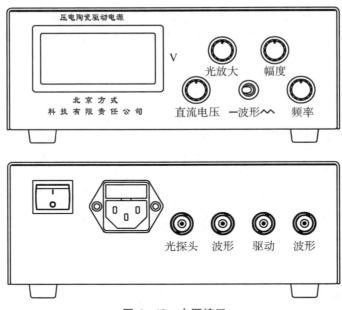

图 6‐19　电源接口

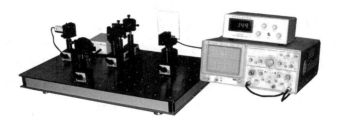

图 6‐20　光学演示平台

条纹,代表压电陶瓷长度变化了 1/2 个波长(即 650/2 nm＝325 nm).

(10) 直至驱动电压开到最大后,再从高压反方向降压,并记录相应的电压值和条纹移动之间的关系.通过以上数据,画出电压-位移特性曲线.材料的压电常数就是材料单位长度在单位电压作用下的位移量,通过上述曲线,可求出平均压电常数.

2. 压电陶瓷振动特性的研究(激光干涉法).

(1) 取下白屏,换上光电探头,打开示波器.

(2) 将示波器置于双踪显示、CH1 触发状态,CH1 通道与驱动电压波形相连(此接口的信号已衰减约 10 倍).

(3) 将驱动电源波形开关置于右侧"m"端,这时示波器 CH1 踪可出现三角波形,调节驱动频率,使示波器屏上出现 1～2 个三角波.

(4) 将驱动幅度调到最大,"光放大"旋钮旋到最大,CH2 通道与光探头波形相连,这时 CH2 踪有一系列类似正弦波的波形,此为干涉条纹扫过光电二极管探头的信号.

(5) 改变驱动频率和驱动幅度,观察 CH2 踪波形的变化情况,体会干涉条纹与压电陶瓷振动的关系(如频率、速度和振幅与波形的关系).(注意:CH2 的频率反映了振动的速度,一个三角波周期内的类似正弦波的周期数量反映了振幅,为什么?)

注意事项

调整光路时不能用眼睛正对激光束,以免伤害眼睛. 要用白屏接收光.

思考题

1. 压电陶瓷伸缩量大小与条纹移动级数有何关系?

2. 在压电陶瓷电致伸缩系数的测量实验中,如何通过示波器 CH2 踪的波形,计算振动的幅度、周期和某一点的速度?

3. 如何通过电压-位移特性曲线求得压电陶瓷的压电常数?

4. 压电陶瓷在不同频率驱动电压下振幅是否相同?

实验 42 ▶ 磁耦合谐振式无线电能传输的研究

PPT 课件 48
实验 42

　　无线电能传输是指取消电源和负载间的电线或电缆连接,直接利用电磁场或者电磁波进行能量传递.与传统的有线电能传输相比,无线电能传输更为方便灵活、环境适应性强.磁耦合谐振式无线电能传输是一种用于中等距离、中等功率的无线电能传输技术,具有安全、稳定、高效等特点,在生产和生活中得到越来越广泛的应用.

实验目的

（1）了解磁耦合谐振式无线电能传输的基本原理.
（2）熟悉磁耦合谐振式无线电能传输实验仪的功能和基本用法.
（3）探索信号频率和传输距离对无线电能传输的影响.

实验器材

ZKY－PEH0101 型磁耦合谐振式无线电能传输实验仪.

　　ZKY－PEH0101 型磁耦合谐振式无线电能传输实验仪的结构如图 6－21 所示,主要部件包括导轨、高频功率信号源、发射线圈、发射线圈适配器、谐振线圈、接收线圈、匹配电阻.

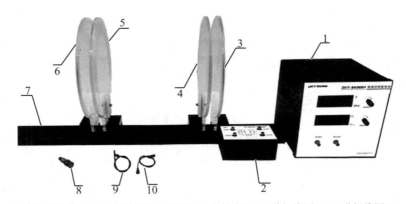

1-高频功率信号源;2-发射线圈适配器;3-发射线圈;4-谐振线圈 1;5-谐振线圈 2;
6-接收线圈;7-导轨;8-匹配电阻;9,10-同轴电缆

图 6－21　磁耦合谐振式无线电能传输实验仪

　　高频功率信号源的频率范围为 2～4 MHz,调节精度为 0.001 MHz;幅度范围为 1～10 Vrms,调节精度为 0.01 V.

　　发射线圈适配器连接在高频信号源与发射线圈之间,提供电压和电流的测量接口.

　　与电源内阻相匹配的电阻在实验中也作为负载使用,阻值为 50 Ω,可以直接安装在示波器上.

同轴电缆相当于导线. 分为 BNC 头 - SMA 头和 BNC 头 - BNC 头两种.

为了提高数据采集的效率和精度,有两台数字式双踪示波器同时测量信号源和负载.

实验原理

1. 磁耦合谐振式无线电能传输

图 6 - 22 为磁耦合谐振式无线电能传输实验仪的等效电路图,可以分为 3 个部分:①能量发射部分,驱动电路产生高频交流电信号并传输至发射线圈,发射线圈将电能转化为磁能;②能量传输部分,两个谐振线圈通过磁耦合的方式传输能量;③能量接收部分,接收线圈将磁能转换为电能并提供给负载.

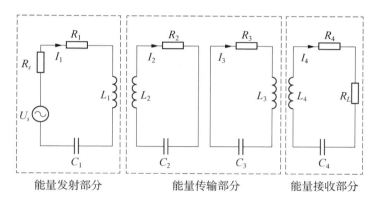

能量发射部分　　　　　能量传输部分　　　　　能量接收部分

图 6 - 22　磁耦合谐振式无线电能传输仪的等效电路

设驱动电路输出的电压为 $U_s\cos(\omega t)$,电流为 $I_s\cos(\omega t + \varphi)$,则输出的平均功率为

$$P_s = \frac{1}{2}U_s I_s \cos\varphi. \tag{6-27}$$

设负载 R_L 的端电压为 $U_L\cos(\omega t + \varphi')$,则输出到负载的平均功率为

$$P_L = \frac{U_L^2}{2R_L}. \tag{6-28}$$

系统的传输效率为

$$\tau = \frac{P_L}{P_s} = \frac{U_L^2}{R_L U_s I_s \cos\varphi}. \tag{6-29}$$

为了优化系统,可以使发射线圈、谐振线圈、接收线圈具有相同的固有频率 f_0. 当电路发生谐振时,系统阻抗最小,能量耦合得到加强,可以提高传输功率和传输距离.

当频率一定时,负载的平均功率与两个谐振线圈之间的距离 d 有关. 使负载平均功率取最大值 $P_{L\max}$ 的距离,称为系统的最佳传输间距,记作 d_0.

当距离 d 一定时,负载的最大平均功率与信号频率 f 有关. 对于 $d \geqslant d_0$,当 $f = f_0$ 时负载功率最大. 对于 $d < d_0$,会有两个频率值使负载获得最大平均功率,其中,$f_1 > f_0$,而

$f_2 < f_0$，这种现象称为频率分裂，产生的原因是 4 个线圈之间的交叉耦合.

2. 波形比较法测量相位差

测量相位差可以用波形比较法或者利萨如图形法.本实验采用波形比较法.

如图 6‐23 所示，将正弦波 $u_1(t)$ 和 $u_2(t)$ 分别接入示波器的 CH1 和 CH2 端.调整扫描时间，使屏幕上出现 1～2 个周期的波形，则两个信号的相位差为

$$\varphi = 2\pi \frac{t_B - t_A}{t_C - t_A} = 2\pi \frac{t_D - t_C}{t_D - t_B}.$$

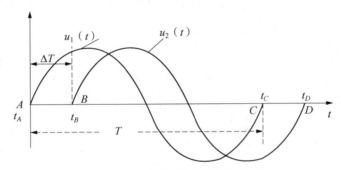

图 6‐23　波形比较法测量相位差

为了减少信号畸变导致的误差，可以取

$$\varphi = 2\pi \frac{t_B - t_A + t_D - t_C}{t_C - t_A + t_D - t_B}. \tag{6-30}$$

实验内容及步骤

1. 连接电路.

如果使用两个示波器测量，可按照图 6‐24 连接实验电路（图中 Q9 是指 BNC 头）.

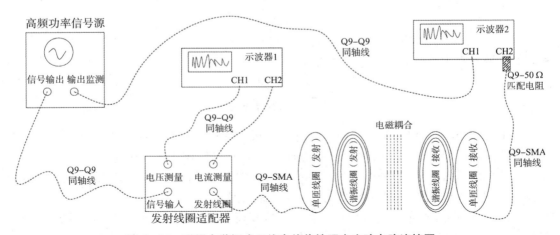

图 6‐24　磁耦合谐振式无线电能传输研究实验电路连接图

2. 测量谐振频率.

设定 $d=35\,\mathrm{cm}$,改变信号频率 f,测量负载端的 U_L,根据 $P_{L\max}$ 确定谐振频率 f_0.

在 $d=40\,\mathrm{cm}$ 和 $d=45\,\mathrm{cm}$ 处,重复测量.

3. 确定最佳传输间距.

设定信号频率 $f=f_0$,改变 d,测量负载端电压 U_L,根据 $P_{L\max}$ 确定最佳传输间距 d_0.

在 d_0,$d_0\pm5\,\mathrm{cm}$,$d_0\pm10\,\mathrm{cm}$,$d_0\pm15\,\mathrm{cm}$,$d_0\pm20\,\mathrm{cm}$ 处,重复测量.

测量对象为 U_s,I_s,φ,U_L,研究 d 对传输效率 τ 的影响.

4. 研究传输间距对传输效率的影响.

在 d_0,$d_0\pm5\,\mathrm{cm}$,$d_0\pm10\,\mathrm{cm}$,$d_0\pm15\,\mathrm{cm}$,$d_0\pm20\,\mathrm{cm}$ 处,测量 U_s,I_s,φ,U_L.

根据测量数据计算 P_L,P_S,τ,研究传输效率随传输间距的改变.

5. 观察频率分裂现象.

设定 $d=d_0-2\,\mathrm{cm}$,改变频率 f,观察负载 P_L 的变化,找到 $P_{L\max}$ 对应的 f_1 和 f_2.

在 $d=d_0-4\,\mathrm{cm}$,$d=d_0-6\,\mathrm{cm}$,$d=d_0-8\,\mathrm{cm}$,$d=d_0-10\,\mathrm{cm}$ 处,重复测量.

注意事项

(1) 发射线圈和接收线圈的 SMA 接口均有黄铜保护盖,接线时需要旋下,实验后需要旋上.

(2) 发射线圈和接收线圈与相邻谐振线圈的距离均为 $4\,\mathrm{cm}$,在实验中保持恒定.

思考题

1. 本实验的阅读材料给出利萨如图形法测相位差的原理,是否能够根据这个原理设计具体的实验方案?

阅读材料 18
实验 42 阅读材料

实验 43 ▶ 各向异性磁阻传感器与磁场测量

PPT 课件 49
实验 43

物质在磁场中电阻率发生变化的现象称为磁阻效应,磁阻传感器是利用磁阻效应制成的.磁阻传感器可用于各种导航系统中的罗盘、计算机中的磁盘驱动器、各种磁卡机,也可用于直接测量磁场或磁场变化,如对弱磁场测量、地磁场测量和监测.在诸多测量磁场的方法中,磁阻效应法测量灵敏度最高、发展最快.另外,通过磁场变化测量还可以间接测量其他物理量,如位移、角度、转速,这类利用磁阻效应制成的传感器已经广泛应用于汽车、家电及各类需要自动检测与控制的领域.

本实验研究各向异性磁阻传感器的特性,并利用它对磁场进行测量.

实验目的

（1）了解各向异性磁阻传感器的原理并对其特性进行实验研究.
（2）测量亥姆霍兹线圈的磁场分布.
（3）测量地磁场.

实验器材

各项异性磁阻传感器与磁场测量仪,电源.

实验原理

各向异性磁阻传感器（anisotropic magneto-resistive sensors，AMR）由沉积在硅片上的坡莫合金（Ni80，Fe20）薄膜形成电阻.沉积时外加磁场形成易磁化轴方向.铁磁材料的电阻与电流和磁化方向的夹角有关,电流与磁化方向平行时电阻 R_{max} 最大,电流与磁化方向垂直时电阻 R_{min} 最小,电流与磁化方向成 θ 角时,电阻可表示为

$$R = R_{min} + (R_{max} - R_{min})\cos^2\theta \qquad (6-31)$$

在磁阻传感器中,为了消除温度等外界因素对输出的影响,由 4 个相同的磁阻元件构成惠斯通电桥,结构如图 6-25 所示.在图 6-25 中,易磁化轴方向与电流方向的夹角为 45°.理论分析与实践表明,采用 45°偏置磁场,当沿与易磁化轴垂直的方向施加外磁场,且外磁场强度不太大时,电桥输出与外加磁场强度成线性关系.

无外加磁场或外加磁场方向与易磁化轴方向平行时,磁化方向即易磁化轴方向,电桥的 4 个桥臂电阻阻值相同,输出为

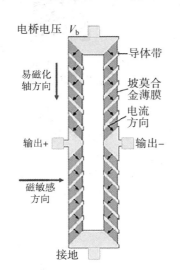

电桥电压 V_b

导体带

易磁化轴方向

坡莫合金薄膜

电流方向

输出+   输出−

磁敏感方向

接地

图 6-25 磁阻电桥

零. 当在磁敏感方向施加如图 6-25 所示方向的磁场时,合成磁化方向将在易磁化方向的基础上逆时针旋转. 结果使左上和右下桥臂电流与磁化方向的夹角增大,电阻减小 ΔR;右上与左下桥臂电流与磁化方向的夹角减小,电阻增大 ΔR. 通过对电桥的分析可知,此时输出电压可表示为

$$U = V_b \times \Delta R / R. \tag{6-32}$$

其中,V_b 为电桥工作电压,R 为桥臂电阻,$\Delta R / R$ 为磁阻阻值的相对变化率,与外加磁场强度成正比,故 AMR 输出电压与磁场强度成正比,可利用磁阻传感器测量磁场.

商品磁阻传感器已制成集成电路,除图 6-25 中所示的电源输入端和信号输出端外,还有复位/反向置位端和补偿端两对功能性输入端口,以确保磁阻传感器的正常工作.

复位/反向置位的机理如图 6-26 所示. 当 AMR 置于超过其线性工作范围的磁场中时,磁干扰可能导致磁畴排列紊乱,改变传感器的输出特性. 此时,可在复位端输入脉冲电流,通过内部电路沿易磁化轴方向产生强磁场,使磁畴重新排列整齐,恢复传感器的使用特性. 若脉冲电流方向相反,则磁畴排列方向反转,传感器的输出极性也将相反.

 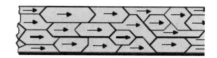

（a）磁干扰使磁畴排列紊乱　　　（b）复位脉冲使磁畴沿易磁化轴整齐排列

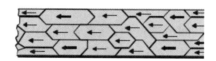

（c）反向置位脉冲使磁畴排列方向反转

图 6-26　复位/反向置位脉冲的作用

从补偿端每输入 5 mA 补偿电流,通过内部电路将在磁敏感方向产生 1 Gs 的磁场,可用来补偿传感器的偏离.

如图 6-27 所示为 AMR 的磁电转换特性曲线. 其中,电桥偏离是在传感器制造过程中,4 个桥臂电阻不严格相等带来的;外磁场偏离是测量某种磁场时外界干扰磁场带来的. 不管要补偿哪种偏离,都可调节补偿电流,用人为的磁场偏置使图 6-27 中的特性曲线平移,使所测磁场为零时输出电压为零.

实验内容及步骤

连接实验仪与电源,开机预热 20 min.

将磁阻传感器位置调节至亥姆霍兹线圈中心,传感器磁敏感方向与亥姆霍兹线圈轴线一致.

调节亥姆霍兹线圈电流为零. 按复位键,调节补偿电流,使传感器输出为零. 调节亥姆

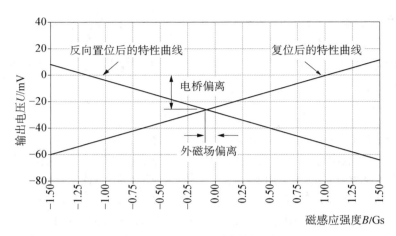

图 6-27 AMR 的磁电转换特性

霍兹线圈电流至 300 mA(线圈产生的磁感应强度为 6 Gs). 调节放大器校准旋钮,使输出电压为 1.500 V.

1. 磁阻传感器特性测量.

(1)测量磁阻传感器的磁电转换特性.

磁电转换特性是磁阻传感器最基本的特性. 磁电转换特性曲线的直线部分对应的磁感应强度,即磁阻传感器的工作范围,直线部分的斜率除以电桥电压与放大器放大倍数的乘积,即为磁阻传感器的灵敏度.

按照表 6-7 的数据从 300 mA 逐步调小亥姆霍兹线圈电流,记录相应的输出电压值. 切换电流换向开关(亥姆霍兹线圈电流反向,磁场及输出电压也将反向),逐步调大反向电流,记录反向输出电压值. 注意:电流换向后,必须按复位键消磁.

表 6-7 AMR 磁电转换特性的测量

线圈电流/mA	300	250	200	150	100	50	0	−50	−100	−150	−200	−250	−300
磁感应强度/Gs	6	5	4	3	2	1	0	−1	−2	−3	−4	−5	−6
输出电压/V													

将表 6-7 中的数据以磁感应强度为横轴、输出电压为纵轴作图,并确定所用传感器的线性工作范围及灵敏度.

(2)测量磁阻传感器的各向异性特性.

AMR 只对磁敏感方向的磁场敏感,当所测磁场与磁敏感方向有一定夹角 α 时,AMR 测量的是所测磁场在磁敏感方向的投影. 由于补偿调节是在确定的磁敏感方向进行的,在实验过程中应注意在改变所测磁场方向时,保持 AMR 方向不变.

将亥姆霍兹线圈电流调节至 200 mA,测量待测磁场方向与磁敏感方向一致时的输出电压.

松开线圈水平旋转锁紧螺钉,每次将亥姆霍兹线圈与传感器盒整体转动 10°后锁紧. 松开传感器水平旋转锁紧螺钉,将传感器盒向相反方向转动 10°(保持 AMR 方向不变)后锁紧. 记录输出电压并填入表 6-8.

表 6-8 AMR 方向特性的测量 （B=4 Gs）

夹角 α/(°)	0	10	20	30	40	50	60	70	80	90
输出电压/V										

将表 6-8 中的数据以夹角 α 为横轴、输出电压为纵轴作图,检验所作曲线是否符合余弦规律.

2. 亥姆霍兹线圈的磁场分布测量.

亥姆霍兹线圈能在公共轴线中点附近产生较广泛的均匀磁场,在科研及生产中得到广泛应用.

（1）亥姆霍兹线圈轴线上的磁场分布测量.

根据毕奥-萨伐尔定律,可以计算出通电圆线圈在垂直于线圈平面的轴线上任意一点产生的磁感应强度的大小,方向由右手螺旋定则确定,与线圈平面距离为 x_1 的点的磁感应强度为

$$B(x_1)=\frac{\mu_0 R^2 I}{2(R^2+x_1^2)^{3/2}}. \tag{6-33}$$

亥姆霍兹线圈是由一对彼此平行的共轴圆形线圈组成. 两线圈内的电流方向一致、大小相同,线圈匝数为 N,线圈之间的距离 d 正好等于圆形线圈的半径 R. 若以两线圈中点为坐标原点,则轴线上任意一点的磁感应强度是两线圈在该点产生的磁感应强度之和,

$$
\begin{aligned}
B(x)&=\frac{\mu_0 N R^2 I}{2\left[R^2+\left(\frac{R}{2}+x\right)^2\right]^{3/2}}+\frac{\mu_0 N R^2 I}{2\left[R^2+\left(\frac{R}{2}-x\right)^2\right]^{3/2}}\\
&=B_0\frac{5^{3/2}}{16}\left\{\frac{1}{\left[1+\left(\frac{1}{2}+\frac{x}{R}\right)^2\right]^{3/2}}+\frac{1}{\left[1+\left(\frac{1}{2}-\frac{x}{R}\right)^2\right]^{3/2}}\right\},
\end{aligned}
\tag{6-34}
$$

其中, B_0 是 $x=0$ 时(即亥姆霍兹线圈公共轴线中点)的磁感应强度. 表 6-9 列出 x 取不同值时 $B(x)/B_0$ 值的理论计算结果.

表 6-9 亥姆霍兹线圈轴向磁场分布测量 （B_0=4 Gs）

位置 x	$-0.5R$	$-0.4R$	$-0.3R$	$-0.2R$	$-0.1R$	0	$0.1R$	$0.2R$	$0.3R$	$0.4R$	$0.5R$
$B(x)/B_0$ 计算值	0.946	0.975	0.992	0.998	1.000	1	1.000	0.998	0.992	0.975	0.946
$B(x)$ 测量值/V											
$B(x)$ 测量值/Gs											

调节传感器磁敏感方向与亥姆霍兹线圈轴线一致,将位置调节至亥姆霍兹线圈中心 $(x=0)$,测量输出电压值.

已知 $R=140\,\mathrm{mm}$,将传感器盒每次沿轴线平移 $0.1R$,在表 6-9 内记录测量数据.

根据表 6-9 中数据作图,讨论亥姆霍兹线圈的轴向磁场分布特点.

(2)亥姆霍兹线圈空间磁场分布测量.

由毕奥-萨伐尔定律,同样可以计算亥姆霍兹线圈空间任意一点的磁场分布.由于亥姆霍兹线圈的轴对称性,只要计算(或测量)过轴线的平面上两维磁场分布,就可以得到空间任意一点的磁场分布.

理论分析表明,在 $x \leqslant 0.2R$,$y \leqslant 0.2R$ 的范围内,$(B_x - B_0)/B_0$ 小于 1%,B_y/B_x 小于 0.02%,可以认为在亥姆霍兹线圈中部较大的区域内,磁场方向沿轴线方向,磁场大小基本不变.

按照表 6-10 改变磁阻传感器的空间位置,记录 x 方向磁场产生的电压 V_x,测量亥姆霍兹线圈的空间磁场分布.

表 6-10 亥姆霍兹线圈空间磁场分布测量   ($B_0 = 4\,\text{Gs}$)

V_x		x						
		0	0.05R	0.1R	0.15R	0.2R	0.25R	0.3R
y	0							
	0.05R							
	0.1R							
	0.15R							
	0.2R							
	0.25R							
	0.3R							

由表 6-10 的测量数据讨论亥姆霍兹线圈的空间磁场分布特点.

3. 地磁场测量.

地球本身具有磁性,地表及近地空间存在的磁场叫做地磁场.地磁场的北极、南极分别在地理南极、北极附近,彼此并不重合,可用地磁场强度、磁倾角、磁偏角 3 个参量表示地磁场的大小和方向.磁倾角是地磁场强度矢量与水平面的夹角,磁偏角是地磁场强度矢量在水平面的投影与地球经线(地理南北方向)的夹角.

在现代数字导航仪等系统中,通常用互相垂直的三维磁阻传感器测量地磁场在各个方向的分量,根据矢量合成原理,计算地磁场的大小和方位.本实验学习用单个磁阻传感器测量地磁场的方法.

将亥姆霍兹线圈电流调节至零,将补偿电流调节至零,传感器的磁敏感方向调节至与亥姆霍兹线圈轴线垂直(以便在垂直面内调节磁敏感方向).

调节传感器盒上平面与仪器底板平行,将水平仪放置在传感器盒正中,调节仪器水平调节螺钉使水平仪气泡居中,使磁阻传感器水平.松开线圈水平旋转锁紧螺钉,在水平面内仔细调节传感器方位,使输出最大(如果不能调到最大,则需要将磁阻传感器在水平方向旋转 180°后再调节).此时,传感器磁敏感方向与地理南北方向的夹角就是磁偏角.

　　松开传感器绕轴旋转锁紧螺钉,在垂直面内调节磁敏感方向至输出最大时转过的角度就是磁倾角,记录此角度.

　　在表 6 - 11 中记录输出最大时的输出电压值 U_1. 松开传感器水平旋转锁紧螺钉,将传感器转动 180°,记录此时的输出电压 U_2. 将 $U=(U_1-U_2)/2$ 作为地磁场磁感应强度的测量值(此法可消除电桥偏离对测量的影响).

表 6 - 11　地磁场的测量

磁倾角/(°)	磁感应强度			
	U_1/V	U_2/V	$U=\dfrac{U_1-U_2}{2}/V$	$B=\dfrac{U}{0.25}/Gs$

　　在实验室内测量地磁场时,建筑物的钢筋分布、学生携带的铁磁物质等,都可能影响测量结果. 因此,本实验重在对测量方法的掌握.

注意事项

(1) 禁止将实验仪放置于强磁场中,否则会严重影响实验结果.
(2) 为了降低实验仪间磁场的相互干扰,任意两台实验仪之间的距离应大于 3 m.
(3) 实验前需要先调节实验仪水平.
(4) 在操作所有的手动调节螺钉时,应用力适度以免滑丝.
(5) 为了保证使用安全,三芯电源需要可靠接地.

阅读材料 19
实验 43 阅读材料

实验 44 ▶ 空气热机的使用

PPT 课件 50
实验 44

热机是将热能转换为机械能的机器.1816 年斯特林发明的空气热机,以空气作为工作介质,是最古老的热机.本实验将学习空气热机的工作原理、使用方法,并通过实验验证卡诺定理、测量热机功率.

实验目的

(1) 理解空气热机的工作原理和循环过程.

(2) 测量不同冷热端温度时的热功转换值,验证卡诺定理.

(3) 测量热机输出功率随负载及转速的变化关系,计算热机实际效率.

实验器材

空气热机实验仪,空气热机测试仪,电加热器及电源,计算机(或双踪示波器).

实验原理

空气热机的结构及工作原理如图 6-28 所示,其主机由高温区、低温区、工作活塞及汽缸、位移活塞及汽缸、飞轮、连杆、热源等部分组成.

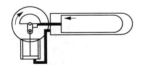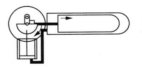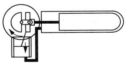

(a) 工作活塞处于最底端　　(b) 气体进入高温区　　(c) 工作活塞处于最顶端　　(d) 气体进入低温区

图 6-28　空气热机的工作原理

热机中部为飞轮与连杆机构,工作活塞与位移活塞通过连杆与飞轮连接.飞轮的下方为工作活塞与工作汽缸,飞轮的右方为位移活塞与位移汽缸,工作汽缸与位移汽缸之间用通气管连接.位移汽缸的右边是高温区,可用电热方式或酒精灯加热;位移汽缸的左边有散热片,构成低温区.

工作活塞使汽缸内气体封闭,并在气体的推动下对外做功.位移活塞是非封闭的占位活塞,其作用是在循环过程中使气体在高温区与低温区间不断交换,气体可通过位移活塞与位移汽缸之间的间隙流动.工作活塞与位移活塞的运动是不同步的,当某一活塞处于位置极值时,它本身的速度最小,而另一个活塞的速度最大.

当工作活塞处于最底端时,位移活塞迅速左移,使汽缸内气体向高温区流动,如图 6-28(a)所示;进入高温区的气体温度升高,使汽缸内压强增大,并推动工作活塞向上运动,如图 6-28(b)所示,在此过程中热能转换为飞轮转动的机械能;工作活塞在最顶端时,位移活塞迅速右移,使汽缸内气体向低温区流动,如图 6 - 28(c)所示;进入低温区的气体温度降低,使汽缸内压强减小,同时,工作活塞在飞轮惯性的作用下向下运动,完成循环,如图 6 - 28(d)所示.在一次循环过程中,气体对外所做净功等于 P - V 图所围的面积.

卡诺对热机效率进行研究,得出卡诺定理:对于循环过程可逆的理想热机,热功转换效率

$$\eta = \frac{A}{Q_1} = \frac{Q_1 - Q_2}{Q_1} = \frac{T_1 - T_2}{T_1} = \frac{\Delta T}{T_1},\qquad (6-35)$$

其中,A 为每一循环中热机所做的功,Q_1 为热机每一循环从热源吸收的热量,Q_2 为热机每一循环向冷源放出的热量,T_1 为热源的绝对温度,T_2 为冷源的绝对温度.

实际的热机都不可能是理想热机.由热力学第二定律可以证明,循环过程不可逆的实际热机,其效率不可能高于理想热机,此时热机效率

$$\eta \leqslant \frac{\Delta T}{T_1}.\qquad (6-36)$$

卡诺定理指出提高热机效率的途径.就过程而言,应当使实际的不可逆机尽量接近可逆机.就温度而言,应尽量提高冷热源的温度差.

在几何结构不变的前提下,吸收的热流量 Q 与 ΔT 成正比.单位时间内热机循环 n 次,一次循环吸收的热量为 Q_1,单位时间内吸收的热量应为 nQ_1(即为吸收的热流量).于是,nQ_1 与 ΔT 成正比,即热机每一循环从热源吸收的热量 Q_1 正比于 $\Delta T/n$,又因转换效率 $\eta = A/Q$,所以,η 正比 $nA/\Delta T$.

n,A,T_1 和 ΔT 均可测量,测量不同冷热端温度时的 $nA/\Delta T$,观察它与 $\Delta T/T_1$ 的关系.若二者为正比关系,就能证明理想热机的转换效率正比于 $\Delta T/T_1$,即间接验证了卡诺定理.

当热机带负载时,热机向负载输出的功率可由力矩针测量计算而得,且热机实际输出功率的大小随负载的变化而变化.在这种情况下,可测量计算不同负载大小时热机实际输出功率.

实验内容及步骤

1. 验证卡诺定理.

(1) 用手顺时针拨动飞轮,仔细观察热机循环过程中工作活塞与位移活塞的运动情况,切实理解空气热机的工作原理.

(2) 取下力矩针,将加热电压加热到约为 36 V. 等待 6~10 min,待 T_1/T_2 温差为 120~150℃时,用手顺时针拨动飞轮,热机即可运转.

(3) 减小加热电压至 22~24 V. 调节示波器,观察压力和容积信号,以及压力和容积信号之间的相位关系等,并把 P - V 图调节到最适合观察的位置.等待约 15 min,待温度和转速平衡后,记录当前加热电压,并从热机测试仪(或计算机)上读取温度和转速,从双踪示波器显示的 P - V 图估算面积并记入表 6 - 12.

表6-12   测量不同冷热端温度时的热功转换值

加热电压 U /V	热端温度 T_1 /K	温度差 ΔT /K	$\Delta T/T_1$	$A(P\text{-}V$图面积$)$ /J	热机转速 n	$nA/\Delta T$

（4）每间隔 1.0 V 逐步加大加热功率，待温度和转速平衡后，重复以上测量 4 次，将数据记入表 6-12.

（5）以 $\Delta T/T_1$ 为横坐标、$nA/\Delta T$ 为纵坐标，在坐标纸上作出 $nA/\Delta T$ 与 $\Delta T/T_1$ 的关系图，验证卡诺定理.

注意：$P\text{-}V$ 图面积的估算方法如下：用 Q9 线将仪器上示波器输出信号和双踪示波器的 X 和 Y 通道相连. 将 X 通道的调幅旋钮旋到"0.1 V"档，将 Y 通道的调幅旋钮旋到"0.2 V"档，然后将两个通道都置于交流档位，并在"X-Y"档观测 $P\text{-}V$ 图，调节左右和上下移动旋钮，可以观测到比较理想的 $P\text{-}V$ 图. 根据示波器上的刻度，在坐标纸上描绘出 $P\text{-}V$ 图，如图 6-29 所示. 以图中椭圆所围部分每小格为单位，采用割补法、近似法等方法估算出每小格的面积，再将所有小格的面积相加，得到 $P\text{-}V$ 图的近似面积，其单位为"V^2". 根据容积 V、压强 P 与输出电压 U 的关系，可以换算为焦耳单位.

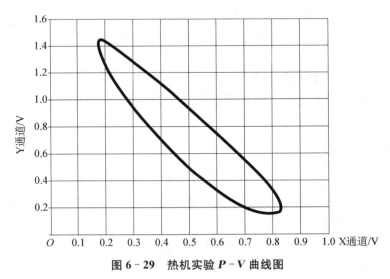

图6-29   热机实验 $P\text{-}V$ 曲线图

容积（X 通道）：$1\,V=1.333\times10^{-5}\,m^3$，压力（Y 通道）：$1\,V=2.164\times10^4\,Pa$，则 $1\,V^2=0.288\,J$.

2. 测量不同负载大小时热机实际输出功率.

（1）在最大加热功率下，用手轻触飞轮让热机停止转动. 然后，将力矩针装在飞轮轴上，拨动飞轮,让热机继续运转.

（2）调节力矩针的摩擦力,使输出力矩约为 5×10^{-3} N·m,待输出力矩、转速、温度稳定后,读取并记录各项参数,填入表 6-13.

表6-13　测量热机输出功率随负载及转速的变化关系

热端温度 T_1 /K	温度差 ΔT /K	输出力矩 M /(N·m)	热机转速 n	输出功率 $P_0 = 2\pi n M$	输出效率 $\eta_{0/1} = P_0/P_1$

（3）保持输入功率不变,逐步增大输出力矩(力矩在 $5\sim10^{-3}$ N·m 范围内),重复以上测量 5 次,记录数据.

（4）以 n 为横坐标,P_0 为纵坐标,在坐标纸上作 P_0 与 n 的关系图,表示同一输入功率下,输出负载不同时输出功率或效率随负载的变化关系.

注意事项

（1）加热端在工作时温度很高,而且在停止加热后 1 h 内仍然会有很高的温度,需要小心操作以防被烫伤.

（2）在没有运转状态下,热机严禁长时间大功率加热. 在热机运转过程中,若因各种原因停止转动,必须用手拨动飞轮帮助其重新运转或立即关闭电源,否则会损坏仪器.

（3）热机汽缸等部位为玻璃制造,容易损坏,需要谨慎操作.

（4）在记录测量数据前,需要保证已基本达到热平衡,避免出现较大误差. 等待热机温度稳定读数的时间一般约为 15 min.

（5）在读力矩时,力矩针可能会摇摆. 此时,可以用手轻托力矩针底部,缓慢放手后可以使矩针稳定. 如果力矩针还有轻微摇摆,需要读取中间值.

（6）飞轮在运转时应谨慎操作,避免被飞轮边沿割伤.

（7）热机实验仪上所贴的标签不可撕毁.

思考题

为什么 P-V 图的面积等于热机在一次循环过程中将热能转换为机械能的数值?

阅读材料 20
实验 44 阅读材料

实验 45 ▶ 燃料电池综合特性的研究

PPT 课件 51
实验 45

能源为人类社会发展提供动力,长期依赖矿物能源会使我们面临环境污染之害、资源枯竭之困.为了人类社会的持续健康发展,各国都致力于研究开发新型能源.在未来的能源系统中,太阳能将作为主要的一次能源替代目前的煤、石油和天然气,而燃料电池将成为取代汽油、柴油和化学电池的清洁能源.

燃料电池的燃料氢(反应所需的氧可从空气中获得)可电解水获得,也可由矿物或生物原料转化制成.本实验包含太阳能电池发电(光能-电能转换)、电解水制取氢气(电能-氢能转换)、燃料电池发电(氢能-电能转换)3 个环节,形成完整的能量转换、储存、使用的链条.实验内所含物理内容丰富,实验内容紧密结合科技发展热点与实际应用,实验过程环保清洁.

实验目的

(1) 了解燃料电池的工作原理.

(2) 观察仪器的能量转换过程:光能→太阳能电池→电能→电解池→氢能(能量储存)→燃料电池→电能.

(3) 测量燃料电池输出特性,作出燃料电池的伏安特性(极化)曲线.

(4) 测量质子交换膜电解池的特性,验证法拉第电解定律.

(5) 测量太阳能电池的特性,作出太阳能电池的伏安特性曲线.

实验器材

燃料电池综合特性实验测试仪,燃料电池,太阳能电池,电解池,可变负载,气水塔,风扇,等等.

实验原理

1. 燃料电池

质子交换膜燃料电池在常温下工作,具有启动快速、结构紧凑的优点,适宜用作汽车或其他可移动设备的电源,近年来发展很快,其基本结构如图 6 - 30 所示.

目前广泛采用的全氟璜酸质子交换膜为固体聚合物薄膜,厚度为 $0.05\sim0.1$ mm,它提供氢离子(质子)从阳极到达阴极的通道,电子或气体则不能通过.

催化层是将纳米量级的铂粒子用化学或物理的方法附着在质子交换膜表面,厚度约为 0.03 mm,对阳极氢的氧化和阴极氧的还原起催化作用.

膜两边的阳极和阴极由石墨化的碳纸或碳布制成,厚度为 $0.2\sim0.5$ mm,导电性能良好,其上的微孔提供气体进入催化层的通道,又称为扩散层.

商品燃料电池为了提供足够的输出电压和功率,需将若干单体电池串联或并联在一

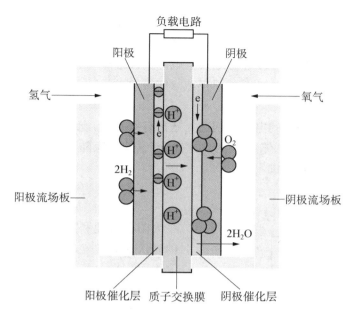

图 6 - 30 质子交换膜燃料电池结构示意图

起. 流场板一般由导电良好的石墨或金属做成,与单体电池的阳极和阴极形成良好的电接触,称为双极板,其上加工了供气体流通的通道. 教学用燃料电池为了直观起见,采用有机玻璃制作流场板.

进入阳极的氢气通过电极上的扩散层到达质子交换膜. 氢分子在阳极催化剂的作用下解离为 2 个氢离子(即质子),并释放出 2 个电子,阳极反应为

$$H_2 \Longrightarrow 2H^+ + 2e. \tag{6-37}$$

氢离子以水合质子 $H^+(nH_2O)$ 的形式,在质子交换膜中从一个璜酸基转移到另一个璜酸基,最后到达阴极,实现质子导电,质子的这种转移导致阳极带负电.

在电池的另一端,氧气或空气通过阴极扩散层到达阴极催化层. 在阴极催化层的作用下,氧与氢离子和电子反应生成水,阴极反应为

$$O_2 + 4H^+ + 4e \Longrightarrow 2H_2O. \tag{6-38}$$

阴极反应使阴极缺少电子而带正电,结果在阴阳极间产生电压,在阴阳极间接通外电路,就可以向负载输出电能. 总的化学反应如下:

$$2H_2 + O_2 \Longrightarrow 2H_2O. \tag{6-39}$$

在电化学中,失去电子的反应叫氧化反应,得到电子的反应叫还原反应. 产生氧化反应的电极是阳极,产生还原反应的电极是阴极. 对电池而言,阴极是电的正极,阳极是电的负极.

2. 水的电解

将水电解产生氢气和氧气,与燃料电池中氢气和氧气反应生成水互为逆过程.

水电解装置同样因电解质不同而各异,碱性溶液和质子交换膜是最好的电解质. 若以质子交换膜为电解质,可在图 6-30 右边电极接电源正极形成电解的阳极,在其上产生氧化反应 $2H_2O \Longrightarrow O_2 + 4H^+ + 4e$;左边电极接电源负极形成电解的阴极,阳极产生的氢离子通过质子交换膜到达阴极后,产生还原反应 $2H^+ + 2e \Longrightarrow H_2$. 也就是说,在右边电极析出氧,在左边电极析出氢.

用作燃料电池或电解器的电极在制造上通常有些差别:燃料电池的电极应利于气体吸纳,而电解器需要尽快排出气体;燃料电池阴极产生的水应随时排出,以免阻塞气体通道,而电解器的阳极必须被水淹没.

3. 太阳能电池

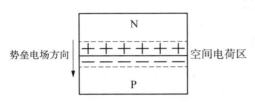

图 6-31   半导体 P-N 结示意图

太阳能电池利用半导体 P-N 结受光照射时的光伏效应发电,太阳能电池的基本结构就是一个大面积平面 P-N 结,图 6-31 为半导体 P-N 结示意图.

P 型半导体中有相当数量的空穴,几乎没有自由电子;N 型半导体中有相当数量的自由电子,几乎没有空穴. 当两种半导体结合在一起形成 P-N 结时,N 区的电子(带负电)向 P 区扩散,P 区的空穴(带正电)向 N 区扩散,在 P-N 结附近形成空间电荷区与势垒电场. 势垒电场会使载流子向扩散的反方向做漂移运动,最终扩散与漂移达到平衡,使流过 P-N 结的净电流为零. 在空间电荷区内,P 区的空穴被来自 N 区的电子复合,N 区的电子被来自 P 区的空穴复合,使该区内几乎没有能导电的载流子,又称为结区或耗尽区.

当光电池受光照射时,部分电子被激发而产生电子-空穴对,在结区激发的电子和空穴分别被势垒电场推向 N 区和 P 区,使 N 区有过量的电子而带负电,P 区有过量的空穴而带正电,P-N 结两端形成电压,这就是光伏效应. 若将 P-N 结两端接入外电路,就可以向负载输出电能.

4. 质子交换膜

质子交换膜必须含有足够的水分,才能保证质子的传导. 但是,水含量又不能过高,否则电极被水淹没,水阻塞气体通道,燃料不能传导到质子交换膜参与反应. 如何保持良好的水平衡关系是燃料电池设计的重要课题. 为了保持水平衡,在电池正常工作时,排水口打开;在电解电流不变时,燃料供应量是恒定的. 若负载选择不当,电池输出电流太小,未参加反应的气体从排水口泄漏,燃料利用率和效率都很低. 适当选择负载,使燃料利用率约为 90%.

5. 气水塔

气水塔为电解池提供纯水(2 次蒸馏水),可分别储存电解池产生的氢气和氧气,为燃料电池提供燃料气体. 每个气水塔都是上下两层结构,上下层之间通过插入下层的连通管连接,下层顶部有一输气管连接到燃料电池.初始时,下层近似充满水,电解池工作时,产生的气体将汇聚在下层顶部,通过输气管输出.若关闭输气管开关,气体产生的压力会使水从下层进入上层,而将气体储存在下层的顶部,通过管壁上的刻度可知储存气体的体积.两个气水塔之间还有一个水连通管,在加水时打开可使两塔水位平衡,实验时切记关闭该连通管.

6. 风扇

风扇作为定性观察时的负载,可变负载作为定量测量时的负载.

7. 燃料电池综合特性实验测试仪

燃料电池综合特性实验测试仪可测量电流、电压.若不用太阳能电池作电解池的电源,可从测试仪供电输出端口向电解池供电.实验前需预热 15 min.

如图 6 - 32 所示为燃料电池综合特性实验测试仪系统的前面板示意图.

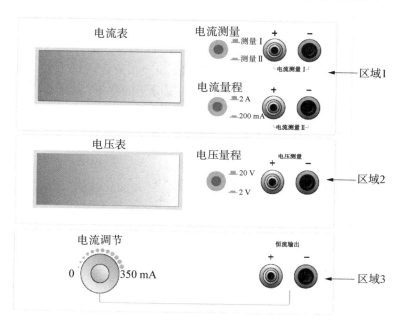

图 6 - 32　燃料电池综合特性实验测试仪前面板示意图

(1) 区域 1 为电流表部分,作为一个独立的电流表使用.其中,有 2 A 和 200 mA 两档,可以通过电流档位切换开关选择合适的电流档位测量电流;有电流测量 I 和电流测量 II 两个测量通道,通过电流测量切换键可以同时测量两条通道的电流.

(2) 区域 2 为电压表部分,作为一个独立的电压表使用.有 20 V 和 2 V 两档,可以通过电压档位切换开关选择合适的电压档位测量电压.

(3) 区域 3 为恒流源部分,为燃料电池的电解池部分提供一个 0~350 mA 的可变恒流源.

实验内容及步骤

1. 质子交换膜电解池的特性测量.

理论分析表明,若不考虑电解器的能量损失,在电解器上加 1.48 V 电压就可以使水分解为氢气和氧气. 实际由于各种损失,输入电压高于 1.6 V 电解器才开始工作.

电解器的效率为

$$\eta_{电解} = \frac{1.48}{U_{输入}} \times 100\%. \tag{6-40}$$

输入电压较低时虽然能量利用率较高,但电流小,电解的速率低. 通常使电解器输入电压在 2 V 左右.

根据法拉第电解定律,电解生成物的量与输入电量成正比. 在标准状态下(温度为 0 ℃,电解器产生的氢气保持在 1 个大气压),设电解电流为 I,经过时间 t 产生的氢气体积(氧气体积为氢气体积的一半)的理论值为

$$V_{氢气} = \frac{It}{2F} \times 22.4(\text{L}), \tag{6-41}$$

其中,$F = eN = 9.65 \times 10^4$ C/mol 为法拉第常数,$e = 1.602 \times 10^{-19}$ C 为电子电量,$N = 6.022 \times 10^{23}$ 为阿伏伽德罗常数,$It/2F$ 为产生的氢分子的摩尔(克分子)数,22.4 L 为标准状态下气体的摩尔体积.

若实验时的摄氏温度为 T,所在地区气压为 P. 根据理想气体状态方程,可对(6-41)式进行修正,

$$V_{氢气} = \frac{273.16 + T}{273.16} \cdot \frac{P_0}{P} \cdot \frac{It}{2F} \times 22.4(\text{L}), \tag{6-42}$$

其中,P_0 为标准大气压. 在自然环境中,大气压受各种因素的影响,如温度和海拔高度等,其中海拔对大气压的影响最为明显. 由国家标准 GB 4797.2—2005 可以查到,海拔每升高 1 000 m,大气压下降约 10%.

由于水的分子量为 18,且每克水的体积为 1 cm³,故电解池消耗的水的体积为

$$V_{水} = \frac{It}{2F} \times 18 = 9.33It \times 10^{-5}(\text{cm}^3). \tag{6-43}$$

应当指出,(6-42)和(6-43)式的计算对燃料电池同样适用,只是其中的 I 代表燃料电池输出电流,$V_{氢气}$ 代表燃料消耗量,$V_水$ 代表电池中水的生成量.

确认气水塔水位在水位上限与下限之间. 将测试仪的电压源输出端串联电流表后接入电解池,将电压表并联到电解池两端.

将气水塔输气管止水夹关闭,调节恒流源输出到最大(把旋钮顺时针旋转到底),让电解池迅速产生气体. 当气水塔下层的气体低于最低刻度线时,打开气水塔输气管止水夹,排出气水塔下层的空气. 如此反复 2~3 次后,气水塔下层的空气基本排尽,剩下的就是纯净的氢气和氧气. 根据表 6-14 中的电解池输入电流大小,调节恒流源的输出电流,待电解池输

出气体稳定后(约 1 min),关闭气水塔输气管.测量输入电流、电压及产生一定体积的气体的时间,记入表 6 - 14.

表 6 - 14　电解池的特性测量

输入电流 I/A	输入电压/V	时间 t/s	电量 It/C	氢气产生量 测量值/L	氢气产生量 理论值/L
0.10					
0.20					
0.30					

由(6 - 42)式计算氢气产生量的理论值,并与氢气产生量的测量值进行比较.若不管输入电压与电流大小,氢气产生量只与电量成正比,且测量值与理论值接近,即验证了法拉第定律.

2. 燃料电池输出特性的测量.

在一定的温度与气体压力下,改变负载电阻的大小,测量燃料电池的输出电压与输出电流之间的关系,如图 6 - 33 所示.电化学家将其称为极化特性曲线,习惯用电压作纵坐标、电流作横坐标.

理论分析表明,如果燃料的所有能量都被转换成电能,则理想电动势为 1.48 V.实际燃料的能量不可能全部转换成电能.例如,总有一部分能量转换成热能,少量的燃料分子或电子穿过质子交换膜形成内部短路电流等,故燃料电池的开路电压低于理想电动势.

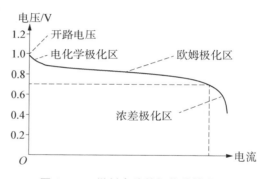

图 6 - 33　燃料电池的极化特性曲线

随着电流从零增大,输出电压有一段下降较快,主要是因为电极表面的反应速度有限,有电流输出时,电极表面的带电状态改变,驱动电子输出阳极或输入阴极时,产生的部分电压会被损耗,这一段被称为电化学极化区.

输出电压的线性下降区的电压降,主要是电子通过电极材料及各种连接部件、离子通过电解质的阻力引起的,这种电压降与电流成比例,故被称为欧姆极化区.

输出电流过大时,燃料供应不足,电极表面的反应物浓度下降,使输出电压迅速降低,而输出电流基本不再增加,这一段被称为浓差极化区.

综合考虑燃料的利用率(恒流供应燃料时可表示为燃料电池电流与电解电流之比),以及输出电压与理想电动势的差异,燃料电池的效率为

$$\eta_{电池} = \frac{I_{电池}}{I_{电解}} \cdot \frac{U_{输出}}{1.48} \times 100\% = \frac{P_{输出}}{1.48 \times I_{电解}} 100\%. \tag{6 - 44}$$

某一输出电流时燃料电池的输出功率相当于图 6 - 33 中虚线围出的矩形区,在使用燃料电池时,应根据伏安特性曲线,选择适当的负载匹配,使效率与输出功率达到最大.

实验时让电解池输入电流保持在 300 mA,关闭风扇.

将电压测量端口接到燃料电池输出端. 打开燃料电池与气水塔之间的氢气、氧气连接开关,等待约 10 min,让电池中的燃料浓度达到平衡值,电压稳定后记录开路电压值.

将电流量程按钮切换到 200 mA. 可变负载调至最大,电流测量端口与可变负载串联后接入燃料电池输出端,改变负载电阻的大小,使输出电压值如表 6 - 15 所示(输出电压值可能无法精确到表中所示数值,只需相近即可),稳定后记录电压、电流值.

表 6‑15　燃料电池输出特性的测量　　　　　(电解电流＝_____mA)

输出电压 U/V		0.90	0.85	0.80	0.75	0.70			
输出电流 I/mA	0								
功率 $P = UI$ /mW	0								

负载电阻猛然调得很低时,电流会猛然升到很高,甚至超过电解电流值,这种情况是不稳定的,重新恢复稳定需要较长时间. 为了避免出现这种情况,输出电流高于 210 mA 后,每次调节减小电阻 0.5 Ω;输出电流高于 240 mA 后,每次调节减小电阻 0.2 Ω. 每测量一点的平衡时间稍长一些(约需 5 min). 稳定后记录电压、电流值.

作出所测燃料电池的极化曲线. 作出该电池输出功率随输出电压的变化曲线. 求出该燃料电池的最大输出功率以及最大输出功率时对应的效率.

实验完毕后,关闭燃料电池与气水塔之间的氢气、氧气连接开关,切断电解池输入电源.

3. 太阳能电池的特性测量.

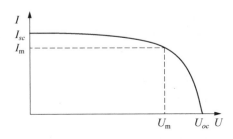

图 6‑34　太阳能电池的伏安特性曲线

在一定的光照条件下,改变太阳能电池负载电阻的大小,测量输出电压与输出电流之间的关系,如图 6‑34 所示. 其中,U_{oc} 代表开路电压,I_{sc} 代表短路电流,图 6‑34 中虚线围出的面积为太阳能电池的输出功率. 与最大功率对应的电压称为最大工作电压 U_m,对应的电流称为最大工作电流 I_m.

表征太阳能电池特性的基本参数还包括光谱响应特性、光电转换效率、填充因子等. 填充因子 FF 定义为

$$FF = \frac{U_m I_m}{U_{oc} I_{sc}}. \qquad (6-45)$$

它是评价太阳能电池输出特性好坏的一个重要参数. 它的值越高,表明太阳能电池输出特性越趋近于矩形,电池的光电转换效率越高.

将电流测量端口与可变负载串联后接入太阳能电池的输出端,将电压表并联到太阳能电池两端. 保持光照条件不变,改变太阳能电池负载电阻的大小,测量输出电压、电流值,并计算输出功率,记入表 6‑16.

表 6 - 16　太阳能电池输出特性的测量

输出电压 U/V										
输出电流 I/mA										
功率 $P = UI\ /\mathrm{mW}$										

作出所测太阳能电池的伏安特性曲线. 作出该电池输出功率随输出电压的变化曲线. 求出该太阳能电池的开路电压 U_{oc}、短路电流 I_{sc}、最大输出功率 p_{m}、最大工作电压 U_{m}、最大工作电流 I_{m}、填充因子 FF.

注意事项

（1）使用前应详细阅读说明书.

（2）该实验系统必须使用去离子水或二次蒸馏水,容器必须清洁干净,否则将损坏系统.

（3）质子交换膜电解池的最高工作电压为 $6\ \mathrm{V}$,最大输入电流为 $1\,000\ \mathrm{mA}$,超出最大值将极大地伤害质子交换膜电解池.

（4）质子交换膜电解池所加的电源极性必须正确,否则将毁坏电解池,并有起火燃烧的可能.

（5）绝不允许将任何电源加于质子交换膜燃料电池输出端,否则将损坏燃料电池.

（6）气水塔中所加入的水面高度必须在上水位线与下水位线之间,以保证质子交换膜燃料电池正常工作.

（7）该系统主体由有机玻璃制成,使用中要小心,以免打坏和损伤.

（8）太阳能电池板和配套光源在工作时温度很高,切不可用手触摸,以免被烫伤.

（9）绝不允许用水打湿太阳能电池板和配套光源,以免触电和损坏该部件.

（10）配套可变负载所能承受的最大功率为 $1\ \mathrm{W}$,只能用于该实验系统.

（11）电流表的输入电流不得超过 $2\ \mathrm{A}$,否则将烧毁电流表.

（12）电压表的最高输入电压不得超过 $25\ \mathrm{V}$,否则将烧毁电压表.

（13）实验时必须关闭两个气水塔之间的连通管.

阅读材料 21
实验 45 阅读材料

附　　录

附录1　中华人民共和国法定计量单位

中华人民共和国的法定计量单位采用国际单位制的有关规定. 法定计量单位的定义、使用方法由国家计量局做出说明.

附表 1-1　国际单位制的基本单位

量的名称	单位名称	单位符号
长度	米	m
质量	千克(公斤)	kg
时间	秒	s
电流	安[培]	A
热力学温度	开[尔文]	K
物质的量	摩[尔]	mol
发光强度	坎[德拉]	cd

附表 1-2　国际单位制中包括辅助单位在内的具有专门名称的导出单位

量的名称	单位名称	单位符号	其他表示式
[平面]角	弧度	rad	1
立体角	球面度	sr	1
力、重力	牛[顿]	N	$kg \cdot m/s^2$
频率	赫[兹]	Hz	s^{-1}
压力、压强、应力	帕[斯卡]	Pa	N/m^2
能[量]、功、热	焦[耳]	J	$N \cdot m$
功率、辐[射能]通量	瓦[特]	W	J/s
电荷[量]	库[仑]	C	$A \cdot s$

续表

量的名称	单位名称	单位符号	其他表示式
电位、电压、电动势(电势)	伏[特]	V	W/A
电阻	欧[姆]	Ω	V/A
电导	西[门子]	S	A/V
电容	法[拉]	F	C/V
电感	亨[利]	H	Wb/A
磁通[量]	韦[伯]	Wb	V·s
磁感应强度、磁通[量]密度	特[斯拉]	T	Wb/m²
摄氏温度	摄氏度	℃	
光通量	流[明]	lm	cd·sr
[光]照度	勒[克斯]	lx	lm/m²
[放射性]活度	贝可[勒尔]	Bq	s^{-1}
吸收剂量	戈[瑞]	Gy	J/kg
剂量当量	希[沃特]	Sv	J/kg

附表 1-3　我国选定的非国际单位制单位

量的名称	单位名称	单位符号	换算关系及说明
时间	分	min	1 min = 60 s
	[小]时	h	1 h = 60 min = 3 600 s
	[天]日	d	1 d = 24 h = 86 400 s
质量	吨	t	1 t = 10^3 kg
	原子质量单位	u	1 u ≈ 1.660 565 5 × 10^{-27} kg
长度	海里	n mile	1 n mile = 1 852 m
平面角	[角]度	(°)	1° = 60′ = (π/180) rad
	[角]分	(′)	1′ = 60″ = (π/10 800) rad
	[角]秒	(″)	1″ = (π/648 000) rad
旋转速度	转每分	r/min	1 r/min = (1/60) s^{-1}
速度	节	kn	1 kn = 1 n mile/h = (1 852/3 600) m·s^{-1}
体积	升	L(l)	1 L = 1 dm³ = 10^{-3} m³
能	电子伏[特]	eV	1 eV ≈ 1.602 189 2 × 10^{-19} J

续表

量的名称	单位名称	单位符号	换算关系及说明
级差	分贝	dB	
线密度	特[克斯]	tex	$1 \text{ tex} = 1 \text{ g/km}$
面积	公顷	hm^2	$1 \text{ hm}^2 = 10^4 \text{ m}^2$

附表 1-4　用于构成十进倍数和分数单位的词头

所表示的因数	词头名称		词头符号
	英文	中文	
10^{24}	yotta	尧[它]	Y
10^{21}	zetta	泽[它]	Z
10^{18}	exa	艾[可萨]	E
10^{15}	peta	拍[它]	P
10^{12}	tera	太[拉]	T
10^{9}	giga	吉[咖]	G
10^{6}	mega	兆	M
10^{3}	kilo	千	k
10^{2}	hecto	百	h
10^{1}	deca	十	da
10^{-1}	deci	分	d
10^{-2}	centi	厘	c
10^{-3}	milli	毫	m
10^{-6}	micro	微	μ
10^{-9}	nano	纳[诺]	n
10^{-12}	pico	皮[可]	p
10^{-15}	femto	飞[母托]	f
10^{-18}	atto	阿[托]	a
10^{-21}	zepto	仄[普托]	z
10^{-24}	yocto	幺[科托]	y

说明:(1) [ ]内的字,在不造成混淆情况下,可省略.

(2)( )内的字,为前者的同义词.

(3)角度单位中的度、分、秒符号若不处于数字后面,则应加括号.

(4)升的符号通常用大写,小写字母为备用符号.

(5)r 为"转"的符号.

(6)公里为千米的俗称,符号用"km".

附录 2　大学物理实验常用数据

附表 2-1　基本物理常量(2018 年国际推荐值)

物理量	符号	数值	单位	相对标准不确定度
真空中的光速	c	299 792 458	$m \cdot s^{-1}$	精确
普朗克常量	h	$6.626\,070\,15 \times 10^{-34}$	$J \cdot s$	精确
约化普朗克常量	$h/2\pi$	$1.054\,571\,817\cdots \times 10^{-34}$	$J \cdot s$	精确
元电荷	e	$1.602\,176\,634 \times 10^{-19}$	C	精确
阿伏伽德罗常数	N_A	$6.022\,140\,76 \times 10^{23}$	mol^{-1}	精确
摩尔气体常量	R	$8.314\,462\,618\cdots$	$J \cdot mol^{-1} \cdot K^{-1}$	精确
玻耳兹曼常量	k	$1.380\,649 \times 10^{-23}$	$J \cdot K^{-1}$	精确
理想气体的摩尔体积(标准状态下)	V_m	$22.413\,969\,54\cdots \times 10^{-3}$	$m^3 \cdot mol^{-1}$	精确
斯特潘-玻耳兹曼常量	σ	$5.670\,374\,419\cdots \times 10^{-8}$	$W \cdot m^{-2} \cdot K^{-4}$	精确
维恩位移定律常量	b	$2.897\,771\,955 \times 10^{-3}$	$m \cdot K$	精确
引力常量	G	$6.674\,30(15) \times 10^{-11}$	$m^3 \cdot kg^{-1} \cdot s^{-2}$	2.2×10^{-5}
真空磁导率	μ_0	$1.256\,637\,062\,12(19) \times 10^{-6}$	$N \cdot A^{-2}$	1.5×10^{-10}
真空电容率	ε_0	$8.854\,187\,812\,8(13) \times 10^{-12}$	$F \cdot m^{-1}$	1.5×10^{-10}
电子质量	m_e	$9.109\,383\,701\,5(28) \times 10^{-31}$	kg	3.0×10^{-10}
电子比荷	$-e/m_e$	$-1.758\,820\,010\,76(53) \times 10^{11}$	$C \cdot kg^{-1}$	3.0×10^{-10}
质子质量	m_p	$1.672\,621\,923\,69(51) \times 10^{-27}$	kg	3.1×10^{-10}
中子质量	m_n	$1.674\,927\,498\,04(95) \times 10^{-27}$	kg	5.7×10^{-10}
里德伯常量	R_∞	$1.097\,373\,156\,816\,0(21) \times 10^7$	m^{-1}	1.9×10^{-12}
精细结构常数	α	$7.297\,352\,569\,3(11) \times 10^{-3}$		1.5×10^{-10}
精细结构常数的倒数	α^{-1}	$137.035\,999\,084(21)$		1.5×10^{-10}
玻尔磁子	μ_B	$9.274\,010\,078\,3(28) \times 10^{-24}$	$J \cdot T^{-1}$	3.0×10^{-10}
核磁子	μ_N	$5.050\,783\,746\,1(15) \times 10^{-27}$	$J \cdot T^{-1}$	3.1×10^{-10}
玻尔半径	a_0	$5.291\,772\,109\,03(80) \times 10^{-11}$	m	1.5×10^{-10}
康普顿波长	λ	$2.426\,310\,238\,67(73) \times 10^{-12}$	m	3.0×10^{-10}
原子质量常数	m_u	$1.660\,539\,066\,60(50) \times 10^{-27}$	kg	3.0×10^{-10}

注:表中数据为国际科学联合会理事会科学技术数据委员会(CODATA)2018 年的国际推荐值.

附表 2-2　在 20℃ 时一些物质的密度

物质	密度 $\rho/(kg/m^3)$	物质	密度 $\rho/(kg/m^3)$
铝	2 698.9	铂	21 450
锌	7 140	汽车用汽油	710~720
锡(白)	7 298	乙醇	789.4
铁	7 874	变压器油	840~890
钢	7 600~7 900	冰(0℃)	900
铜	8 960	纯水(4℃)	1 000
银	10 500	甘油	1 260
铅	11 350	硫酸	1 840
钨	19 300	水银(0℃)	13 595.5
金	19 320	空气(0℃)	1.293

附表 2-3　水在不同温度时的密度

温度/℃	密度/$(\times 10^3 \ kg/m^3)$	温度/℃	密度/$(\times 10^3 \ kg/m^3)$	温度/℃	密度/$(\times 10^3 \ kg/m^3)$
0	0.999 87	30	0.995 67	65	0.980 59
3.98	1.000 00	35	0.994 06	70	0.977 81
5	0.999 99	38	0.992 99	75	0.974 89
10	0.999 73	40	0.992 24	80	0.971 83
15	0.999 13	45	0.990 25	85	0.968 65
18	0.998 62	50	0.988 07	90	0.965 34
20	0.993 23	55	0.985 73	95	0.961 92
25	0.997 07	60	0.983 24	100	0.958 38

附表 2-4　不同纬度海平面上的重力加速度[①]

纬度 $\varphi/(°)$	$g/(m/s^2)$	纬度 $\varphi/(°)$	$g/(m/s^2)$
0	9.780 49	50	9.810 89
5	9.780 88	55	9.815 15
10	9.782 04	60	9.819 24
15	9.783 94	65	9.822 94
20	9.786 52	70	9.926 14
25	9.789 69	75	9.828 73

续表

纬度 $\varphi/(°)$	$g/(m/s^2)$	纬度 $\varphi/(°)$	$g/(m/s^2)$
30	9.793 38	80	9.830 65
35	9.797 46	85	9.831 82
40	9.801 80	90	9.832 21
45	9.806 29		

① 地球任意地方重力加速度的计算公式为 $g = 9.780\,49(1 + 0.005\,288\sin^2\varphi - 0.000\,006\sin^2 2\varphi)$.

附表 2-5　20℃时某些金属的杨氏弹性模量① （单位：N/mm^3）

金属	$E/(\times10^4)$	金属	$E/(\times10^4)$
铝	6.8～7.0	铁	19～21
金	8.1	镍	21.4
银	6.9～8.4	碳钢	20～21
锌	8.0	合金钢	21～22
铜	10.3～12.7	铬	23.5～24.5
康铜	16.0	钨	41.5

① E 的值与材料的结构、化学成分及其加工制造方法有关，因此，在某些情形下，E 的值可能与表中所列的平均值不同.

附表 2-6　某些液体的粘滞系数

液体	温度/℃	$\eta/(\mu Pa \cdot s)$	液体	温度/℃	$\eta/(\mu Pa \cdot s)$
水	0	1 787.9	甘油	−20	134×10⁶
	20	1 004.2		0	121×10⁵
	100	282.5		20	1 499×10³
甲醇	0	817		100	12 945
	20	584	葵花子油	20	5 000
乙醇	−20	2 780	蜂蜜	20	650×10⁴
	0	1 780		80	100×10³
	20	1 190	鱼肝油	20	45 600
乙醚	0	296		80	4 600
	20	243	水银	−20	1 855
汽油	0	1 788		0	1 685
	18	530		20	1 554
变压器油	20	19 800		100	1 224
蓖麻油	10	242×10⁴			

附表 2-7 金属和合金的电导率及其温度系数

金属或合金	电阻率/ ($\times 10^6$ Ω·m)	温度系数/ ℃$^{-1}$	金属或合金	电阻率/ ($\times 10^6$ Ω·m)	温度系数/ ℃$^{-1}$
铝	0.028	42×10^{-4}	锡	0.12	40×10^{-4}
铜	0.017 2	43×10^{-4}	水银	0.958	10×10^{-4}
银	0.016	40×10^{-4}	武德合金	0.52	37×10^{-4}
金	0.024	40×10^{-4}	钢(0.10%~ 0.15%碳)	0.10~0.14	6×10^{-4}
铁	0.098	60×10^{-4}	康铜	0.47~0.51	$(-0.04\sim+0.01)\times10^{-3}$
铅	0.205	37×10^{-4}	铜锰镍合金	0.34~1.00	$(-0.03\sim+0.02)\times10^{-3}$
铂	0.105	39×10^{-4}	镍铬合金	0.98~1.10	$(0.03\sim0.4)\times10^{-3}$
钨	0.055	48×10^{-4}	锌	0.059	42×10^{-4}

附表 2-8 一些液体的折射率

物质名称	温度/℃	折射率
水	20	1.333 0
乙醇	20	1.361 4
甲醇	20	1.328 8
苯	20	1.501 1
乙醚	22	1.351 0
丙酮	20	1.359 1
二硫化碳	18	1.625 5
三氯甲烷	20	1.446

附表 2-9 一些晶体及光学玻璃的折射率

物质名称	折射率	物质名称	折射率
熔凝石英	1.458 43	重冕玻璃 ZK6	1.612 60
氯化钠(NaCl)	1.544 27	重冕玻璃 ZK8	1.614 00
氯化钾(KCl)	1.490 44	钡冕玻璃 BaK2	1.539 90
萤石(CaF$_2$)	1.433 81	火石玻璃 F8	1.605 51
冕牌玻璃 K6	1.511 10	重火石玻璃 ZF1	1.647 50
冕牌玻璃 K8	1.515 90	重火石玻璃 ZF6	1.755 00
冕牌玻璃 K9	1.516 30	钡火石玻璃 BaF8	1.625 90

附表 2 - 10　可见光区定标用已知波长汞(Hg)的发射光谱　　　（单位:10^{-1} nm）

波长	颜色	相对强度	波长	颜色	相对强度
6 907.2	深红	弱	5 460.7	绿	很强
6 716.2	深红	弱	5 354.0	绿	弱
6 234.4	红	中	4 960.3	蓝绿	中
6 123.3	红	弱	4 916.0	蓝绿	中
5 890.2	黄	弱	4 353.4	蓝紫	很强
5 859.4	黄	弱	4 347.5	蓝紫	中
5 790.7	黄	强	4 339.2	蓝紫	弱
5 789.7	黄	强	4 103.1	紫	弱
5 769.6	黄	强	4 077.8	紫	中
5 675.9	黄绿	弱	4 046.6	紫	强

附表 2 - 11　几种常用激光器的主要谱线波长　　　（单位:10^{-1} nm）

氦氖激光	氦镉激光	氩离子激光	二氧化碳激光	红宝石激光	钕激光器
6 328	4 416	5 287.0	10.6×10^4	6 943	1.35×10^4
	3 250	5 145.3*		6 934*	1.336×10^4
		5 017.2		5 100	1.317×10^4
		4 965.1		3 600	1.06×10^4
		4 879.9*			0.914×10^4
		4 764.9			
		4 726.9			
		4 657.9			
		4 579.4			
		4 545.0			
		4 370.7			

* 表示最强的谱线.

附表 2 - 12 一些常用谱线波长   (单位:10^{-1} nm)

元素	λ	元素	λ	元素	λ
氢(H)	6 562.8H_α	氦(He)	4 387.0	氖(Ne)	6 334.4
	4 861.3H_β		4 143.8		6 304.8
	4 340.5H_γ		4 120.8		6 266.5
	4 101.7H_δ		4 026.2		6 217.3
	3 970.1H_ε		3 964.7		6 163.6
	3 889.0H_ζ		3 888.6		6 143.1
氦(He)	7 065.2	氖(Ne)	6 929.5		6 092.6
	6 678.1		6 717.0		6 074.3
	5 875.6		6 678.3		6 030.0
	5 047.7		6 599.0		5 975.5
	5 015.7		6 532.9		5 944.8
	4 921.9		6 506.5		5 881.9
	4 713.1		6 402.2		5 852.5
	4 471.5		6 383.0		5 820.2
氖(Ne)	5 764.4	钠(Na)	5 895.92	钙(Ca)	3 968.5
	5 400.6		5 889.95		3 933.7
	5 341.1	钾(K)	7 699.0		5 535.5
	5 330.8		7 664.9	钡(Ba)	4 934.1
锂(Li)	6 707.9		4 047.2		4 554.0
	6 103.6		4 044.1		
	4 602.9				

附表 2 - 13 某些物质的比热容

物质	温度/℃	比热容/[kJ/(kg·K)]	比热容/[kcal/(kg·℃)]
铁	20	0.46	0.11
钢	20	0.50	0.12
铝	20	0.88	0.21
铅	20	0.130	0.031
银	20	0.234	0.056
铜	20	0.389	0.093

续表

物质	温度/℃	比热容/[kJ/(kg·K)]	比热容/[kcal/(kg·℃)]
甲醇	0	2.43	0.58
	20	2.47	0.59
乙醇	0	2.30	0.55
	20	2.47	0.59
乙醚	20	2.34	0.56
冰	0	2.596	0.621
水	0	4.219	1.0093
	20	4.175	0.9988
氟利昂-12	100	4.204	1.0057
(氟氯烷-12)	20	0.84	0.20
变压器油	0~100	1.88	0.45
汽油	10	1.42	0.34
	50	2.09	0.50
水银	0	0.1395	0.03337
	20	0.1390	0.03326
空气(定压)	20	1.00	0.24
氢(定压)	20	14.25	3.41

附表 2-14　固体的导热系数　　　　　(单位:$J·m^{-1}·s^{-1}·℃^{-1}$)

物质	温度/K	导热系数×10^{-2}	物质	温度/K	导热系数×10^{-2}
Ag	273	4.28	锰铜	273	0.22
Al	273	2.35	康铜	273	0.22
Au	273	3.18	不锈铜	273	0.14
C(金刚石)	273	6.60	镍铬合金	273	0.11
C(石墨)(⊥c)	273	2.50	硼硅酸玻璃	300	0.011
Ca	273	0.98	软木	300	0.00042
Cu	273	4.01	耐火砖	500	0.0021
Fe	273	0.835	混凝土	273	0.0084
Ni	273	0.91	玻璃布	300	0.00034
Pb	273	0.35	云母(黑)	373	0.0054

物质	温度/K	导热系数×10^{-2}	物质	温度/K	导热系数×10^{-2}
Pt	273	0.73	花岗岩	300	0.016
Si	273	1.70	赛璐珞	303	0.000 2
Sn	273	0.67	橡胶(天然)	298	0.001 5
水晶(//c)	273	0.12	杉木	293	0.001 13
水晶(⊥c)	273	0.068	棉布	313	0.000 8
石英玻璃	273	0.014	呢绒	303	0.000 43
黄铜	273	1.20			

附表 2-15 固体的线胀系数

物质	温度/℃	线胀系数×10^{-6}	物质	温度/℃	线胀系数×10^{-6}
金	20	14.2	碳素钢		约11
银	20	19.0	不锈钢	20～100	16.0
铜	20	16.7	镍铬合金	100	13.0
铁	20	11.8	石英玻璃	20～100	0.4
锡	20	21	玻璃	0～300	8～10
铅	20	28.7	陶瓷		3～6
铝	20	23	大理石	25～100	5～16
镍	20	12.8	花岗岩	20	8.3
黄铜	20	18～19	混凝土	-13～21	6.8～12.7
殷铜	-250～100	-1.5～2.0	木材 (平行纤维)		3～5
锰铜	20～100	18.1	木材 (垂直纤维)		35～60
磷青铜	—	17	电木板		21～33
镍钢(Ni10)	—	13	橡胶	16.7	77
镍钢(Ni43)	—	7.9	硬橡胶		50～80
石蜡	16～38	130.3	冰	-50	45.6
聚乙烯		180	冰	-100	33.9
冰	0	52.7			

附表 2-16　常见仪器的主要技术要求和最大允差

仪器名称	量程	最小分度值	最大允差
钢板尺	150 mm	1 mm	±0.10 mm
	500 mm	1 mm	±0.15 mm
	1 000 mm	1 mm	±0.20 mm
钢卷尺	1 m	1 mm	±0.8 mm
	2 m	1 mm	±1.2 mm
游标卡尺	125 mm	0.02 mm	±0.02 mm
	300 mm	0.05 mm	±0.05 mm
螺旋测微器	0～25 mm	0.01 mm	±0.004 mm
物理天平	500 g	0.05 g	0.08 g(接近满量程)
			0.06 g(1/2 量程附近)
			0.04 g(1/3 量程附近)
分析天平	200 g	0.1 mg	1.3 mg(接近满量程)
			1.0 mg(1/2 量程附近)
			0.7 mg(1/3 量程附近)
普通温度计	0～100℃	1℃	±1℃
精密温度计	0～100℃	0.1℃	±0.2℃
电表(0.5 级)			0.5％×量程
电表(0.1 级)			0.1％×量程

参考文献

［1］ 邱忠媛.大学物理实验(第四版)[M].沈阳:东北大学出版社,2014.

［2］ 王旗.大学物理实验(第二版)[M].北京:高等教育出版社,2019.

［3］ 王永祥,耿志刚.大学物理实验[M].北京:高等教育出版社,2016.

［4］ 黄耀清,赵宏伟,葛坚坚.大学物理实验[M].北京:机械工业出版社,2020.

［5］ 张映辉.大学物理实验(第二版)[M].北京:机械工业出版社,2017.

［6］ 吕斯骅,段家忯,张朝辉.新编基础物理实验[M].北京:高等教育出版社,2013.

［7］ 詹卫伸.大学物理实验[M].北京:科学出版社,2016.

［8］ 丁喜峰,王锁明,孙鑫.大学物理实验[M].秦皇岛:燕山大学出版社,2013.

［9］ 孙晶华,王晓峰,陈淑妍.大学物理实验教程[M].哈尔滨:哈尔滨工程大学出版社,2016.

图书在版编目(CIP)数据

大学物理实验/王文新主编. —上海：复旦大学出版社，2023.3(2023.7重印)
ISBN 978-7-309-16621-7

Ⅰ.①大…　Ⅱ.①王…　Ⅲ.①物理学-实验-高等学校-教材　Ⅳ.①O4-33

中国版本图书馆 CIP 数据核字(2022)第 236455 号

大学物理实验
王文新　主编
责任编辑/梁　玲

复旦大学出版社有限公司出版发行
上海市国权路 579 号　邮编：200433
网址：fupnet@ fudanpress.com　http://www.fudanpress.com
门市零售：86-21-65102580　　团体订购：86-21-65104505
出版部电话：86-21-65642845
上海盛通时代印刷有限公司

开本 787×1092　1/16　印张 18.75　字数 433 千
2023 年 3 月第 1 版
2023 年 7 月第 1 版第 2 次印刷

ISBN 978-7-309-16621-7/O · 726
定价：49.00 元